这幅黑白浮雕火星图(引自:国家地理学会MOLA科学团队/Malin空间科学系统MSSS/NASA/JPL),标出了本书中提到的主要着陆器的着陆位置,包括:海盗(1号、2号),火星探路者,以及两个火星探测巡视器(勇气号和机遇号)

火 星

关于其内部、表面和大气的引论

〔美〕Nadine G. Barlow 著

吴 季 赵 华 等 译

科学出版社

北 京

图字：01-2009-7215

内 容 简 介

本书比较全面的介绍了火星的运行轨道、形成和演化、内部结构、表面地形地貌、地质、大气、火星的卫星、有关水和是否存在生命方面的知识，以及在这些方面仍然悬而未决的科学问题。本书所采用的探测数据和研究成果直至 2006 年底，反映了人类对火星的最新认识。

本书是第一本以中文出版的火星专著，可作为高等学校空间科学和行星科学专业的高年级本科生和研究生的教材，也可供从事火星研究和探测器研制的科技人员参考。

Mars: An Introduction to its Interior, Surface and Atmosphere 978-0-521-85226-5 by Nadine G. Barlow first published by Cambridge University Press 2008. All rights reserved.
This simplified Chinese edition for the People's Republic of China is published by arrangement with the Press Syndicate of the University of Cambridge, Cambridge, United Kingdom.
© Cambridge University Press & Science Press 2010
This book is in copyright. No reproduction of any part may take place without the written permission of Cambridge University Press or Science Press.
This edition is for sale in the mainland of China only, excluding Hong Kong SAR, Macao SAR and Taiwan, and may not be bought for export therefrom.
Copies of this book sold without a Cambridge University Press sticker on the cover are unauthorized and illegal.

此版本仅限中华人民共和国境内销售，不包括香港、澳门特别行政区及中国台湾。不得出口。

本书封面贴有 Cambridge University Press 防伪标签，无标签者不得销售。

图书在版编目(CIP)数据

火星：关于其内部、表面和大气的引论/(美)巴劳(Barlow, N. G.)著；吴季等译.
—北京：科学出版社，2010.4
ISBN 978-7-03-027105-1

Ⅰ.①火… Ⅱ.①巴… ②吴… Ⅲ.①火星-教材 Ⅳ.P185.3

中国版本图书馆 CIP 数据核字(2010) 第 053752 号

责任编辑：钱 俊 胡 凯／责任校对：张 琪
责任印制：吴兆东／封面设计：无极书装

科学出版社 出版
北京东黄城根北街 16 号
邮政编码：100717
http://www.sciencep.com

北京建宏印刷有限公司 印刷
科学出版社发行 各地新华书店经销
*
2010 年 4 月第 一 版　　开本：720×1000 B5
2021 年 6 月第二次印刷　　印张：14 1/4　彩插：2
字数：267 000
定价：98.00 元
(如有印装质量问题，我社负责调换)

重 印 序 言

2020年7月23日,"天问一号"顺利发射升空,经过超过4.5亿公里长达7个月的长途飞行,于2月24日被火星引力场捕获,进入火星停泊轨道,标志着中国火星探测技术的重大突破。更为令人兴奋的是,2021年5月17日,搭载在"天问一号"上的火星车"祝融号"成功着陆到了火星的乌托邦平原,并于一周后驶上了火星表面开始巡视探测,使中国成为世界上首个将环绕、着陆和巡视一次就成功实施的国家,中国的航天科技实现了历史性的重大突破。

回想大约10年前,我们的"萤火一号"曾试图搭载俄罗斯的"福布斯"探测器一同飞往火星。但是,那次尝试由于俄罗斯"福布斯"探测器上的奔火发动机在进入近地轨道以后出现故障,没有点火飞向火星,任务以失败而告终。可喜的是,在10年的时间里,我们国家的航天技术已经得到了飞速的发展,终于实现了完全自主的火星探测。

当然,技术上的成功并不是我们所要追求的全部,我们还需要认真分析所获得的探测数据,中国人利用自己的探测数据对火星的科学研究才刚刚开始。

2009年,为了配合当时的"萤火一号"的发射,我曾到处寻找关于火星知识的教科书和专著。遗憾的是,除了那些科普读物以外,我们无法找到一本中文的相关书籍,而英文的关于火星的教科书则林林总总。经过判断,我们认为,由剑桥出版社2008年出版的、北亚利桑那大学的娜迪·巴劳教授所写的 *Mars: An Introduction to its Interior, Surface and Atmosphere* 一书最为全面地反映了当时最新的关于火星的研究成果,因此就组织"萤火一号"科学团队的部分成员翻译了该书,并由科学出版社于2010年出版,书名为《火星——关于其内部、表面和大气的引论》。

"天问一号"成功发射以后,很多同事问我这本书到哪里去买?于是我联系了科学出版社,得到的答复是当时印的2500册早就售罄了,之后也并没有重印。于是我开始联系原作者,想了解一下她是否有更新的版本,我们也许可以根据她的新版再次组织进行补充翻译。遗憾的是,我们得到的消息却是,娜迪·巴劳教授于2020年8月因患癌症去世了。我们发现该书曾在2014年再版,对原书的个别地方做了勘误,但没有增加新的内容。

经过再次审阅原书的内容,我们觉得其科学性和知识性并没有过时,仍然是一本非常有用的参考书和内容完整的研究生教材。并且在这10年间,我们国内也并没有出版过新的关于火星的科学论著。经过和科学出版社商量,我们决定对2010年出版的《火星——关于其内部、表面和大气的引论》进行重印,根据原作者2014年的新版修改进行必要地订正,并保留原书中巴劳教授写的中译本序。她当时在序中对"萤火一号"和中国加入火星俱乐部的期待,现在可以被我们理解为就是对"天问一号"和"祝融号"的祝福。

借这次重印的机会，我们也对上次翻译中存在的一些错误进行了修改和补充。在此特别对中科院国家空间中心的李磊研究员表示感谢，她负责完成了全书绝大部分的勘误和修改工作。

最后，我衷心的希望这本书能够为我国科学家利用"天问一号"和"祝融号"的探测数据研究火星做出一些基础知识方面的铺垫和贡献。如果这个目的达到了，我们当时参与翻译的所有同事们一定会感到十分欣慰。

吴季

2021 年 5 月 30 日

中译本序

我们对火星的认识正在快速推进。自从《火星——关于其内部、表面和大气的引论》英文版在2008年初出版以后,火星资源轨道器(Mars Reconnaissance Orbiter)又进入了火星轨道,并在火星的表面地质、矿物分布、地下的结构以及大气方面获取了高质量的新的探测数据。之后,凤凰号计划(Phoenix)成功在火星极地地区着陆,并在着陆点的火星土壤中确认了水冰(以及其他一些化学元素和矿物)的存在。而勇气号和机遇号(Mars Exploration Rovers)仍在继续工作,对火星表面历史上留下的液态水痕迹进行深入地探测。火星快车(Mars Express)和火星奥德赛(Mars Odyssey)轨道器上的探测仪器也还在不断地向我们提供这个邻居行星上的矿物组成、地貌、内部结构、大气和表面的数据。尽管火星科学着陆器计划(Mars Science Lander,最近被重新命名为"好奇心")和火星生命探测计划(ExoMars)的发射日期继续推迟,但是他们仍然向着发射的那一天推进。另外,火星大气和挥发演化探测计划(MAVEN)已经立项,成为火星侦察兵计划中在2013年发射的项目,针对火星大气和挥发气体的演化开展研究。俄罗斯重返火星的计划是福布斯计划(Phobos-Grunt),将在火卫一上采集土壤并返回地球。与此同时,中国也将成为火星探测俱乐部的一员,其萤火一号轨道器将搭载福布斯计划飞往火星。火星探测已经真正成为了一项具有广泛国际参与的共同的行为。

每一项计划都将为我们拓展对火星的认识贡献一份力量,无论是关于其本身特性的演化还是关于其卫星。早期的探测计划已经获得了火星大气的成分和密度的信息,火星表面地质形态,以及其两颗小天然卫星的物理特性。近期的探测计划则提供了更为详细的关于火星内部、表面和大气,以及其在较长期的历史中的变化信息。来自于轨道探测和表面着陆探测的数据,使得我们对火星矿物质的演化,以及地质和大气的历史有了更好的理解。火星快车上的无线电雷达 MARSIS 和粒子探测器 SHARAD 则开始揭示火星次表面结构的复杂性。目前在火星探测中还有两个未知的领域:一个是通过其表面地质研究其内部结构;另一个是将其表面土壤采回地球,这样就可以对其成分和生成的年代进行详细的研究。如果火卫一土壤计划能够成功,它将是人类首次从火星系统的表面采回的样品,使我们更好地判断火星卫星的起源和演化。我们盼望着从火星表面不同地方采样返回,从而可以更好地了解这个行星的复杂性质。目前,我们唯一拥有的火星物质是来自火星的陨石,但是最近的研究表明它们无法完整地反映火星的全貌。

我想在这里再次重申我在我的书中的观点,火星科学家正经历着激动人心的时代。我们关于火星的认识正在不断地更新,这是因为新的信息不断地涌现。我希望该书能够反映目前人类对我们这个邻居世界的认识程度(也包括疑问)，同时也希望该书在中国开始通过自己的计划探测火星的时候，对你们的科学家有所帮助。

娜迪·巴劳
2009 年 7 月于美国亚利桑那州弗拉歌斯塔夫

译 者 序

火星，在中国的古代曾被称为荧惑，不但突出了它的红色，也突出了它在天空中运行的轨道的变化性。中国最早的火星观测记录可以追溯到公元前三、四世纪战国时期的两位天文学家甘德与石申夫所做的工作。他们开创了我国对火星的观测历史，测定火星的公转周期为 668.49 天。这一观测数据，仅比目前精确的观测周期短 12 小时。这一观测记录，在世界上曾属于最早的和最精确的观测活动。

但是到了近代，中国人在火星研究方面已经大大落后于西方。特别是在 1957 年人类发射了第一颗人造卫星以后，美国和苏联向火星发射了数十颗探测器，获得了大量的数据，特别是美国 20 世纪 70 年代发射的海盗号着陆器，90 年代发射的火星全球观测者轨道器和火星探路者巡视器，以及在 2003 年发射的勇气号和机遇号巡视器都获得了大量的新的观测数据，开创了行星科学的新时代。

2007 年 3 月 26 日，中俄两国政府签署了联合探测火星的协议。俄罗斯的福布斯探测器将搭载中国的第一颗火星探测器"萤火一号"飞往火星。这标志着中国的空间科学和探测活动开始向火星进军了。对于中国人来讲，这是盼望已久的事情。为了准备对"萤火一号"的科学数据进行分析研究，我们除了在大量的学术期刊上浏览文献以外，更便捷和综合性的了解前人已经做过的工作的方式，就是翻阅关于火星的教科书。

我们发现，到目前为止中国还没有一部关于火星的科学著作。中国科学家利用国外数据发表的有限的研究论文散布在不同的期刊上。而英文的关于火星的教科书则林林总总，最为全面和备受推崇的就是 1992 年由亚利桑那大学出版社出版的《火星》一书。这是因为从 20 世纪 70 年代的海盗 1 号和 2 号之后，人类对火星的探测停滞了十多年，在这十多年间，科学家有了充足的时间分析大量的探测数据，发表了大量关于火星的研究论文。因此，到 1992 年出版《火星》一书时，很多研究都已经有了结论，很多争执也尘埃落定了。然而，从 90 年代开始，美国再次开始了火星探测的热潮，几乎没有错过任何一次发射窗口（每 26 个月出现一次的最佳发射窗口），发射了多颗探测器和巡视器。因此，原来认为确定的很多结论又出现了争议，原来遗留的很多问题有了新的结果。

本书的作者娜迪·巴劳多年来从事行星科学方面的教学和研究工作。由于长期在教学一线教授行星科学课程，她对新的探测结果十分敏感，不断地更新她用于教学的课程内容。因此，这本最新出版的关于火星的教科书，是我们能够见到的最新的关于火星的教材。它的出现弥补了 1992 年版的《火星》的不足。但是，由于新的探测结果大量出现，我们现在所处的时代，已经无法同 1992 年出版《火星》时相比。那时得出的结论大多数是经过深思熟虑和反复争论的。而现在，科学界甚至还没有及时消化那些大量出现的新数据就已经发表了,这使得对部分问题的看法仍然存在争议。该书的优点是,既能做到向读者提供最新的探测结果,又能平衡地介绍那些仍然未定的问题,使读者能够对当前的未解之谜有一个尽可能全面地了解。

经过较为广泛的浏览和调研,我们选择了这本深浅适宜、观点慎重,且饱含了大量新的探测结果的教科书并将其译成中文,希望它的出版能够为我国的火星科学研究者,特别是"萤火一号"探测器数据的研究人员提供一个起步的平台。通过该书这个窗口,再向更为深入的论著和论文探求。这也是该书原作者的目的。

参加该书翻译工作的有多位人员,具体分工如下:前言、第一章、第九章由吴季翻译,第二章、第三章和附录由赵华翻译,第四章由郭伟和李涤徽合译,其中李涤徽负责整理全章,第五章由刘建忠和李泳泉翻译,第六章由王赤翻译,第七章和第八章由李磊翻译。在翻译时我们还对索引做了一些调整以中文发音顺序进行了重新排列以便于读者查找。吴季和赵华负责校对全文。此外我们还要感谢原书作者娜迪·巴劳对我们工作的支持和鼓励,感谢科学出版社的高效率的工作。最后我们还要感谢刘振兴和欧阳自远两位院士对我们工作的支持和帮助。

由于我们英文水平和专业水平有限,在译文中一定会存在错误。恳请读者将发现的错误向我们提出,我们将在后续再次印刷和再版时加以修改和更正。

译 者

2009 年 8 月 8 日

前　言

对于从事火星研究的行星科学家来说，我们正在经历一个激动人心的年代。我本人有幸经历了人类对我们的近邻火星从最初期的探测到正在进行的探测带来的对火星认识的变化历程。当水手6号和7号短暂飞过火星时，我正值那个对天文充满兴趣的年龄——10岁。当水手9号揭示火星地质新特征的时候，我每天都仔细查看相关新闻。当海盗号开始对火星进行探测时，我已经进入大学。而当海盗1号着陆器停止工作的时候，我正好开始用它的轨道数据撰写我的博士论文。在这之后的日子里，我为失败的探测计划伤心，为成功的探测计划庆贺。我真心的感到幸运，能够在这一如此激动人心的领域中工作，为探索行星及其历史的新知识做出贡献。

我曾在休斯敦大学静湖分校、佛罗里达中心大学和北亚利桑那大学教授关于火星的研究生课程。1992年亚利桑那大学出版社出版的《火星》一书，曾是海盗号计划之后我们关于火星知识的最好汇集。但是在火星探路者计划、火星全球考察计划、火星奥德赛计划、火星快车以及机遇号和勇气号巡视器逐渐揭示了关于火星演化的大量新现象之后，那本书提供的知识就显得越来越不足了。大约几年前，我曾为学生准备了一套课件，并在每学期开始授课之前用新的知识将其更新。本书就是这套课件的扩展版，适用于行星科学专业的研究生、专业研究人员，以及理学院本科高年级的学生。

《火星——关于其内部、表面和大气的引论》，聚焦于自1992年以来我们对火星的认识。我丝毫不想重复1992年出版的《火星》一书关于火星出色的、详细的综述内容。我想努力做的只是通过总结新的发现和我们关于火星知识的新变化来对那本书进行拓展。

关于火星的研究是高度交叉的科学领域，包括了地质学、地球物理学、地球化学、大气动力学和生物学。某一学科领域的火星研究者，很可能无法理解另一领域的研究者的工作。我曾经在我的火星研究生课程中教授过来自于地质学、物理学、天文学和工程科学专业的学生，并曾见到他们为不属于自己领域的内容进行激烈的辩论。为此我在组织本书的材料时补充了必要的背景知识，以便于读者在阅读非自己熟悉的领域的时候能够较快和容易地理解相关内容。我假设读者已经具备理解最基本的地质学名字的能力，具备基于微积分的基础物理学的基础，以及看懂微分方程的数学能力。然而，想在这样一本书中覆盖关于火星的各个研究方面是几乎不可能的。因此，我提供了一份较为详尽的参考书目录，感到本书无法满足其深入的兴致的读者可以延伸阅读参考书目中的原始文献。对于那些没有列入参考书目录的文献作者，我在此表示抱歉。因为关于火星的文献量是巨大的，我只是试图为读者提供一份数量合理的清单，且只收录了那些包含普遍接受的观点，以及部分争而未决的观点的论文和专著。

　　当许多探测计划还在进行的时候，编写这样一本书是相当困难的。有好几次，我都在想我已经完成了某章，除非新的发现出现我才回去修改和补充。所以，请读者注意本书的资料截止到 2006 年底。我绝对相信，伴随着最近到达的火星资源轨道器，以及奥德赛、火星快车、勇气号和机遇号的新发现，本书中的某些内容很快就会过时。我们显然处在火星探测的黄金时期。但是现在已经是时候了，需要将前十多年来的航天器探测和望远镜观测带来的关于火星认识的巨大变化总结一下。

　　本书如果没有如下人员的帮助和支持是不可能完成的。我的母亲玛瑟拉，我的继父纳森，以及我的姐姐莱恩，他们多年来始终用爱来支持我的工作，甚至也许他们认为我已经为火星痴狂了也还是支持我。我同样也感谢我的所有朋友和家庭成员，他们不是科学家但仍然始终对我从事的工作表示出极大的兴趣。我曾经师从许多教授，他们都激励过我，其中特别想感谢我的导师詹姆斯·皮萨文托和罗伯特·斯特罗姆。我在北亚利桑那大学的同事们是支持我的重要团队。我要特别感谢劳拉·胡纳克院长和两位主席缇姆·波特和大卫·科纳林森。他们甚至在我还没有获得终身教职时就鼓励我承担此项重任。与剑桥大学出版社的同事们一起工作我感到非常愉快。这里我想感谢海伦·古德瑞恩的耐心和鼓励。最后，如果缺少了在火星研究领域中所有朋友和同事，本书也是无法完成的。

　　谨以此书献给仍将持续多年的，激动人心的新发现！

娜迪·巴劳

目　　录

重印序言
中译本序
译者序
前言

第一章　火星引论 ··· 1
　1.1　历史上的观测 ··· 1
　　1.1.1　使用天文望远镜之前对火星的观测 ··· 1
　　1.1.2　使用天文望远镜的地面和空间观测 ··· 2
　1.2　飞行器探测计划 ·· 4
　　1.2.1　美国的火星探测计划 ·· 6
　　1.2.2　苏联/俄罗斯的火星探测计划 ··· 13
　　1.2.3　欧洲空间局的火星探测计划 ··· 15
　　1.2.4　日本的火星探测计划 ·· 16
　1.3　火星的轨道特性 ·· 17
　　1.3.1　轨道参数 ·· 17
　　1.3.2　与太阳和地球轨道相关的火星轨道特性 ··································· 18
　1.4　火星的物理特性 ·· 19
　　1.4.1　自转 ·· 19
　　1.4.2　体积 ·· 19
　　1.4.3　质量和密度 ·· 20
　1.5　火星的卫星 ·· 20
　　1.5.1　火卫一福布斯 ··· 21
　　1.5.2　火卫二戴莫斯 ··· 22
　　1.5.3　火卫一和火卫二的来源 ··· 22
　　1.5.4　是否存在其他卫星 ··· 23
　　1.5.5　火星轨道上的特洛伊小行星 ··· 24

第二章　火星的形成及早期行星演化 ·· 25
　2.1　火星的形成 ·· 25
　　2.1.1　吸积 ·· 25
　　2.1.2　严重撞击期 ·· 26
　2.2　分异化和内核的形成 ·· 28
　　2.2.1　行星的加热 ·· 28
　　2.2.2　地质年代学 ·· 29
　　2.2.3　火星的陨石 ·· 32
　　2.2.4　行星分异与火星内核的形成 ··· 34

2.3　火星的总体构成……………………………………………………35
　　2.4　火星的热演化……………………………………………………37
　　　　2.4.1　同位素和地质学限制条件对火星热模型的约束……………38
　　　　2.4.2　火星的热模型……………………………………………39

第三章　火星物理测量及内部结构推测………………………………43
　　3.1　火星形状及测绘学数据……………………………………………43
　　　　3.1.1　火星的形状………………………………………………43
　　　　3.1.2　坐标系统…………………………………………………44
　　3.2　引力及地形学………………………………………………………45
　　　　3.2.1　引力场分析………………………………………………45
　　　　3.2.2　引力异常、地壳均衡性及壳层厚度……………………48
　　　　3.2.3　火星的地形学……………………………………………51
　　3.3　火星的地震数据……………………………………………………52
　　3.4　热流…………………………………………………………………53
　　　　3.4.1　热传导……………………………………………………53
　　　　3.4.2　热对流……………………………………………………53
　　　　3.4.3　火星的热流通量…………………………………………54
　　3.5　磁学…………………………………………………………………55
　　　　3.5.1　活跃的发电机机制………………………………………55
　　　　3.5.2　剩余磁化…………………………………………………56
　　3.6　火星的内部结构……………………………………………………58

第四章　表面特征……………………………………………………………59
　　4.1　反照率和表面颜色…………………………………………………59
　　　　4.1.1　反照率……………………………………………………59
　　　　4.1.2　颜色………………………………………………………60
　　4.2　表面粗糙度和结构…………………………………………………61
　　4.3　火星壳组成…………………………………………………………62
　　　　4.3.1　组分分析方法……………………………………………62
　　　　4.3.2　火星壳组分的遥感观测…………………………………65
　　　　4.3.3　火星陨石解析的火星壳组分……………………………69
　　　　4.3.4　现场分析的火星壳组分…………………………………70
　　　　4.3.5　火星壳组分总结…………………………………………74
　　4.4　表面物质的物理特征………………………………………………75
　　　　4.4.1　风化层……………………………………………………76
　　　　4.4.2　热惯性和岩石丰度………………………………………78
　　　　4.4.3　尘埃………………………………………………………81

第五章　地质…………………………………………………………………82
　　5.1　地质研究的背景知识与技术方法简介……………………………82
　　　　5.1.1　岩石和矿物………………………………………………82

目录

　　　5.1.2　地层学技术 ································· 82
　　　5.1.3　撞击坑统计分析 ····························· 84
　5.2　火星地质年代 ······································· 88
　5.3　地质作用过程 ······································· 89
　　　5.3.1　撞击成坑作用 ································· 89
　　　5.3.2　火山作用 ····································· 95
　　　5.3.3　构造作用 ···································· 104
　　　5.3.4　块体运动 ···································· 109
　　　5.3.5　风蚀作用 ···································· 110
　　　5.3.6　河床演变 ···································· 114
　　　5.3.7　极地冰川作用 ································ 117
　5.4　火星地质演化 ······································ 125

第六章　大气状态和演化 ···································· 126
　6.1　今天火星大气的特征 ································ 126
　6.2　大气物理 ·· 127
　　　6.2.1　气压方程和大气标高 ·························· 127
　　　6.2.2　传导 ·· 128
　　　6.2.3　对流 ·· 128
　　　6.2.4　辐射 ·· 130
　6.3　火星大气现状 ······································ 132
　　　6.3.1　大气结构 ···································· 132
　　　6.3.2　云和尘暴 ···································· 134
　　　6.3.3　风 ·· 137
　　　6.3.4　大气环流 ···································· 140
　　　6.3.5　火星气候现状 ································ 141
　6.4　火星大气的演化 ···································· 143

第七章　火星上水的历史 ···································· 145
　7.1　火星上水的来源 ···································· 145
　7.2　水与其他挥发物 ···································· 147
　7.3　早期火星上的水 ···································· 148
　7.4　诺亚纪后的水 ······································ 150
　　　7.4.1　火星的海洋 ·································· 150
　　　7.4.2　自转轴倾角的变化周期和气候变迁 ·············· 152
　7.5　当前水的稳定性和分布 ······························ 154
　　　7.5.1　地下水分布的模式 ···························· 155
　　　7.5.2　地下水的直接探测 ···························· 155

第八章　寻找生命 ·· 157
　8.1　与生物有关的火星条件 ······························ 157
　8.2　海盗号的生物实验 ·································· 158

  8.3 火星陨石 ALH84001 ·· 160
  8.4 大气里的甲烷 ··· 161
  8.5 未来的任务 ··· 162
  8.6 行星保护问题 ··· 165

第九章 展望 ·· 168

参考文献 ·· 172

附录 早期探测计划 ··· 209

PREFACE TO CHINESE EDITION OF MARS: AN INTRODUCTION TO ITS INTERIOR, SURFACE, AND ATMOSPHERE ·················· 211

彩图

第一章 火星引论

1.1 历史上的观测

1.1.1 使用天文望远镜之前对火星的观测

火星是人类自有文字记载的历史以来在科学上最受关注的天体。甚至在公元 1609 年天文望远镜发明以前，天文观测者就仔细地纪录了火星在天空中移动的路线。这颗行星明显地呈红色，使得世界上多个古代文明将其命名为战争或灾祸之神。我们目前使用的名称——火星(Mars)，就是罗马战神的意思。火星上的几个巨大的峡谷的命名，都是来自于不同语言中对火星的称谓，如阿瑞斯峡谷(来自于希腊语的火星)，奥伽库峡谷(来自于印加语)，尼尔加尔峡谷(来自于古巴比伦语)。

对天球中运行的火星轨道进行仔细地观测，使早期的天文观测者得到两个结论。第一个是火星的轨道回归周期(回到天球中同一位置的时间)是 687 地球日(1.88 地球年)。波兰天文学家尼古拉斯·哥白尼(Nicolaus Copernicus)发现比地球距离太阳远的行星轨道的回归周期 P 与该行星在太阳系中的汇合周期 S(回到太阳-地球-行星同一相对位置的时间)相关，

$$\frac{1}{P} = 1 - \frac{1}{S} \tag{1.1}$$

用这一关系，我们可以得到火星的汇合周期是 2.14 地球年。

在使用天文望远镜之前，观测者得到的第二个结论是火星在天空中沿一个奇特的回路运行。如果连续观测多日，正常情况下行星都是从西向东在夜空中移动，偶尔他们会停下来并开始反向移动一段时间，也就是自东向西，之后又停下来开始自西向东移动，回到正常的移动方向上来。这种逆行(自东向西)移动特别发生于对距离地球近的行星的观测。火星就具有明显的逆行轨道，甚至对用肉眼进行观测的人来说也是明显可见的。采用地心说很难解释这一现象，需要在轨道圆上画数百个小圆(本轮加修正)。然而，当哥白尼在 1543 年将太阳放在中心，令地球和其他行星绕太阳转动，逆行轨道现象就很容易解释了。采用日心说，逆行现象就是当一个行星在运行中追上并超过另一个行星时在观测时产生的效果。

火星在确定行星轨道的形状方面也扮演了重要角色。基于第谷(Tycho Brahe)大量和精确的关于火星在天球中位置的观测，约翰纳斯·开普勒(Johannes Kepler)于 1609 年推断行星轨道是椭圆的，太阳就位于其中一个焦点上。火星的轨道在太阳系中椭圆度第二大，仅次于水星。但水星距离太阳太近而不容易观测。

1.1.2 使用天文望远镜的地面和空间观测

尽管伽利略(Galileo)的小望远镜在 1609 年除了看到一个橘红色的星球以外并不能发现任何新东西，但是这之后较大的望远镜却逐渐发现了这个行星的大量信息。1610 年，伽利略报告说，火星表面有凸起，并为后续的观测所验证。第一个描述火星表面反照率的报告是由克里斯蒂安·惠更斯(Christiaan Huygens)在 1659 年发表的。在他绘制的火星图上标出了一个暗点，这很可能是就是塞尔提斯大平原(Syrtis Major)。发现火星表面存在反照率不同，天文观测者就可以确定火星的自传周期约为 24 小时。亮度较高的极区冰盖直到 1666 年才被乔万尼·卡西尼(Giovanni Cassini)发现。卡西尼的外甥夏克莫·马拉蒂(Giacomo Maraldi)继而利用几次冲的机会对极区冰盖进行了详细的观测，其中就包括 1719 年的那次引起众多关注的大冲。他还发现了南极冰盖的中心与自旋轴并不重合，极区冰盖和赤道区的暗色区域的亮度会发生短期的变化，以及冰盖边缘的暗色区域(他解释为溶化了的冰)。

威廉·赫歇尔勋爵(Sir William Herschel) 1777~1783 年对火星进行了观测，并成为确定火星的自旋轴偏离其轨道法向 30°的第一人。这表明火星与地球一样也存在四季。赫歇尔还将火星的自旋周期精确的确定为 24 时 39 分 21.67 秒。赫歇尔还推断火星表面存在稀薄的大气，这是因为他看到火星表面图像有变化，并宣称发现了云。目前我们知道这主要是由冰的微粒组成的白色的云。黄色的沙尘云是由奥诺利·弗拉格格斯(Honore Flaugergues)于 1809 年发现的。

在我们认识火星的过程中最主要的进展开始于 1830 年，当时正值火星离地球最近。约翰·冯·穆德勒(Johan Van Madler)和威汉姆·拜尔(Wilhelm Beer)绘制了人类第一张完整的火星图，并于 1840 年发表。这也是第一张用经纬度标注地球以外行星的地图，其零经度线定义在经过一个小的深暗点。他们还测量了火星自转周期，为 24 时 37 分 22.6 秒(与目前公认的结果只差 0.1 秒)。从 1830 到 20 世纪初，有大量的火星图被绘制出来，并逐渐合成为 1864 年的威廉·戴维斯(William Dawes)图，1867 年的理查德·普罗斯特(Richard Proctor)图，1876 年的尼古拉斯·弗拉芒里安(Nicolas Flammarion)图，以及 1901~1930 年的安东尼阿迪(E.M. Antoniadi)图。尽管普罗斯特图和弗拉芒里安图都已经标注出了火星地貌，但是目前使用的火星地貌命名体系却是基于乔万尼·夏帕瑞里(Giovanni Schiaparelli) 1877 年绘制的火星图。

1877 年火星和地球的距离非常近，由此又一次激励起发现的浪潮。重要的事件包括由阿萨夫·霍尔(Asaph Hall)发现了火星的两颗卫星，火卫一：福布斯(Phobos)和火卫二：戴莫斯(Deimos)。纳森尼尔·格林(Nathaniel Green)发现了在晨昏时刻，位于火星大气临边和高纬度的白色云斑。古德(M. Gould)还在这一年尝试拍摄了人类第一张火星照片。但却是另一个观测吸引了人类这之后长达多年的注意力：夏帕瑞里在火星表面发现了几条暗色线条，他将这些暗线称为"沟槽"。

第一章 火星引论

夏帕瑞里报告火星表面发现了暗色线条,但他无法解释这些线条的来源。因此,他只能用一个一般性地词汇——沟槽——来描述这一地貌。沟槽是一种自然地貌,由流动的液体/冰、地壳构造或风形成。然而不幸的是,意大利语的沟槽"Canali"在译成为英语时就成了"Canal",意为人工开凿的水的渠道的意思。

沟槽的发现无形中支持了其他关于火星上存在生命的观测。19世纪的观测已经表明火星的确展示了许多与地球相似的特征。它的自旋周期只比地球长37分钟多。由于它的自旋轴也有倾角,因此也向地球一样存在四季的变化。用望远镜也观测到了两极的冰盖以及大气,尽管还不知道大气的成分。但与是否有生命存在相关的,最为令人迷惑的观测还属被称为"暗波"的现象。观测显示,当春天到来一侧的极区冰盖开始缩小时,环绕冰盖的区域的亮度就会明显变暗。当冰盖继续缩小直至夏季,暗色的区域就会逐渐延伸到赤道区域。当秋天来临冰盖面积开始增加时,深色的区域又开始从赤道区向极区回退,由此形成了一个"暗波"。绝大多数人认为,这就是由于两极的冰在春夏溶化,水带来了植物的生长使得反照率降低。

夏帕瑞里的沟槽很快就被大家接受,认为不但在火星上存在植物,还存在智慧生命。这一观点被一个富有的波士顿人珀斯瓦尔·劳维尔(Percival Lowell)广泛传播,并于1894年在亚利桑那州的弗莱斯达夫建立了天文台,专门研究火星上的"沟槽"。在这个天文台,他利用0.6m的克拉克反射式望远镜观测到了数百个单或双的"沟槽",见图1.1,并写了好几本书来阐述他关于这些"沟槽"形成的原因。根据劳维尔的观点,古代的火星曾存在较厚的大气层,使得火星表面温度适宜,且保有大量的水。一种火星的智慧生物种群生活在这样的自然环境中,并遍布整个火星。但由于火星的体积只有地球的52%,大气逐渐向太空中逃逸,使得表面温度降低,水大量消失。这使得火星上的智慧生物种群逐渐向温暖的赤道区转移,并建造了水

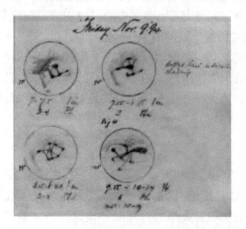

图1.1 火星"沟槽"的图像(其中的暗线)以及设想的湖泊(其中圆点),由珀斯瓦尔·劳维尔在1894年11月9日夜晚绘制。(图片来源:劳维尔天文台档案)

渠网将极区的水引向饥渴的赤道区。劳维尔也认为，水渠的尺度太小，以至于在地球上用望远镜根本看不到。我们用望远镜看到的，实际上还包括了水渠两边的植被。劳维尔的书和在公众的演讲吸引了大量的热心的读者和听众，许多关于火星人的科学幻想读物都是源自这些讨论。(例如，《火星史》和《世界之间的战争》，The Martian Chronicles and The War of the Worlds)。

然而多数天文学家并不确信在火星上存在"沟槽"。更为强大的望远镜并没有看到暗线，而是看到了遍布火星表面的暗斑。科学家认为所谓的暗线只是由于观测分辨率到了极限，观测者的想象造成的光学印象，即将那些暗点连成了线。这些极限又被地球和火星上大气的波动所更加强化了。关于人的主观臆想的实验也证实了这一观点。劳维尔则用他在弗莱斯达夫天文台具有的无以匹敌的观测能力进行反击，争论直到1916年劳维尔去世之后仍在继续，一直延续到1948年在加利福尼亚帕罗莫尔天文台建造了5m孔径的望远镜。实际上，直到航天器探测的太空时代，天文学家才真正确认，所谓的"沟槽"并不存在；所谓的"暗波"仅仅是火星上沙尘在季风的带动下大范围移动所产生的。

望远镜孔径的增加和技术的发展，近年来极大地推动了天文观测的方式和质量的提高，火星研究正是享用这些技术成果的领域之一。地面上红外望远镜以及哈勃太空望远镜对火星的观测揭示了火星表面的物质组成分布，包括含水矿物的存在。自适应光学系统的诞生，以及和哈勃太空望远镜的联合观测，极大地提高了研究火星地貌的分辨能力，达到了通常火星轨道器才能够达到的观测精度。利用地面射电望远镜开展的对火星的无线电频段的观测，提供了表面粗糙度的定量条件，为着陆器和巡视器的着陆选址提供了重要资料。这一关于火星表面粗糙度的地基观测能力，只是最近才被火星轨道器上的火星激光高度计(MOLA)取代。

有人认为对火星的地基观测已经过时了，正在被送往火星的大量的轨道器、着陆器(见1.2节)所替代。事实胜于雄辩，地基观测可以连续观测或准连续观测快速变化的现象，如大气的变化(包括沙尘暴的形成和传播)和极区冰盖的变化。由于轨道的特性，轨道器无法实时连续观测某一局部地点或某一个事件，着陆器和巡视器的观测则更加受限制。航天器使用的观测波段也受到仪器能力的限制，哈勃望远镜能用来观测火星的时间也是非常少的。因此，在火星的研究中地基观测仍然承担着重要的任务。

1.2 飞行器探测计划

自从人类进入太空时代之初开始，火星就是一个主要的航天器探测目的地。这部分是由于它和地球如此接近,但使人类感兴趣的主要还是在这个地球的近邻上是否存在生命。时至今日，探索火星的计划的初衷还是为了解答火星在过去甚至现在是否支持生命的存在的问题。美国航空航天局(NASA)寻找水的战略就是首先研究水是如何影响行星的地质和气候演变的，以及水对生物的支持作用。尽管人类对火

第一章 火星引论

星探测的兴趣高涨,然而火星并不是太空中最容易探索的地方。在历史上大约三分之二火星探测计划部分或全部失败。表 1.1 中列出了时至 2006 年发射的所有火星探测计划,以下将对这些计划进行更详尽的描述。

表 1.1 火星探测计划

计划名称	国家	发射日期	探测形式	结 果
未命名	苏联	1960-10-10	飞越	未进入地球轨道
未命名	苏联	1960-10-14	飞越	未进入地球轨道
未命名	苏联	1962-10-24	飞越	只进入了地球轨道
火星 1 号 (Mars 1)	苏联	1962-11-01	飞越	飞至 $106×10^6$ 千米时通信中断
未命名	苏联	1962-11-04	飞越	只进入了地球轨道
探针 2 号 (Zond 2)	苏联	1964-10-30	飞越	飞越了火星但是通信中断
水手 3 号 (Mariner 3)	美国	1964-11-05	飞越	太阳帆板未打开
水手 4 号 (Mariner 4)	美国	1964-11-28	飞越	于 1965-07-14 成功飞越火星
水手 6 号 (Mariner 6)	美国	1969-02-24	飞越	于 1969-07-31 成功飞越火星
水手 7 号 (Mariner 7)	美国	1969-03-027	飞越	于 1969-08-05 成功飞越火星
水手 8 号 (Mariner 8)	美国	1971-05-8	轨道器	发射失败
宇宙 419 号 (Kosmos 419)	苏联	1971-05-10	着陆器	只进入了地球轨道
火星 2 号 (Mars 2)	苏联	1971-05-10	轨道器/着陆器	未得到有用数据,着陆器失败
火星 3 号 (Mars 3)	苏联	1971-05-28	轨道器/着陆器	1971-12-03 到达,得到一些数据
水手 9 号 (Mariner 9)	美国	1971-05-30	轨道器	1971-11-13~1972-10-27 在火星轨道运行
火星 4 号 (Mars 4)	苏联	1973-07-21	轨道器	失败,1974-02-10 飞越火星
火星 5 号 (Mars 5)	苏联	1973-07-25	轨道器	1974-02-12 进入火星轨道,工作了数天
火星 6 号 (Mars 6)	苏联	1973-08-05	轨道器/着陆器	1974-03-12 进入火星轨道,返回少量数据
火星 7 号 (Mars 7)	苏联	1973-08-09	轨道器/着陆器	1974-03-09 进入火星轨道,返回少量数据
海盗 1 号 (Viking 1)	美国	1975-08-20	轨道器/着陆器	轨道器工作寿命:1976-06-19~1980-08-07,着陆器工作寿命:1976-07-20~1982-11-13

续表

计划名称	国家	发射日期	探测形式	结　果
海盗2号 (Viking 2)	美国	1975-09-09	轨道器/着陆器	轨道器工作寿命：1976-08-07~1978-07-25，着陆器工作寿命：1976-09-03~1980-08-07
福布斯1 (Phobos 1)	苏联	1988-07-07	轨道器/着陆器	行星际航行中失去联系
福布斯2 (Phobos 2)	苏联	1988-07-12	轨道器/着陆器	1989-03月在火卫一附近失去联系
火星观察者 (Mars Observer)	美国	1992-09-25	轨道器	进入火星轨道前失去联系
火星全球者 (Mars Global Surveyor)	美国	1996-11-07	轨道器	工作寿命：1997-09-12~2006-11-02
火星96 (Mars 96)	俄罗斯	1996-11-16	轨道器/着陆器	发射失败
火星探路者 (Mars Pathfinder)	美国	1996-12-4	着陆器/巡视器	工作寿命：1997-07-04~1997-09-27
希望号(Nozomi)	日本	1998-07-04	轨道器	未进入火星轨道
火星气象轨道器 (Mars Climate Orbiter)	美国	1998-12-11	轨道器	1999-09-23 到达后失去联系
火星极区着陆器/深空2号 (Mars Polar Lander/Deep Space 2)	美国	1999-01-03	着陆器/穿透器	1999-12-03 着陆时失败
奥德赛(Mars Odyssey)	美国	2001-04-07	轨道器	2004-10-24 入轨，目前仍在运行
火星开车(Mars Exporess)	欧空局	2003-06-02	轨道器/着陆器	2003-12-25 入轨，轨道器目前仍在运行，着陆器在着陆时失败
火星探测巡视器(Mars Exploration Rovers:)				
勇气号(Spirit)	美国	2003-06-10	巡视器	2004-01-03 着陆火星，目前仍在工作
机遇号 (Opportunity)	美国	2003-07-07	巡视器	2004-01-25 着陆火星，目前仍在工作
火星勘察轨道器(Mars Reconnaissance Orbiter)	美国	2005-08-12	轨道器	2006-03-10 入轨，目前仍在工作

1.2.1　美国的火星探测计划

1964年美国发射水手3号和4号开始进行火星探测。尽管两个计划都发射成功,但是由于水手3号的太阳帆板没有打开,使其在行星际中消失。当水手4号于1965年7月14日在距离火星表面9920千米处飞过火星时,它成为第一个成功飞越火星的探测计划。水手4号发回了22幅近距离的火星照片,揭示了保有大量撞击坑的火星表面,见图1.2。科学载荷的探测表明火星周围存在大气,其主要成分是二氧化碳(CO_2)。这些大气在火星表面的压力范围在500~1000Pa之间。水手4号还探测到火星存在少量的内禀磁场。在成功飞越探测之后,水手4号进入行星际飞行直至今日。

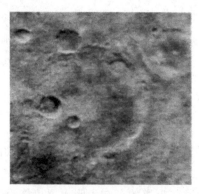

图1.2 由水手4号探测器拍摄的火星表面照片。可见撞击坑,但除此以外没有看到更多的内容。(图片来源:NASA/JPL PIA02979)

水手6号和7号在水手4号成功探测的基础上作了拓展。水手6号于1969年7月3日在距离火星仅3437km远的赤道附近飞过,之后的1969年8月5日,水手7号在距离火星3551km的南极附近飞过。水手6号和7号发回了超过200张火星表面的照片,并提供了火星表面和大气的温度、表面分子成分以及大气压力的测量数据。

这三个成功的飞越探测得到了关于火星的重要信息,但是它们对火星表面拍照的区域仍然非常有限,且表明火星是一个被多次撞击的、地质上已经没有活动的星球。然而当水手9号1971年11月24日进入火星轨道后,这样的观点又发生了巨大变化。水手9号是1971年5月发射的两个轨道器中的一个,但是它的同伴,水手8号却在发射时失败了。水手9号与其竞争者,苏联的两个探测器火星2号和3号(见1.2.2节),飞临火星时,正赶上火星被全球范围的沙尘所笼罩,大部分科学实验由于沙尘暴都不得不推迟。探测器的程序也不得不重新修订,改为对火卫一和火卫二拍照。到1972年1月,沙尘开始减退,水手9号才恢复到原定的探测程序。这次探测计划非常成功,探测器一直运行到1972年10月27日。水手9号有了大量的新发现,如在火星上除了布满撞击坑的古老地貌外,还存在年轻的火山、峡谷(见图1.3)和渠道,在火星上还发现了局部沙尘暴、天气锋面、冰云和晨雾天气现象,获得了关于火星、火卫一和火卫二的大小和形状的更详细的信息,以及大气的温度梯度,表面和大气的热特性,还有更精确的关于大气成分和压力的定量参数。

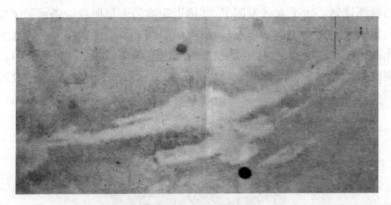

图1.3 关于水手大峡谷系统的第一批照片中的一张。由水手9号在全球性的沙尘暴退去之后拍摄。(图片来源:NASA/JPL PIA02998)

水手9号最为激动人心的发现是渠道,它们是由流动的液体,很可能是水,冲刷而形成。尽管水手4,6和7号都证明了由于目前表面的低气压和温度条件火星上不可能存在液态水,但这些渠道的存在表明火星可能沿着历史在变化,存在着在火星表面上曾有液态水的可能。这使得在火星上是否存在生命的问题被再次提出。为了回答这个重新复苏的生命科学问题,美国航空航天局在接下来的两个探测计划,海盗1号和2号,选择了着陆探测器(Soffen, 1977; Kieffer et al., 1992),拟在火星的土壤中寻找关于微生物的证据。在着陆器以外,每一个计划还包括一个轨道器,以此来提供更为详细的整个火星图像。

海盗1号轨道器和着陆器1975年8月20日发射,于1976年6月19日到达火星。轨道器用了大约一个月的时间进行火星表面拍照,以期发现一个安全着陆区域。1976年7月20日(阿波罗11号载人登月7周年纪念日当天),海盗号着陆器在北纬20.48°,东经312.03°的克律塞平原着陆,落在由冲积形成的几条大的渠道之间。这个着陆器一直工作到1982年11月13日,对周围环境(图1.4)进行拍照,就地探测土壤中存在微生物的证据,而轨道器由于用尽了姿控燃料,于1980年8月7日终止了工作。

海盗2号1975年9月9日发射,于1976年8月7日进入火星轨道,着陆器于1976年9月3号在北纬47.97°,东经134.26°的乌托邦平原着陆。轨道器由于姿控燃料耗尽于1978年7月25日结束寿命。着陆器不得不通过海盗1号的轨道器进行通信的中转,直至1980年8月7日海盗1号轨道器停止工作时才不得不终止其任务。

图1.4　海盗1号着陆器看到的火星表面。海盗号着陆器着陆在北纬20.48°，东经312.03°的克律塞平原，这里正处在由冲积形成的几条大的渠道之间。左边可见一块大约2米高的大石头(Big Joe)，图中还可见岩石和沙丘。(图片来源：PIA00393, NASA/JPL)

　　海盗号的两个轨道器对火星全球进行了成像，共获得52 000张照片。它们在大约两个火星年中获得了大量的火星表面和大气现象的详细地观测资料,包括第一次近距离的长期观测火星的季节变化。其上搭载的火星大气水探测仪(MAWD)提供了关于大气中水蒸汽的凝结和输送的信息,揭示了重要的大气和两极之间的季节性水循环规律(见 6.3.3)。红外热成像仪(IRTM)记录了火星全球的温度、反照率和热惯量数据，其中热惯量为表面物质颗粒大小的区域变化提供了重要的定量条件。

　　海盗号的着陆器在降落的过程中测量了不同高度上的大气温度、密度和成分。着陆后，除了一个地震仪没有打开,两个着陆器上的所有探测仪器全都成功地展开，它们都发回了火星表面的第一张彩色照片，照片揭示出表面的岩石和沙化地貌。生物学实验装置(见 8.2 节)可以检测土壤中的生物，以及通过不同的实验检测生物的废弃产出物。这个实验没有发现任何生命的证据，但是却发现当湿度增加时，土壤中会放出一些气体。其他仪器还包括一个气象站，测量每天的气压、温度和风的变化；一个磁特性测试仪，测量土壤中的磁特性；还有一个机械采样臂直接测量土壤的物理特性。着陆器上无线电信标不但可以帮助确定它们的精确位置，还能够对火星的运动，以及旋转中的加速度进行精确地测量。

　　海盗号计划之后，美国的火星探测进入了一个持续的低谷，直至 20 世纪 90 年代。火星观察者计划(Mars Observer)于 1992 年 9 月 25 日发射，吹响了"重返火星"的号角。该计划携带的仪器旨在用一个火星年的时间研究火星的表面成分和特性、地形学、大气成分和动力学以及磁场环境(Albee, et al., 1992)。不幸的是，当 1993 年 8 月 22 日探测器进入火星轨道时，通信中断了。故障被定位在准备变轨的燃料在输送中引起一个燃料管的爆裂，使得探测器失去了控制。

　　为了挽回火星观测者计划失败在科学上留下的空白,近期的探测计划上搭载了新的探测仪器。为了恢复关于火星的一些基本研究，首先发射的是火星全球勘察者计划(MGS, Mars Global Surveyor)(Albee et al., 2001)。该计划于 1996 年 11 月 7 日发射,并于 1997 年 9 月 11 日成功进入火星轨道,一直运行至 2006 年 11 月 2 日通信中断。其上搭载的火星轨道相机(MOC)由三部分组成:一个高分辨率窄视场黑白相机(像元分辨率 1.2~12m),一个红蓝宽视场相机(像元分辨率 240m),以及一个全天球照相机(像元分辨率 7.5m)。火星轨道激光高度计(MOLA)向火星表面发射激光脉冲,测量火星地形及其粗糙度。热辐射谱仪(TES)提供火星表面和大气的热辐射特性和表面物质的组成。大气的其他特性由火星全球勘察者计划上的无线电实验仪器提供,它可以提供火星上的日天气预报。磁强计(MAG)首次测量了火星上活动的磁场特性并发现了岩石的剩磁特性。

火星全球勘察者到达火星轨道时,第一个成功实施的火星巡视器已经着陆。这就是火星探路者(MAP, Mars Pathfinder)。火星探路者于 1996 年 12 月 4 日发射,它是美国航空航天局的第二个低成本探索计划,于 1997 年 7 月 4 日在位于北纬 19.12°,东经 326.78°的阿瑞斯峡谷的冲蚀区域着陆(Golombek et al., 1999a)(图 1.5)。这是火星上一个大沟渠。这个计划采用了一种新的着陆机理,也即用气囊来给着陆器减震。着陆后,气囊放出气体并打开,然后三角形的着陆装置打开,这时一个称为索杰纳(Sojourner)(以美国民权运动领袖索杰纳·特鲁斯(Sojourner Truth)命名)的小巡视器开动轮子来到火星表面上。尽管这个巡视器的设计寿命只有一个星期,着陆装置的设计寿命只有一个月,但它们都工作到了 1997 年 9 月 27 日。巡视器在近三个月的工作时间里沿着陆装置周围行走了大约 100 米的距离。着陆装置上搭载了立体相机(IMP, Imager for Mars Pathfinder)和气象探测包(ASI/MET, Atmospheric Structure Instrument/ Meteorology Package)。巡视器上搭载了一个导航相机和一个阿尔法质子 X 射线谱仪(APXS, Alpha Proton X-Ray Spectrometer)用来探测火星土壤和岩石的组成,着陆装置上的磁铁也能够提供大气灰尘的磁特性的信息。

图 1.5 从火星探路者号上看克律塞平原。可以看到索杰纳(Sojourner)巡视器正在对一个称为尤吉 (Yogi)的大岩石进行研究。远处可以见"双峰山"。
(图片来源:PIA01005, NASA/JPL)

1999年对火星探测来讲还是令人心跳的一年，这一年美国还有两个探测器飞往火星。火星气象轨道器(MCO, Mars Climate Orbiter)于1998年12月11日发射，该轨道器被设计成一个火星天气卫星，它搭载了两个仪器：一个大气探空仪(与失败的火星观察者号上的类似)和一个彩色相机。不幸的是，由于英制和公制转换时出了错误，入轨时距离火星太近以至于卫星在大气中烧毁。MCO在1999年的伙伴探测计划是火星极区着陆器(MPL, Mars Polar Lander)，它试图在南极冰盖边缘处着陆，上面搭载了一个挖掘装置，可以取土并测量其温度及含水量。此外还有两个小穿透器与MPL一同实施探测，称为深空2号计划(DS2, Deep Space 2)，它们在与MCO一同降落时分离出来，撞入火星南极富含水冰物质中。但是，人们并没有从MPL和DS2收到任何信号，估计是MPL着陆腿上的传感器出了问题，使得着陆反推发动机关机太早，以至探测器坠毁。

1999年两个计划的失败，是对美国火星探测的巨大打击，因此，计划2001年发射的一个着陆器计划被取消。因为其上使用的着陆机构与MPL是一样的，在MPL失败的原因真正搞清楚并且归零之前，没有人希望为另一个失败而白白费力。2001计划发射的轨道器继续执行，并重新命名为火星奥德赛计划(为纪念亚瑟·C·克拉克2001年发表的科幻名著《2001：太空漫游》，2001：A Space Odyssey)。火星奥德赛搭载了火星观测者号留下的最后一个正样备份仪器：伽玛射线谱仪(GRS, Gamma Ray Spectrometer)，用来测量火星表面物质自身发出的或者由宇宙射线激发的伽马射线和中子辐射。奥德赛2001年4月7日发射，于2001年10月24日进入火星轨道。除伽玛射线谱仪GRS之外，奥德赛还搭载了热辐射成像系统(THEMIS, Thermal Emission Imaging System)。它可以在可见光(VIS：像元分辨率18米)和红外(IR：像元分辨率100米)两个波段探测火星。其中的红外相机(IR)可以昼夜工作，提供了火星表面物质热物理特性大量的、极其有用的信息。IR在白天工作时还可以探测遍布火星表面的多样矿物质的信息。GRS则测量不同物质元素的丰度，包括水(H_2O)和地表上面的二氧化碳(CO_2)的丰度。第三个仪器是火星辐射实验装置(MARIE, Martian Radiation Experiment)，它可以提供详细的火星环境辐射信息。但是在2003年10月28日太阳出现大耀斑事件后，它就失效了。到2006年下半年，火星奥德赛上的THEMIS和GRS仍然在正常获取数据。

火星探测巡视器计划(MER, Mars Exploration Rover)，勇气号(Spirit)和机遇号(Opportunity)，于2003年发射，其研究目标是为了通过就地探测寻找火星上是否曾经有水以及火星远古时期的气候。勇气号于2003年6月10日发射，机遇号于2003年7月7日随后发射，两个计划都采用曾被火星探路者计划首次采用的气囊着陆的技术系统。勇气号于2004年1月3日在南纬14.5692°，东经175.4729°直径160千米的古谢夫撞击坑中成功着陆。之所以选择这个地点是因为这里曾是一个古老的湖的底部(Squyres et al., 2004a)(图1.6)。机遇号于2004年1月25日在南纬

1.9483°，东经 354.47417°的子午高原成功着陆(图 1.7)。这里是富含矿物的区域，其通常出现在多水的环境中(Squyres et al., 2004b)。尽管两个计划的设计寿命都只有 3 个月，但到 2006 年底还都在工作。每个巡视器都搭载了全景相机(Pancam, Panoramic Camera)用于对周围环境进行巡视；微型热辐射谱仪(Mini-TES, Miniature Thermal Emission Spectrometer)用来确定土壤和岩石的矿物成分；岩石研磨机(RAT, Rock Abrasion Tool)用来对岩石陈旧和风蚀的表面进行研磨，使其露出内部原本形象；阿尔法粒子激发 X 射线谱仪(APXS, Alpha Particle X-ray Spectrometer)可接近岩石和土壤的表面并确定目标物的化学成分；穆斯堡尔谱仪(Mossbauer Spectrometer)用来确定被分析目标的铁相和密度。

图 1.6　勇气号拍摄的古谢夫平原。这张照片在着陆后不久拍摄。哥伦比亚山位于大约 3 千米远处，清晰可见。(图片来源：NASA/JPL/Cornell University)

图 1.7　从机遇号看子午高原。机遇号在着陆后不久拍摄的这张照片中可以看到伊格尔撞击坑边缘上裸露的岩石。照片下部可以看到着陆器平台。(图片来源：NASA/JPL/Cornell University)

早期的水手号和海盗号为我们提供了关于火星的第一次详细信息。而近期的计划(MGS, Pathfinder, Odyssey 和 MER)则拓展了这些认识，并使得我们能够初步的建立火星表面和大气历史演化的模型，这些成果如仅依靠早期计划提供的信息是不可能实现的。2005 年 8 月 12 日发射了火星资源勘察轨道器(MRO, Mars

Reconnaissance Orbiter),并于 2006 年 3 月 10 日进入火星轨道。其他几个后续计划,包括计划于 2007 年发射的凤凰号(Phoenix)着陆器和计划于 2009 年发射的火星科学实验室(MSL, Mars Science Laboratory),将确保继续为我们增添关于这个红色行星的新资料。

1.2.2 苏联/俄罗斯的火星探测计划

前苏联在空间探测的早期也曾热衷于向火星发射探测器。由于在这一时期苏联和美国之间是一种太空竞赛的形势,苏联曾抢先向火星发射了探测器。经过了几次失败之后,苏联在 1962 年 11 月 1 日发射的火星 1 号于 1963 年 6 月 19 日在距离火星表面 195000 千米处飞越了火星。这个计划在设计时曾设想对火星进行拍照,在轨道转移时获取太阳风的数据,并确定火星是否存在磁场。但是由于天线的调方向机构在 1963 年 3 月就出了问题,因此在飞越火星时实际上没有数据返回。

火星 1 号的复制品称为 Zond 2 号,于 1964 年 11 月 30 日发射。但由于太阳帆板的一侧没有打开,比设计的能源提供能力减小了一半,1965 年 5 月通信中断,因而,在它于 1965 年 8 月 6 日飞越火星时同样没有任何数据返回。Zond 3 号错过了 1964 年的火星发射窗口,于 1965 年 7 月 18 日发射,尽管它仍然飞向了火星,但这时已经不是火星与地球最接近的时机了。

苏联在 1969 年的两次发射都失败了,同样,1971 年宇宙 419 号的发射也失败了。运气较好的是苏联发射的火星 2 号和火星 3 号,它们分别于 1971 年 5 月 19 和 28 日发射,都是轨道器与着陆器的组合,并双双于当年 11 月底,晚于水手 9 号几周进入火星轨道。火星 2 号和 3 号都具有进入轨道后对火星进行程序拍照的功能。不幸的是,1971 年火星上发生了全球性的沙尘暴,当这两个探测器对火星拍照时火星实际上已被沙尘全部笼罩。照片是拍下来了,但是并没有看到这颗行星的真实面貌。另一个仪器红外辐射计却提供了一些有用的数据,测量了火星表面的温度和热惯量,表明这颗行星的表面被干燥的沙尘覆盖。对北极冰盖的温度观测显示其温度接近二氧化碳的冷凝温度,也即冰盖的主要成分应该是二氧化碳 CO_2。火星 2 号和火星 3 号上的光度计对大气的观测显示,沙尘云的主要分布在大约 10 千米的高度,在沙尘暴期间大气中水蒸汽的含量则非常的低。大气中沙尘颗粒(几个微米的数量级)和极区冷凝云颗粒(亚微米数量级)可以通过它们的散射(特别是氢的莱曼阿尔法谱线和氧原子的三重态)进行测量。火星 2 号与地球之间进行的无线电掩星测量揭示了火星电离层存在由大气成分和粒子大小区分的两个主要区域。对火星磁场的测量表明火星仅存在极弱的磁场,比地球磁场要低大约 4000 倍。尽管两个探测器的轨道只提供了 7 次近距离观测火星的机会,但它们都在轨道上运行了 4 个月。由于火星 2 号上的遥测信号非常弱,因此这个探测器获得的大部分信息都丢失了。

火星 2 号和 3 号都搭载了着陆器(在俄语中称为"降落单元")。进入轨道不久,两个着陆器就分别被释放了。火星 2 号于 11 月 27 日释放了降落单元，但是降落失败并坠毁。火星 3 号于 12 月 2 日释放降落单元，虽成功在火星表面着陆，然而，在收到了 20 秒钟的数据后信号就停止了，且永远失去了联系。

火星 4 号和 5 号轨道器分别于 7 月 21 和 25 日，在 1973 年的发射窗口中发射。它们之后就是 8 月 5 日和 9 日的火星 6 号和火星 7 号着陆器的发射。所有四个探测器都于 1974 年的 2 月到 3 月之间到达火星。火星 4 号由于推进器问题，没有能力进入火星轨道，在距离火星表面 2200 千米处飞过。但与它进行的无线电掩星测量却第一次探测了火星夜间的电离层。火星 5 号成功进入轨道，但由于发射机压力舱漏气只运行了 22 圈就失去了联系。该探测器发回了 60 幅曾经被水手 6 号于 1969 年拍摄过的同一地区的照片。火星 5 号第一次确定了火星表面热惯量的变化，说明表面物质颗粒的不同。伽马射线谱仪探测到铀(U)、钍(Th)，和钾(K)的含量与地球上的镁铁岩的含量类似。火星 4 号和 5 号的数据显示火星表面大气的压力是 670 帕(Pa)。火星 5 号还发现大气中水蒸汽的含量比火星 3 号在沙尘暴期间测量的值要高。在 40 千米的高度还测量到了臭氧，但是其浓度比地球上的臭氧要低三个数量级。美国的水手号曾在极区探测到臭氧，但是火星 5 号在赤道附近也探测到了臭氧，尽管其浓度较低。大气不同层面的高度和温度值经过火星 5 号的探测得到了更准确地数值，而且还在这颗行星附近发现了三个等离子堆集区域。

1973 年发射的两个着陆器都没有成功到达火星表面。火星 7 号的着陆器根本就没有进入火星轨道。火星 6 号着陆器在着陆的过程中传回了一些数据，第一次提供了大气温度和密度刨面的原位探测数据。然而，当着陆器接近火星表面时，信号急速衰减直至终止，表明着陆器坠毁了。

从此苏联一直到 1988 年都没有再进行火星探测，而是转向对内太阳系的金星开展探测。1988 年 7 月 7 日和 12 日分别发射了福布斯(Phobos)1 号和 2 号。正如其名字所表明的，这两个计划的主要目标是针对火星最大的天然卫星福布斯。探测器计划将轨道逐渐变为与福布斯一样的圆轨道，并释放两个同步着陆器在福布斯上着陆，研究这颗天然卫星的元素组成。仍在轨道上运行的探测器用激光和粒子枪照射福布斯表面，使其土壤挥发出气体，然后用质谱仪测量其表面的物质组成。福布斯 2 号也有一个小着陆器，称为"跳跃器"，可以在福布斯表面不同地点跳来跳去，测量不同地点的元素组成。

福布斯 1 号由于收到了一串错误的指令使其在发射后两个月就通信中断。但这个问题在此后一直没有解决，致使与其永远失去了联系。福布斯 2 号在 1989 年 1 月 29 日进入了火星轨道，并计划在之后的两个月中进行一系列的调轨，使其逐渐接近福布斯的轨道。福布斯 2 号对火星也进行了一定数量的探测。包括用 TERMOSKAN 载荷对火星表面进行的第一次热红外波段的成像探测，用近红外成像谱仪(ISM, Near Infrared Mapping Spectrometer)为火星表面的地形地貌以及矿物分布提供新信息，以及用热红外辐射计(KRFM)揭示火星大气的一些特征，也即通过云和大气临边的亮度探测气溶胶的形成。通过掩星探测谱仪(AUGUST)，还提供了大气层中臭氧和水蒸气的日变化信息。尽管在福布斯2号探测器通过轨道机动接近福布斯的过程中遥测通信中断了，它还是拍摄到了福布斯的精细照片，并首次精确推断出这颗天然卫星的质量和密度、表面物质组成，以及表面温度的变化。密度和物质组成的信息表明福布斯并不是像原来预测的那样是一个主要由碳组成的球粒陨石，其内部也比曾经想象的那样要更具多孔结构。

俄罗斯最近的一次对火星的探测是1996年发射的火星96计划。计划由一个轨道器，两个着陆器和两个撞击穿透器组成。这是一个雄心勃勃的计划。它计划研究火星表面的地形地貌、矿物和元素组成；研究火星的气候和监视火星表面温度、气压、气溶胶和大气成分随时间的变化；研究火星内部结构；并研究近火星的等离子环境特性。计划于1996年11月16日发射。但是由于运载火箭的故障，使其坠毁在太平洋中。

1.2.3 欧洲空间局的火星探测计划

欧洲空间局(ESA, European Space Agency)长期以来一直对发射火星探测计划感兴趣，并完成了多个概念性的探测计划的研究工作。第一个被批准立项的探测计划就是火星快车(Mars Express)计划(Chicarro, 2002)。火星快车包括一个轨道器和一个称为猎兔犬2号的着陆器。轨道器和着陆器于2003年6月2日发射，并于当年12月25日进入火星轨道。在轨道器进入火星轨道之前6天，猎兔犬2号就与轨道器分离。它在降落时先通过一个降落伞减速穿过大气层，然后再用火星探路者以及勇气号和机遇号用过的气囊着陆方式着陆。它计划研究着陆点伊希斯平原区域的地质和矿物成分，该区域的天气和气候，以及寻找生命的痕迹。不幸的是，它着陆后没有信号返回，2004年2月6日，着陆器被公开宣布已经丢失。

然而，火星快车轨道器取得了巨大成功，所有探测仪器都通过测试，并发回数据。这些探测仪器中有一些是曾在火星96计划中搭载过的，包括高分辨率立体相机(HRSC, High Resolution Stereo Camera)，可见光和红外矿物学成像谱仪(OMEGA, Observatorire pour la Mineralogie, l'Eau, les Glaces, et l'Activite)，研究火星大气特性的光谱测量装置紫外与红外大气谱仪(SPICAM, Spectroscopy for Investigation of Characteristics of the Atmosphere of Mars)，行星傅里叶光谱仪(PFS, Planetary Fourier Spectrometer)，以及空间等离子体和能量原子分析装置能量中性原子分析仪(ASPERA, Analyzer of Space Plasma and Energetic Atoms)。火星无线电科学实验(MaRS)和用于火星次表层以及电离层探测的火星先进雷达(MARSIS)是火星快车搭载的新探测仪器。

高分辨率立体相机 HRSC 提供了壮观的火星表面的三维图像(图 1.8)，为揭示火星表面形成的历史年代和地质演化提供了重要新认识。可见光和红外矿物学成像谱仪(OMEGA)为火星极盖中的水冰和火星表面矿物质的分布提供了证据。紫外与红外大气谱仪(SPICAM)最近报道观测到了火星夜间在高层大气中的光辐射，这是由于氧化氮的生成过程以及局部残留的较强磁场(曾被火星全球者计划(MGS)的磁强计探测到)导致的极光产生的。火星快车最激动人心的发现之一是在火星大气中用行星傅里叶光谱仪(PFS)发现了甲烷(CH_4)。这种在火星大气中短期存在的甲烷表明，能够释放这种分子说明存在活动的火山，或热液体活动过程，甚至也许存在生命活动。能量中性原子分析仪(ASPERA)详细的测量了火星环境中的等离子体以及高空大气，确认了太阳风可以侵入火星高层大气，为水从火星上消失的机制提供了一种解释。火星无线电科学实验(MaRS)对火星大气的结构提供了新的认识。火星先进雷达(MARSIS)的天线直到 2005 年下半年才展开并开始测试，对极区堆积物和被掩埋的陨石坑进行层析探测。所有这些仪器都为我们理解作为我们邻居的这个世界提供了重要的新认识。

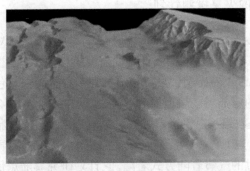

图 1.8　用高分辨率立体相机 HRSC 拍摄的水手峡谷系统中的山谷。立体图像由火星快车上的高分辨率立体相机 HRSC 拍摄的照片生成。这幅立体图像揭示了水手峡谷系统中的科普莱特斯峡谷中的细节。(图片来源：Image SEMPH01DU8E, ESA/DLR/FU Berlin (G. Neukum))

1.2.4　日本的火星探测计划

日本在 1998 年通过发射行星 B 计划参加到了国际火星探测研究中来。发射成功之后，该计划被命名为 Nozumi，日语意为"希望"，旨在研究火星上层大气和太阳风的相互作用。计划于 1998 年 7 月 3 日发射，本来打算于 1999 年 10 月 11 日进入火星轨道。然而，一次错误的动作使得探测器损失了部分燃料，之后的两次轨道调整又比原计划多用了一些燃料。由于剩余的燃料已经不足以使其回到预计的轨道，日本工程师决定让其进入行星际飞行 4 年，然后利用两次地球引力的借力飞行再进入火星轨道，预计再次到达火星的日期是 2003 年 12 月 14 日。然而 2003

年12月9日，令其在5天后进入火星轨道的努力失败了，希望号因此再次进入了行星际飞行轨道，所有将其再次推入火星轨道的努力也就都放弃了。

1.3 火星的轨道特性

1.3.1 轨道参数

火星是太阳系中从太阳向外排列的第四颗行星。它距离太阳的平均距离是 $2.279×10^8$ 千米(1.5237AU)。火星的轨道和黄道面的夹角为 1.851°。它轨道的椭圆度也是行星中最大的一个，为 0.0934。这个高偏心率使得它的近日点和远日点距离差距明显。用极坐标表示的椭圆方程为

$$r = \frac{\alpha(1-e^2)}{(1+e\cos\theta)} \tag{1.2}$$

其中 α 是轨道的半长轴，e 是偏心率，θ 是实近点角(行星当前位置运行到近日点的角距离)。由于火星到太阳的平均距离就是其半长轴(α=2.279×10^{8}km)，且我们知道其轨道的偏心率(e=0.0934)，我们就可以计算出火星的近日点(θ=0°)和远日点(θ=180°)的距离。在近日点(q)，由上面公式简化

$$q = \alpha(1-e) \tag{1.3}$$

得出 $2.066×10^8$km(1.381AU)。在远日点(Q)有

$$Q = \alpha(1+e) \tag{1.4}$$

得出火星的远日点距离 $2.492×10^8$km(1.666AU)。2000年春/秋分点时的火星轨道参数特性见表1.2。

表 1.2 火星的轨道特性

半长轴	2.2792×10^{8}km
	1.52371034AU
偏心率	0.0933941
倾角	1.84969142°
升交点黄经	49.55953891°
近日点黄经	336.0563704°
公转周期	686.98 地球日
会合周期	779.94 地球日
平均轨道速度	24.13km/s
最大轨道速度	26.50km/s
最小轨道速度	21.97km/s
自旋轴与轨道面的倾斜角	25.19°

数据来源：喷气动力实验室(JPL)太阳系动力学网页：ssd.jpl.nasa.gov/以及美国国家空间科学数据中心(NSSDC)火星数据网页：nssdc.gsfc.nasa.gov/planetary/factsheet/ marsfact.html。

根据行星运动开普勒第三定律

$$P^2 = \frac{4\pi^2 \alpha^3}{G(M_{Sun} + M_{Mars})} \tag{1.5}$$

我们可以从半长轴(α)确定火星的轨道周期(P)(其中 G 是宇宙引力常数=6.67×10^{-11}N·m^2/kg^2),M_{Sun} 是太阳的质量,M_{Mars} 是火星的质量)。其计算结果是 686.98 个地球日。火星在轨道上绕太阳运行的线速度约为 24.13km/s,也即平均每天运行 0.52405°。火星在近日点处的最大轨道速度为 26.50km/s,在远日点处的最小轨道速度为 21.97km/s。

由于火星的自旋轴的倾斜,其赤道面相对于它的轨道面有一个夹角。目前这个夹角为 25.19°。然而,如我们在 7.4.2 节中指出的,火星的自旋轴倾角(以及其轨道的偏心率)都会受到其他行星的引力场的影响,特别是会受到木星的影响。目前火星北天极的指向是在位于赤经 21h8m,赤纬+52°53′的阿尔法天鹅星座(Alpha Cygni)的方向上。

1.3.2 与太阳和地球轨道相关的火星轨道特性

火星的春分点和地球的春分点相差 85°。从火星上观察,太阳的经度(L_S)跨度是从 0°到 360°。在春分点,也就是北半球的春天的第一天,L_S=0°。北半球的夏至发生在 L_S=90°时,秋分点发生在 L_S=180°,而北半球的冬至发生在 L_S=270° (Carr, 1981)。火星的近日点发生在 L_S=250°,接近于南半球的夏至点。由于火星轨道的椭圆度高,使得火星各个季节的时间长度不一样。北半球的春天(南半球的秋天)为 199.6 个地球日,北半球的夏天(南半球的冬天)为 181.7 个地球日,北半球的秋天(南半球的春天)为 145.6 个地球日,北半球的冬天(南半球的夏天)为 160.1 个地球日。

火星和地球发生冲(运行到太阳同一侧并三点连成一线)的周期为大约 779 地球日。尽管由于轨道的椭圆度和倾角的变化会使冲的日期和距离最近的日期有数天的差别,但在这一段时间中两个行星距离最靠近。决定于它们所处的各自轨道的位置,当地球和火星发生冲时,它们之间的距离从 56×10^{6}km 到 101×10^{6}km 不等。在周期性发生的冲当中,如果地球处于远日点而火星处于近日点,它们的距离最接近。这种情况大约每 17 年发生一次。距离最远的冲发生在地球处于其近日点,火星处于其远日点。表 1.3 列出了 2000~2020 年地球与火星的所有冲。在近冲时,火星从地球上看去的直径为 25 角秒。在远冲时,火星从地球上看去的直径为 14 角秒。

第一章 火星引论

表 1.3 火星的冲(2000~2020)

冲的日期	距离最近的日期	最近的距离(10^6km)	视直径(角秒)
2001-06-13	06-21	67.34	20.79
2003-08-28	08-27	55.76	25.11[a]
2005-11-07	10-30	69.42	20.19
2007-12-24	12-18	88.17	15.88
2010-01-29	01-27	99.3	14.1
2012-03-03	03-05	100.8	13.9[b]
2014-04-08	04-14	92.4	15.2
2016-05-22	05-30	75.3	18.6
2018-07-27	07-31	57.6	24.3
2020-10-13	10-06	62.2	22.6

a：近冲点；b：远冲点。

数据来源：空间探测和研发学生网(SEDS)：www.seds.org/~spider/spider/ Mars/ marsopps. Html。

1.4 火星的物理特性

1.4.1 自转

火星的物理特性见表 1.4。火星的自转周期为 24h37m22.65s，比地球的自转周期 23h56m4.09s 稍长一点。自转的方向从黄道面上方看下去为逆时针方向，与地球的自转方向相同。地球的太阳日的长度准确的定义为 24 小时。火星日长度为 24h39m35s 称为火日(sol)。本书中对地球日称为"天"，对火星日称为"火日"。

火星的自旋轴由于其他行星的引力场的扰动存在岁差。从海盗号着陆器在 20 世纪 70 年代对火星自旋周期的观测到火星探路者计划在 1997 年观测到的变化来看，岁差率为每年–7576 ± 35 毫角秒(Folkner et al., 1997)。在火星赤道坐标系中，由于岁差产生的赤经的变化量为每百年–0.1061°，赤纬的变化量为每百年–0.0609°(Folkner et al., 1997)。

1.4.2 体积

关于火星形状的详细讨论将在第三章的地质测量中给出。目前对火星赤道半径的最准确的估计为 3397km(Smith et al., 1999)。对于一个快速旋转的行星来说，典型特征是赤道区隆起，因此从中心到两极的半径会略短一些。火星的两极半径为 3375 千米。火星的平坦度(f)由其赤道半径($R_{equatorial}$)和极区半径(R_{polar})之比得到

$$f = \frac{R_{equatorial} - R_{polar}}{R_{equatorial}} \tag{1.6}$$

表 1.4 火星的物理特性

质量	6.4185×10^{23} kg
体积	1.6318×10^{11} km³
平均密度	3933 kg/m³
平均半径	3389.508 km
平均赤道半径	3396.200 km
北极半径	3376.189 km
南极半径	3382.580 km
自传周期	24.622958 h
太阳日	24.659722 h
平坦度	0.00648
岁差率	−7576 毫角秒/年
表面引力	3.71 m/s²
逃逸速度	5.03 km/s
整体反照率	0.250
正投射反照率	0.150
黑体辐射温度	210.1 K

数据来源：Smith 等(2001a)以及美国国家空间科学数据中心(NSSDC)火星数据单：nssdc.gsfc.nasa.gov/planetary/factsheet/marsfact.html。

由此得到 0.00648。最常使用的是火星的平均半径，为 3390 千米。

1.4.3 质量和密度

火星的质量是通过分析它的两颗卫星的轨道，以及分析多个围绕火星飞行的探测器的轨道而得到。火星的质量为 6.4185×10^{23} kg，大约为地球质量的 1/11。尽管我们在第三章中还要讨论火星的形状，但由地球物理的分析计算得到火星的体积为 1.6318×10^{11} km³。由此就得到火星的平局密度为 3933 km/m³，说明火星是一个具有较小铁核的岩石星球。

1.5 火星的卫星

火星的两颗卫星是在 1877 年近冲发生时发现的。美国海军天文台的阿瑟夫·霍尔(Asaph Hall)于 1877 年 8 月 12 日发现了距离火星较远的卫星戴莫斯(Deimos)，六个晚上之后又发现了距离火星较近的卫星福布斯(Phobos)。霍尔为了发现火星的卫星几近疯狂，甚至都想放弃了。她的妻子，克罗·安杰连·斯蒂科尼·霍尔(Chloe Angeline Stickney Hall)，却鼓励他再坚持一会儿，这导致他最终发现了它们。为了表彰他妻子对他的鼓励，福布斯上最大的撞击坑被命名为斯蒂科尼坑(为了纪念阿瑟夫·霍尔,福布斯上的第二大撞击坑被命名为霍尔坑)。霍尔用神话中古希腊战神阿瑞斯(Ares)的两个儿子的名字为这两颗卫星起名:福布斯,是胆却和恐惧的化身;戴莫斯,是恐怖和惊吓的化身。

1.5.1 火卫一福布斯

福布斯是两颗卫星中较大的一颗,也是更靠近火星的一颗。它的形状很不规则(如图 1.9),用三维椭球逼近的半轴值分别为 $13.3km \times 11.1km \times 9.3km \pm 0.3km$(Batson et al., 1992)。它的质量为 $1.06 \times 10^{16}kg$,密度为 $1900kg/m^3$。如此低的密度表明它的内部存在空洞,也许中间还有大量的冰块,或者就像许多小行星一样是一堆碎石块,由它本身所具有的一点点引力的作用吸附在一起。

图 1.9 高分辨率立体相机(HRSC)拍摄的福布斯照片。它是火星最大的天然卫星,表面有密集的撞击坑和裂缝沟槽。从这张火星快车上高分辨率立体相机(HRSC)拍摄的照片上可以看到斯蒂科尼撞击坑(左)和从它放射出的那些裂缝沟槽。(图片来源:SEMPVS1A90E, ESA/DLR/FU Berlin (G. Neukum))

福布斯围绕火星运行的轨道半长轴为 9378.5km。在这个距离上,福布斯绕火星运行一周的时间为 0.31891 天,也即福布斯在一个火日内要运行三圈。它的轨道的偏心率为 0.01521,与火星公转轨道的倾角为 1.08°。福布斯的自转与其绕火星旋转的周期同步,也即其自转周期等于其轨道周期的 0.31891 天。

由于福布斯的轨道低于火星的同步轨道(也即它绕火星一圈的时间比火星自转快),福布斯和火星之间的引潮力将消耗福布斯的轨道能量。这使得福布斯的轨道高度每百年要下降 1.8m。大约 50×10^6 年之后,它要么撞击到火星上,要么由于其颗粒之间的引力小于引潮力的洛希(Roche)限使其分解为一个围绕火星运转的小陨石带。

福布斯的颜色很暗,其正入射反照率只有 0.07。它的表面曾被多次撞击,表明它自形成以来内部没有任何地质活动。福布斯的表面也有一些沟槽,最长的可达

20 千米，横跨其表面，这也许是内部较深处的空洞的断裂在表面的体现。许多的沟槽都靠近斯蒂科尼撞击坑，这显示它在形成时，的确对福布斯带来了猛烈的撞击和张力，引起新的断裂并使已经存在的断裂加宽。由撞击溅起的较大的岩石块也可以在福布斯的表面看到(Thomas et al., 2000a)。

1.5.2 火卫二戴莫斯

戴莫斯是火星较小的一颗卫星，也是在两颗卫星中距离火星较远的那一颗卫星。如同福布斯一样，它的形状不规则(图 1.10)，用三维椭球逼近的半轴值分别为 $7.6km \times 6.2km \times 5.4km \pm 0.5km$(Batson et al., 1992)。戴莫斯的质量为 $2.4 \times 10^{15}kg$，密度为 $1750kg/m^3$，这暗示它也像福布斯一样内含空洞，或由碎石堆积而成。

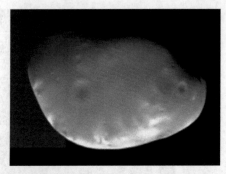

图 1.10 由海盗 1 号轨道器拍摄的火星的第二个天然卫星戴莫斯的拼接图。它的表面也被撞击坑覆盖，但是由于表面被厚尘埃覆盖显得相对平滑。(图片来源：NASA/JPL)

戴莫斯绕火星的轨道的半径为 23 458.8km，周期 1.26244 天。这个轨道近乎圆形，偏心率仅为 0.0005。轨道倾角 1.79°。戴莫斯自旋的恒星周期也与火星同步，为 1.26244 天。

戴莫斯同样看上去很暗，其正入射反照率为 0.08。它的表面也被多次撞击，但与福布斯上那些反差强烈的撞击坑和沟槽相比要光滑一些。戴莫斯看上去更加柔和的外表，像是被一层厚表土所覆盖。表土是碰撞溅起的那些粉碎物。而福布斯没有这一层尘埃的原因可能是由于斯蒂科尼的猛烈撞击造成的。由于福布斯的逃逸速度非常小，只有 0.0057km，以至于它无法留住那些溅起的高速尘埃。与福布斯不同，戴莫斯在受到撞击时，由于其表面特性不同，因此留下了大量的表土。

1.5.3 火卫一和火卫二的来源

福布斯和戴莫斯形状不规则、表面灰暗且光谱特征与 C 类小星体非常地类似，也使得许多科学家都认为它们是被火星从太阳系小行星中捕获而来的。然而，对它们的轨道的动力学分析并不轻易地支持这一观点，反而认为它们也许就是在火星的附近形成的。

福布斯和戴莫斯的小行星来源说可以从这两颗卫星的物理和化学特性得到支持。它们的光谱特性都与 C 类小行星近似。哈特曼(Hartmann, 1990)认为它们在大约 3AU 的轨道附近形成。这个区域中有大量的 C 类小行星，且可能由于木星的引力场扰动使它们中的部分的轨道向内离散。两个卫星都具有低密度，这与大多数富含挥发物由碳组成的陨石相似。这更加使人确信它们来自于 C 类小行星。然而，只从观测得到的密度参数还无法断定它们的内部组成，它们的内部也许是岩石块的堆积或许还包含大量水冰。

对福布斯和戴莫斯的光谱观测研究，表明它们的表面的反照率很低，与小行星带外部的一些黑色、中性目标类似。然而，福布斯至少有四条可分辨的光谱线，其中一条可以认为是无水的、且光学黑暗的常规小行星谱线(常被称为黑陨石)，但这类星体的密度应该比福布斯高。福布斯的表面具有不同的性质，其反照率变化范围可达 10%。这样的变化范围可能由不同的表面物质成分在撞击下产生，也可能由物质的颗粒大小不同而产生(Murchie and Erard, 1996; Simonelli et al., 1998)。戴莫斯在光谱特性上与 C 类和 P 类小行星类似。

反对福布斯和戴莫斯的小行星来源说的主要论点是捕获的物体无法像今天福布斯和戴莫斯那样运行于一个圆形赤道轨道上。通过引力场捕获的物体的运动轨道通常都是高偏心率的和大倾角的。捕获说的另一个问题是如何能使两个捕获的物体运行于同步轨道的两侧，而不是同侧。沿时间积分上溯得到福布斯形成于一个距离火星大约 5.7 个火星半径(R_δ)，比现在更为椭圆的轨道，这与捕获说倒是相对吻合的。然而，用同样的方法对戴莫斯的轨道进行积分得到在整个太阳系的历史中，其轨道与现今的轨道始终一致是一个圆轨道，表明它不可能是一个捕获的小行星。另外，如果福布斯在早期的轨道的椭圆度很大，它将跨越戴莫斯的轨道，使它们出现碰撞。一些其他的理论试图避免捕获说的问题，提出福布斯和戴莫斯原来是一体的，运行于火星的同步轨道附近，之后发生了一次撞击使它们一分为二，一个运行于同步轨道内侧，另一个运行于同步轨道外侧(Burns, 1977)。

一个可能的机理，既能解释福布斯和戴莫斯起源的捕获说，又能解释它们现今的轨道，就是捕获并非借助了引潮力，而是利用了太阳系形成早期的星云中的空气动力作用(Pollack et al., 1979)。在这一模型中，福布斯和戴莫斯形成于 3AU 附近的小行星带，在木星引力场的扰动下逐渐与火星轨道交会，然后进入太阳星云中的空气动力拖曳区，被火星捕获。空气动力拖曳使得轨道半长轴、偏心率和倾角都减小，这样就产生了目前我们观测到的这两个卫星的轨道特征。

1.5.4 是否存在其他卫星

福布斯和戴莫斯是火星一度拥有的大量小卫星中仅存的吗？舒尔茨和吕兹-嘎

瑞韩(Schultz and Lutz-Garihan, 1982)曾提出火星表面上大量的椭圆型的撞击坑就是与大量的绕火星运行的小卫星撞击所带来的。这些小卫星的轨道分布在同步轨道以内，使得它们随时间降低高度，然后以倾斜的坠毁角度撞击到火星表面形成椭圆型的撞击坑。然而，博特克等(Bottke et al., 2000)指出，火星上的椭圆撞击坑的比例并不比月球更高，表明在火星表面上看到的这些椭圆型的撞击坑，主要还是由围绕太阳运行的行星际的陨石产生的，而不是由围绕火星运行的陨石的撞击产生的。

1.5.5 火星轨道上的特洛伊小行星

尽管位于木星拉格朗日L4点和L5点的特洛伊小行星群在1906年就被发现了，类地行星轨道附近的特洛伊小行星则是到近年才发现。第一个火星轨道上的特洛伊小行星是1990年发现的，2006年又发现了5个。其中5个都位于拉格朗日L5点处，另一个位于L4点处。通过光谱仪观测其中三个的数据分析表明，其中两个与Sr/A小行星类似，而第三个则被归为X类小行星(Rivkin et al., 2003)。基于光谱仪分类，所有这三个小行星都显示出含有硅的成分。这与福布斯和戴莫斯基于碳的成分明显不同。数字模型显示这些特洛伊小行星是火星在太阳系形成的早期捕获的，那时太阳系中仍有大量的星子存在(Tabachnik and Evans, 1999)。一旦它们被火星捕获至L4和L5拉格朗日点中，它们在整个太阳系历史中的动力特性将会很稳定，并一直待在那里(Scholl et al., 2005)。

第二章 火星的形成及早期行星演化

2.1 火星的形成

2.1.1 吸积

火星与太阳系其他的天体一样，形成于 45 亿年前。形成太阳系的早期物质是尘埃和气体混合云，称为太阳系星云或早期行星星云。火星的轨道运行方向及自身旋转方向，以及太阳系绝大部分行星和行星的卫星轨道、自转方向显示出原始星云是缓慢旋转的。从太阳系黄道面上方向下观察星云的旋转方向是逆时针的。这个星云受到外部事件的扰动而产生引力坍缩。外部扰动事件可能是太阳系邻近的恒星爆炸、与银河分子云的相互作用、或者通过一个螺旋状的物质密度波。由于星云初始的自旋运动，星云坍缩成一个扁平的盘状星云，在盘状星云的中央部分是中心气泡，中心气泡的坍缩形成太阳。

火星和其他类地行星的形成过程可以明显地分成三个阶段：公里尺度大小的星子、行星胚体、以及碰撞形成的较大行星(Canup and Agnor, 2000; Chambers, 2004)。早期盘状星云的旋转运动引起小尺度尘埃(1~30 μm 直径)间的碰撞并黏在一起，形成较大尺度的天体(Weidenschilling and Cuzzi, 1993)。引力波不稳定性产生的星云碎片形成的固体块状小天体也可能对类地行星的形成有贡献(Ward, 2000; Youdin and Shu, 2002; Chambers, 2004)。星云中气体拖曳及引力作用使这些不断增大的，而且不断变重的颗粒逐渐向盘状星云的中平面聚集。这种机制可以解释行星的轨道基本上与黄道平面重合。处于太阳系内环较小轨道的天体，发生碰撞的概率大于处在太阳系外环的天体。因此，太阳系内环的天体增长比外环的快。当这些小天体长到大约 1 公里的直径时，就称为星子。

行星最后的特性是由行星初期的星子轨道所确定的。这主要是气体阻力(使轨道共面和趋于圆型)和相互间引力(产生较大的偏心率和轨道倾角)共同作用的原因。行星核已经具有足够的质量通过引力吸引聚合更多的物质，这一过程称为吸积。行星吸积过程发展得比较快，约为一亿年左右，就可以使星子生长成行星胚胎(Kokabo and Ida, 1998; Kortenkamp et al., 2000)。行星胚胎的质量与现在的火星质量相近(10^{23}kg)。火星没能变得更大，可能是因为部分物质被木星引力偏移到了太阳系别处(Chambers and Wetherill, 1998; Chambers, 2001; Lunine et al., 2003)。大约用了 10 万年，火星达到了目前的大小和密度(Wetherill and Inaba, 2000)。

行星胚胎演化成最终的行星状态，很大程度上取决于后期的撞击事件。这些撞击事件或者通过吸积过程使行星胚胎增大尺寸和重量，或者通过侵蚀过程缩减行星胚胎的尺寸和质量。是增加还是缩减，都取决于碰撞参数(Canup and Agnor, 2000; Chambers, 2001)。形成地球卫星-月球这样的碰撞在这时期是非常普通的碰撞事件 (Hartmann and Davis, 1975; Benz et al., 1989; Cameron, 1997, 2000; Agnor et al., 1999; Kokubo et al., 2000)。行星最终的性质，如质量和旋转率，较大程度上取决于吸积的后期(Agnor et al., 1999; Lissauer et al., 2000; Canup and Agnor, 2000)。火星具有较高密度的挥发物、体积却较小的特性(2.3节)似乎表示火星受到这一阶段撞击事件的影响较小(Chambers, 2004)。

太阳星云内温度和压力的变化，使得不同的元素在不同的位置凝聚。平衡凝聚静态过程图显示出从太阳向外的温度下降导致不易气化的元素在靠近太阳的地方凝聚，而容易气化的元素在远离太阳的距离处凝聚。铁氧化物在火星轨道附近出现，而水冰应该在木星轨道附近凝聚。平衡凝聚过程使人们深入了解到在目前阶段太阳系中什么元素应该是构成什么行星的物质。

虽然"冰线"，即水冰出现在木星轨道附近，含水矿物也可以在距太阳较近的地方存在(Drake and Righter, 2002)。这些含水矿物有水或者氢氧根分子附着在基本的物质单元上。尽管许多科学家认为，在内太阳系中大部分的水是由于小行星和彗星的撞击而来(Morbridelli et al., 2000)，一些含水矿物是从太阳系星云直接参与到类地行星的生长过程。

2.1.2 重大撞击期

不是所有的太阳系星云物质都立刻吸积到行星胚胎形成行星。在行星形成后，太阳系中还保留着许多早期太阳系星云物质。这些早期星云物质经历了引力和碰撞的扰动后，会穿越新近形成的行星轨道。偶然地，这种起源于行星形成过程的太阳系碎片，撞击到新近形成的行星，在固体行星表面产生出撞击坑。在行星形成初期，撞击坑的产生率比现在的撞击率高100~500倍。因此，那个具有较高撞击率的时期称为严重撞击期。

重大撞击期又进一步划分成早期和后期。重大撞击早期包括行星形成和行星表面固化。未出现撞击坑的行星表面还仍然处于这一时期。重大撞击后期(LHB)是从行星表面固化一直延续到撞击率下降到目前的水平。重大撞击后期的痕迹依然可以从经历重大撞击的月球、水星和火星表面观察到。基于阿波罗(Apollo)和鲁娜(Luna)探测任务的月球返回样品分析，地月系的LHB大概结束于38亿年前，这一时期也可能是内太阳系其它行星LHB结束的时期(5.1.3节)。

传统上，LHB被看成是撞击率出现指数下降的时期，这一时期大致在45~38亿年之间(图2.2)。但是，通过分析月球高地的岩石、月球撞击熔融岩石和在地球上找到的月球陨石，没有发现任何样品的地质年龄超过40亿年。这一结果显示出LHB实际上是一个短暂的时期，其间经历较强烈的撞击(Tera et al., 1974;

Dalymple and Ryder, 1993, 1996；Cohen et al., 2000；Culler et al., 2000; Stoffler and Ryder, 2001; Kring and Cohen, 2002)。有关月球在39亿年前受到严重撞击的概念最近得到动力学模型的进一步支持。动力学模型显示在太阳系形成后7亿年左右的时间，太阳系中巨行星的迁移引起外太阳系星子盘的不稳定性，从而导致太阳系内部剧烈碰撞(Gomes et al., 2005)。其他的科学家质疑这一结论，主要是来自月球的样

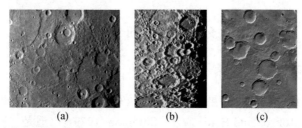

图 2.1 在内太阳系中的水星、月球和火星都能观察到经历严重撞击形成撞击坑的表面。那些具有较高撞击坑密度的区域，表明他们还保留着在后撞击期经历撞击后的痕迹。(a) 水手10号(Mariner 10)探测器拍摄的水星南极附近区域的成像。(图片来源：成像来自 NASA/JPL/西北大学，PIA02937)。(b) 月球轨道器(Lunar Orbiter)拍摄的月球南极附近的成像。(成像来自"修订的月球图片集"，(Kuiper et al., 1967)，发表这些得到月球与行星研究所的允许)。(c)这张由海盗号(Viking)轨道器拍摄图片的拼图，显示出在火星上以 37.5°S 148.5°E 点为中心的区域经历了严重的陨石撞击。(图片来源：NASA/JPL)

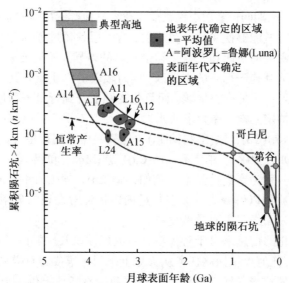

图 2.2 月球表面撞击坑计年法曲线是通过比较积累撞击坑密度与阿波罗采样分析得到月球表面年龄所得到的。这条曲线可以使人们只依赖月球表面撞击坑的密度估算出月球表面的年龄。(发表该图得到剑桥大学出版社的许可，复制于 Heiken 等 (1991)专著，著作权登记 1991)

品年龄小于40亿年,而且样品多取自遭受过严重撞击的雨海区域,撞击事件已经改变这些样品的原始结构(Hartmann,2003)。在LHB时期,目前还不清楚是彗星,还是小行星是主要的撞击者。虽然月球样品的化学分析(Kringand Cohen,2002)以及撞击坑尺寸——频率分布曲线与主要小行星带中尺寸——频率分布曲线的比较,显示出LHB时期,小行星是内太阳系主要的撞击物体。

2.2 分异化和内核的形成

2.2.1 行星的加热

早期行星形成模型假设行星形成时是低温的,随着行星内部放射性衰变释放出的能量加热行星(Toksoz and Hsui,1978;Solomon,1979)。 但是,科学家认识到行星的增长过程在行星形成过程中占据了主导地位,因此天文学家逐渐认识到行星形成的过程是处于高温的,并随着时间逐渐冷却(Grossman,1972;Benz and Cameron,1990;Boss,1990)。行星的加热主要有两个机制,一是在增长期撞击体的动能部分转化成热能(增长加热),二是放射性元素在衰变期的裂变能转换成热能。这主要是短衰期元素同位素产生的热能。完全熔化像火星大小的行星需要大约 2×10^{30} 焦耳的能量。对于火星,增长加热可能产生 4×10^{30} J 的能量(例如,Wetherill,1990)。在短衰期元素中,^{26}Al 大概贡献了绝大部分的热量,大约 2×10^{30} J(Elkins-Tanton et al.,2005)。因此吸积加热和短衰期同位素放射性衰变比较容易地产生足够的能量来熔化火星。

半流体状的行星能够使物质分离成层,这一层状化过程称为差异化。差异化的产生是由于物质密度的不同和元素化学亲和力的差异。不同元素物质密度的不同,导致较重的物质下沉趋于行星的中心区,同时较轻的物质上升到行星的表面。尤其明显的是铁下沉到行星的内核区域。而氧化物则上升到行星表面形成行星壳层。一些具有嗜铁性的特定元素,称为亲铁元素,会类似于铁一样沉向内核。例如,亲铁元素包括镍(Ni)、钴(Co)、铱(Ir)和铂(Pt)。与氧一样升到行星表面壳层的元素,称为亲石元素。例如,钾(K)、钠(Na)、钙(Ca)、镁(Mg)、和铝(Al)。一些倾向与硫形成化合物的元素,称为亲铜性元素。例如,锌(Zn)、铜(Cu)和铅(Pb)。元素的密度和亲和性两项性质可以解释为什么在行星的内核经常发现的典型成分是铁和硫化物,而在行星的表面壳层主要是氧化物。

有关火星演化的信息来自于对火星岩石放射性以及放射性衰变产物的分析。到目前为止,还没有任何火星探测任务从火星上采回土壤或岩石样品供地球上实验室分析。火星着陆器或者巡游车探测计划正在源源不断地提供火星矿物学方面的信息。有了这些知识人们可以更加深入地了解行星主要成份构成。但是迄今为止,这些探测计划因探测仪器的能力局限性提供给人们的信息并不是很多。尽管如此,大自然为科学家提供研究火星的样品,一些来自火星表面的陨石。目前科学研究团队收集了 37 个来自火星的陨石，对这些样品的化学分析，为科学家了解火星内核早期历史提供了重要的线索。火星的热演化研究受到行星化学分析和行星物理模型的双重约束。

2.2.2 地质年代学

许多元素有不稳定的同位素，放射性同位素会衰变成稳定的元素，衰变周期是可以精确测定的。具有放射性的元素称为母元素，而稳定的元素称为子元素。在任意一点子元素的量取决于初期子元素的量和母元素的量，以及母元素衰变成子元素的衰变率(衰变率用衰变常数 λ 表示)，和衰变所经历的时间。如果 N 是样品中母元素的总原子数，母元素随时间的变化率为

$$\frac{dN}{dt} = -N\lambda \tag{2.1}$$

积分(2.1)式，得到

$$N_t = N_0 e^{-\lambda(t-t_0)} \tag{2.2}$$

其中 N_0 是母元素原子在 $t = t_0$ 时的原子数，N_t 是经过 $(t-t_0)$ 时间的衰变后在样品中剩余的母元素原子数。N_t 与 N_0 和衰变产生子元素原子数 D_r 的关系为

$$N_t = N_0 - D_r \tag{2.3}$$

如果假设在样品中所有的子元素原子都是来自于母元素的衰变，那么 N_t 和 D_r 就是样品中母元素和子元素的原子数的可测量。初始期的元素量 N_0，不能够直接从样品中分析出来。我们将(2.3)式带进(2.2)式，并消去 N_0 后得到

$$N_t = (N_t + D_r)e^{-\lambda(t-t_0)} \tag{2.4}$$

我们将(2.4)式重新写成在 t 时刻子元素与母元素原子数之比

$$\frac{D_r}{N_t} = e^{\lambda(t-t_0)} - 1 \tag{2.5}$$

原始放射性母元素原子总数中有一半衰变成子元素所需的时间称为元素的半衰期($t_{1/2}$)。元素的半衰期可以在(2.2)式中，通过设定 $N_t=1/2N_0$，然后得到

$$-\lambda t_{1/2} = \ln(1/2) \tag{2.6}$$

因此，衰变常数和半衰期 $t_{1/2}$ 是相互关联的：

$$\lambda = \frac{0.693}{t_{1/2}} \tag{2.7}$$

火山熔融形成的岩石通常含有少量的放射性元素，因此这些含有放射性元素火山岩在研究地质年代上是最有用的。一些地质年代研究上常用的放射性元素系统在表 2.1 中给出。

方程(2.5)通过测量母元素和子元素的密度可以给出某种样品的年代。但是依赖

表 2.1 地质学上重要的放射性核素

	母辈核素	子辈核素	半衰期/(年)
长寿命放射性核素	^{147}Sm	^{143}Nd	106×10^9
	^{87}Rb	^{87}Sr	48.8×10^9
	^{187}Re	^{187}Os	46×10^9
	^{232}Th	^{208}Pb	14×10^9
	^{238}U	^{206}Pb	4.47×10^9
	^{40}K	^{40}Ar	1.25×10^9
	^{235}U	^{207}Pb	7.04×10^8
短寿命放射性核素	^{146}Sm	^{142}Nd	103×10^6
	^{244}Pu	^{240}U	82×10^6
	^{129}I	^{129}Xe	17×10^6
	^{182}Hf	^{182}W	9×10^6
	^{53}Mn	^{53}Cr	3.6×10^6
	^{26}Al	^{26}Mg	7.2×10^5

于单一元素的放射性测量来判断样品的年代，通常会有较大的不确定性。地质化学家因而利用样品中几种矿物元素的放射性测量来确定岩石的年代。这样得到的岩石年代是岩石矿物结晶化的年代，这个年代表示样品固化后所经历的年代。样品中子元素原子在 t 时刻的总量(D_t)，是子元素在初始时刻 $t=t_0$(D_0)的含量加上其后衰变产生的总量(D_r)：

$$D_t = D_0 + D_r \tag{2.8}$$

因此，我们还需要了解初始时刻(非放射性衰变产生的)子元素的总量来准确确定岩石样品的结晶化年代。

由于绝对的含量是不可能知道的，在太阳系星云特定区域形成的物质中某种同位素子元素相对于同种元素的另一种非衰变同位素的比通常是个常数。如果我们将这种稳定的同位素子元素的量计为 X，方程(2.5)的左边变成

$$\frac{\left(\dfrac{D_t}{X}\right) - \left(\dfrac{D_0}{X}\right)}{(N_t/X)}$$

比值 D_0/X 对所有矿物质来说都是一个常数，并且 D_0/X 在不同的样品中都远远小于 D_t/X 和 N_t/X。这样，结晶化的年代可以通过这些比值来确定，而不是利用母元素和子元素的绝对密度来测量。

结晶化的年代是通过等时线图来确定的，铷和锶的这种等时线图如图 2.3 所示。锶(86)(^{86}Sr)是锶的非放射性同位素，^{87}Rb 和 ^{87}Sr 均以 ^{86}Sr 作为比较基准。假设在时间 t_0 岩浆发生固化过程，在熔融的岩浆里三种矿物质(A，B 和 C)有特定的 ^{87}Rb/^{87}Sr 比值密度，如图所示。在整个岩石都是熔融的状态，由 ^{87}Rb 衰变产生的 ^{87}Sr 在整团岩浆中是可以自由移动的。因此，^{87}Sr 在岩浆团中是均匀分布的。从 t_0

时刻开始，岩浆团开始固化过程，正如图 2.3 所示，$^{87}Sr/^{86}Rb$ 密度比因此是常数。当岩浆团固化后形成岩石，其中的 $^{87}Sr/^{86}Sr$ 随着时间增加而增加，在不同的矿物质中 $^{87}Rb/^{86}Sr$ 的密度比以各自特定的规律下降。在我们设定的三种矿物质中，这几种同位素的密度变化如图 2.3 中的箭头所示。

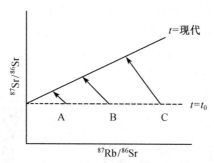

图 2.3　等时线示意图，显示出铷(Rb)是如何在三种矿物质 (A，B 和 C)经过时间从 t_0 到 t 衰变成锶的

在时间 t，我们可以测量密度比 $^{87}Rb/^{86}Sr$ 和 $^{87}Sr/^{86}Sr$，并比较三种矿物质中这些测量值。从上图和方程(2.5)，人们可以得到等时线的斜率为

$$\frac{\Delta(^{87}Sr/^{86}Sr)}{\Delta(^{87}Rb/^{86}Sr)} e^{\lambda(t-t_0)} - 1 \tag{2.9}$$

这里 Δ 表示在两种矿物质中元素的密度差。利用这一公式我们可以得到矿物质结晶化年代($t-t_0$)。

　　上述技术方法仅仅能够给出精确的结晶化年代，如果我们得到的矿物质结晶后一直处于"封闭"的状态，未与外界发生过物质交换。一个封闭的化学系统定义为，系统内不会从外界得到或移出母元素和子元素。一个经常见到的开放型化学系统，其母元素或子元素是具有非常大挥发性的物质。当温度增加时，容易导致挥发性物质逃逸出化学系统。确定一个系统一直是封闭性还是开放型化学系统，地质化学家通过观察整个岩石年代来判断。全岩等时线年龄采用整块岩石平均的 $^{87}Rb/^{86}Sr$-$^{87}Sr/^{86}Sr$ 值。$^{87}Sr/^{86}Sr$ 是图上的第二点，这样等时线可以把图上的 2 个点连起来。锶 87/锶 86 的初始值是太阳系物质最老的测量年纪，数据来自 45 亿年前太阳系形成时生成的玄武岩球粒陨石，$^{87}Sr/^{86}Sr$ 值等于 0.69899+/-0.00004(Birck and Allegre, 1978)，称为玄武球粒最佳初始值（BABI）。由全岩分析得到的模型年龄确定了构成岩石的初始材料的起源时间，而没有考虑岩石此后的历史。如果模型年龄等于太阳系的年龄（45 亿年），系统就闭合了。如果模型计算年龄与太阳系的年龄不一致，那么这个体系一定有一段时间是一个开放系统。如果模型计算年代小于太阳系年龄，这表示母元素与子元素比值(N/D)增加了；如果模型计算年代大于太阳系年龄表示该比值减小了。

2.2.3 火星的陨石

大多数陨石的结晶年代约为 45 亿年，并且人们一直认为陨石是代表直接从太阳系星云形成的物质。直至 1979 年，人们发现三块陨石的年代非常年轻且具有特殊的矿物学性质。这三块陨石分别于 1865 年降落在印度的舍高提，1911 年的埃及艾尔纳哈，和 1815 年法国的夏斯尼。这三块陨石现在分别称为舍高提、纳哈和夏斯尼。这三块陨石分别代表三种不同类型的陨石，舍高提型、纳哈型和夏斯尼型(SNC)。

图 2.4 EETA 7900 是一块舍高提类型的火星陨石，研究人员首次从其中鉴别出火星大气。(图片来源：NASA/约翰逊空间中心(JSC))

1979 年，科学家推测 SNC 陨石来自于火星。这可能是火星遭受其他陨石撞击将火星的岩石溅射、抛出火星。SNC 类型的陨石都是火山形成的岩石，三块陨石中除了一块，形成年代都小于 13.5 亿年。年轻的形成年代，火山成因都表明这些岩石来自于岩体至少在 1.6 亿年(最年轻的陨石)前还是火山活动频繁的区域。分析这些陨石中氧元素的同位素，揭示出同位素比值与地球岩石、月球岩石及其他所有陨石都明显不同(Clayton and Mayeda, 1996)。 1980 年，间接的证据显示这三块陨石是来自于火星。在 1982 年，进一步发现 SNC 陨石中所封存的惰性气体同位素成分在统计学上与火星大气中的相同。这更加确切地表示 SNC 陨石是来自于火星(Bogard and Johnson, 1983)。

直至 2006 年，人们发现了 37 块火星陨石(表 2.2)。 这些陨石中 27 块分类为舍高提类型，7 块为纳哈型，2 块为夏斯尼型。最后一块是 ALH84001，这明显是一块具有 40 亿年的火星积岩。

舍高提型基于陨石的成分又细分成四种子类：玄武岩类，纳哈型富含橄榄石而夏斯尼型是纯橄榄石。ALH84001 是迄今为止唯一一块已知的斜方解石火星陨石。这 37 块火星陨石都经受了不同程度的震动(压力范围为 $30\sim50\times10^9$ 帕)，明显地是由 5~8 次撞击火星事件而被抛射出火星(Nyquist et al., 2001)。 这些抛射事件的发

表 2.2 火星陨石

陨石名称	发现年代	类型	晶格化年龄(年)
夏仕尼	1815	夏仕尼型	1.3×10^9
舍高提	1865	玄武岩舍高提	165×10^6
纳哈	1911	纳哈型	1.3×10^9
拉法耶特	1931	纳哈型	1.3×10^9
格温纳德 维拉德尔	1958	纳哈型	1.3×10^9
扎伽米	1962	玄武岩舍高提	180×10^6
ALHA 77005	1977	二辉橄榄岩舍高提	185×10^6
亚穆图 793605	1979	二辉橄榄岩舍高提	170×10^6
EETA 79001	1980	橄榄岩-斑岩和玄武岩舍高提	180×10^6
ALH 84001	1984	斜方辉岩	4.1×10^9
LEW 88516	1988	二辉橄榄岩舍高提	180×10^6
QUE 94201	1994	玄武岩舍高提	320×10^6
德阿伽尼 476, 489, 670, 735, 876, 975[a]	1997—1999	橄榄岩-斜方辉岩舍高提	474×10^6
亚穆图 980459	1998	橄榄岩舍高提	472×10^6
洛杉矶 001, 002	1999	玄武岩舍高提	165×10^6
赛伊 阿 乌余米尔 005, 008, 051, 094, 060, 090, 120, 150[b]	1999—2004	橄榄岩舍高提	不确定
度法 019	2000	橄榄岩舍高提	525×10^6
GRV 99027	2000	二辉橄榄岩舍高提	不确定
度法 378	2000	玄武岩舍高提	不确定
西北非州 480, 1460[b]	2000—2001	玄武岩舍高提	340×10^6
亚穆图 000593, 000749, 000802[b]	2000	纳哈型	1.3×10^9
西北非州 817	2000	纳哈型	1.35×10^9
西北非洲 1669	2001	玄武岩舍高提	不确定
西北非洲 1950	2001	二辉橄榄岩舍高提	不确定
西北非洲 856	2001	玄武岩舍高提	186×10^6
西北非洲 1068,1110,1183,1775[b]	2001-2004	橄榄岩舍高提	185×10^6
西北非洲 998	2001	纳哈型	1.3×10^9
西北非洲 1195	2002	橄榄岩-斜方辉岩舍高提	不确定
西北非洲 2046	2003	橄榄岩-斜方辉岩舍高提	不确定
MIL 03346	2003	纳哈型	1.02×10^9
西北非洲 2737	2004	夏仕尼型	1.3×10^9
西北非洲 3171	2004	玄武岩舍高提	不确定
西北非洲 2626	2004	橄榄岩-斜方辉岩舍高提	不确定
YA 1075	？？	二辉橄榄岩舍高提	不确定
西北非洲 2975	2005	玄武岩舍高提	不确定
GRV 020090	2005	二辉橄榄岩舍高提	不确定
西北非洲 2646	2005	二辉橄榄岩舍高提	不确定

a 缺数据
b 破裂的陨石
源：数据来自火星陨石汇编：curator.jsc.nasa.gov/antmet/mcc/index.cfm

生时间可以通过估算陨石暴露在宇宙射线的辐照时间得到。所有的火星陨石辐照年龄都小于 16×10^6 年。在火星地质分析的基础上，火星上许多不同种类的撞击坑都假设为这些陨石的出发点。通过比较火星陨石的矿物学特性和火星全球勘察者(MGS)上热辐射谱仪(TES)仪器，奥德赛(Odyssey)上的热成像系统(THEMIS)仪器的探测信息，来判断火星陨石的出发地也非常困难。因为火星的表面覆盖了尘埃，遮盖了火星岩石的矿物学性质。但是火星上也有一些令人好奇的区域可以通过这种技术而区分出来。

令人困惑的问题之一是为什么 97%的火星陨石是来自于火星年轻的地质学表面，这些年轻的地质学表面只占<40%的火星表面。这种有关火星陨石自相矛盾的结果，尤其重要地显示出几乎所有的火星陨石都来自一个单一的巨大火星表面撞击坑(Melosh, 1984)——这种巨大的撞击坑在火星年轻的地质学表面是非常罕见的。虽然也有一些理论采用多次撞击的假设，小的撞击事件也可以抛射出火星陨石物质(J.N.Head et al., 2002)，年长的火星地质学表面与年轻的表面最重要的不同在于年长的地质学火星表面覆盖了较厚的尘土，而这些尘土阻滞火星物质从其中抛射出去(Hartmann and Barlow, 2006)。

2.2.4 行星分异与火星内核的形成

火星陨石分析获得的重要信息显示出早期火星的演化，特别是表明行星的分异和火星内核的形成。绝大部分分析结果是来自于对舍高提型火星陨石的研究。这主要是因为舍高提型陨石产生于火星火山型岩石，带有火星幔层内的信息。

基于火星陨石分析，Wanke 理论模型假设火星是由两类主要物质合并而形成的，这两个物质都富含球粒状岩石物质。物质 A 是高度还原的、目前缺乏挥发物的物质构成，而物质 B 是富含挥发物的氧化物。

Dreibus 和 Wanke(1985)在质疑均匀吸积理论时，所依据的分析结果是火星含有 60%的 A 物质，40%的 B 物质。行星形成模型认为，火星的吸积形成过程发展得非常迅速，在大约 10 万年内(Wetherill and Inaba, 2000)，火星逃过了大部分发生在后期阶段的大撞击事件(Chambers and Wetherill, 1998)，而这些撞击事件影响其他星体内部的地质化学过程。

吸积增加的热、大型撞击的产热及短衰期放射性产热熔融了行星，造成行星的分异。火星的早期分异证据是来自于对钨(182)的分析，钨(182)是铪(182)的放射性衰变产物。钨在火星早期演化历史中扮演着亲铁元素的角色，在火星内核形成时，跟随着铁元素到了内核。火星内核形成后再衰变产生的任何钨(182)都仍然存于火星幔内。由于铪(182)的半衰期为 9 百万年，在幔物质中测量放射性的钨(182)可以约束行星分异及内核的形成时间。Hf/W 在火星物质中的比率比地球物质中的低五倍左右，但是可以在火星物质中探测到些许放射性的钨(182)。从钨元素分析可以认为，火星的吸积及分异在太阳系形成后 1000~1500 万年内就完成了(Lee and

Halliday, 1997; Kleine et al., 2002)。这一结论也获得其他方面的支持，钕元素和钨的演化行为存在相关关系。两种元素在太阳系最初的 1500 万年历史中同样经历了从幔物质中分馏出来的过程(Halliday, et al., 2001)。早期内核形成过程也获得其他一些元素分析结果的支持。铅同位素(^{206}Pb 和 ^{207}Pb)和铀/铅 45 亿年的地质年龄一致(Chen and Wasserburg, 1986),铼/锇的分析显示着早期的铼与锇的分馏(Brandon et al., 2000)。

2.3 火星的总体构成

火星的整体构成可以通过火星的密度和表面成分而粗略地估计出来。更加细致地确定火星的整体构成需要分析火星的岩石。虽然对火星壳层物质的分析有许多来自火星表面的探测计划(海盗号、探路者、火星探测巡视器)和火星轨道飞行器(火星全球勘察者、奥德赛、火星快车)探测计划提供的一些信息，但目前人们对火星整体构成成分的认知主要从分析火星陨石中获得。通过分析火星陨石，特别是玄武岩类舍高提型的陨石，为人们提供了火星主要元素和稀有元素的丰度。从这些信息人们能够进一步了解到这颗行星的整体构成成分以及她的演化历史。比较火星陨石和地球岩石，人们可以看出这两颗行星的演化过程显示出总体上的相似性，同时也有一些重要的差异。有些差异的结论是来自于火星具有较小的体积、含有较高的挥发性物质(Berta and Fei, 1997),而其他的差异主要是火星在其演化的绝大部分历史过程中缺少活跃的板块构造(Breuer et al., 1997)。

对火星陨石分析表明，火星壳层含有的铁是地球的两倍左右(Longhi and Pan, 1989; Halliday et al., 2001)。 在壳层中铁元素主要是以 FeO 的形式存在，而在内核中是以金属形式存在并与硫相互作用形成 FeS。在火星壳层中 FeO 的绝对含量是 17.9(质量百分数为 0.6%，而地球对应质量百分数为 8%(Halliday et al., 2001))。火星具有较高的铁含量可能是因为火星的内核形成过程中有较强的氧化条件。火星还含有较高的中等挥发性物质元素，例如，Rb/Sr 和 K/U 的密度是地球的两倍左右(Longhi et al., 1992)。较高的挥发性物质含量以及较多的氧化条件可能是在火星吸积的后期缺少重大的撞击事件，这使火星保留较多在吸积期含有的挥发性物质。

在火星的幔中具有较多的 FeO 和挥发物，这有助于解释人们在火星陨石中观察到的异常同位素行为。例如，地球上中等亲铁元素如磷，而在火星上的氧化状态下变成亲石性。因此火星陨石中磷的损失小于地球的岩石中磷损失。由于磷在火星的地幔中不损失，磷酸盐控制了大质量离子亲石性(LIL)元素的行为，例如，稀土元素(ERR)、铀(U)、钍(Th)和钐(Sm)。在磷酸盐沉积物中聚集了较多的这些大质量离子亲石性元素。在机遇号着陆点对土壤和岩石的成分分析(Squyers et al., 2004b)

以及火星快车上矿物、水、冰川及其活动观测台(OMEGA)对火星表面遥感矿物学探测结果显示出在火星上酸性风化是一直存在的,至少是周期性地存在于其整个演化历史中。磷酸盐容易溶解在弱酸性的溶液中,这使得大质量离子亲石性元素随溶液而移动并影响同位素测年法的应用,因为同位素测年法需要利用这些 LIL 元素。磷酸盐的存在也有助于解释在火星陨石中观察到的 Zr/Nb, Lu/Hf 和 Sm/Nd 分馏(Blichert-Toft et al., 1999)。

在火星陨石中氧同位素与太阳系其他地方岩石中的有明显差异。在这种分析中所利用的氧同位素是 ^{16}O, ^{17}O, ^{18}O。 $^{17}O/^{16}O$ 比率归一化为地球上平均海洋水标准(SMOW),并定义为 $\delta^{17}O$:

$$\delta^{17}O \equiv \left[\frac{(^{17}O/^{16}O)_{rock}}{(^{17}O/^{16}O)_{SMOW}} - 1\right] \times 1000 \tag{2.10}$$

同样地, $^{18}O/^{16}O$ 定义为 $\delta^{18}O$,来自地球、月球、火星以及其他各种陨石的 $\delta^{18}O$ 对应于 $\delta^{17}O$ 的曲线图显示出各种岩石的明显差异(Clayton, 1993)(图 2.5)。这些结果同样揭示出在太阳系星云中氧质量的分馏。因此氧同位素测量提供了有关太阳系中各行星是由太阳系星云不同区域物质形成的信息。地球和月球的氧同位素测量结果一致,是一个非常重要的线索,这说明月球主要是由地球物质所形成的。这是由于一次巨大撞击事件造成地球物质抛射出地球而形成月球。火星陨石的氧数据居于地月线之上并平行于地月线,这显示出形成火星的星子比地球星子含有更多的挥发性物质。

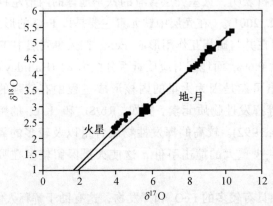

图 2.5 来自地球岩石、月球样品和火星陨石中归一化的氧同位素曲线图。来自火星陨石的氧同位素曲线具有明显的特征,这表明它们来自太阳系中更具挥发性物质的区域,这与 1 个天文单位附近的物质不同。(数据来自于 Clayton and Mayeda, 1996)

SNC 陨石也提供了火星壳层中水含量的信息。比较水相对于其他种类挥发物的丰度以及假定双成分火星增长模型，Dreibus and Wanke(1987)发现火星的壳层中目前含有百万分之 36（ppm）的水。而吸积模型却显示出在火星形成的初期可能是富含水的行星。其他的水已经在火星的早期与金属铁反应($Fe+H_2O=FeO+H_2$)形成富含氧化铁的地幔，同时释放出氢气渗透到火星的内核(Zharkov, 1996)，或者通过外逸和流体力学逃逸的机制从火星大气中损失掉(Hunton et al., 1987)。Dreibus and Wanke 建立的无水地初看与地质学观测证据明显不符，这些证据显示在火星的过去其表面具有大量的水(第五章和第七章)。结合后期富含挥发物薄层位于火星表面以及火星缺少板块运动阻止表面水再循环到行星内部这两种机制，可以解释目前火星缺少水的原因。从直接分析 SNC 陨石中水含量的数据(Karlsson et al., 1992)，人们设想火星含有较多的水。对 SNC 陨石内含有的熔化物分析(McSween and Harvey, 1993)以及火星岩浆洋的行星物理模拟也支持火星含有较多的水(Elkins-Tanton and Parmentier, 2006)。这些技术所得到的结论同时包含了较大的不确定性。

火星陨石研究并结合海盗号、探路者和火星探测巡游器的火星表面探测计划结果都表明火星岩石含有大量的硫(S)(Longhi et al., 1992; McSween et al., 1999; Gellert et al., 2004; Klingelhofer et al., 2004; Rieder et al., 2004; Ming et al., 2006)。硫在硅酸盐熔液中的溶解性取决于熔液中铁的含量(Wallaceand Carmichael, 1992)。因为火星地幔中含有较高的 FeO，人们可以期待地幔中也含有大量硫。在火星的内部区域由于氧化和富含硫，引起中度亲铁性元素表现出亲石性的行为，因而在火星的壳层和地幔中含有较多的这种中度亲铁性元素，而不是在火星的内核里。行星内核形成过程中应该从行星的壳层和地幔汲取亲铁性元素，但是火星的陨石分析结果显示火星壳层和地幔的亲铁元素 P、Mn、Cr 和 W 缺失与地球岩石相比较轻微，这表明这些元素由于氧化和富含硫的原因而表现出亲石性的行为特性(Wanke, 1981; Halliday et al., 2001)。只有高度亲铁性元素显现出较强的缺失，这与火星内核形成理论相一致。

2.4 火星的热演化

早期的热演化模型认为火星的吸积形成是处于低温，并用了 20 亿年才完成分异化和内核成形(Johnson et al., 1974; Toksoz and Hsui, 1978)。随着人们对火星吸积形成过程的动力学认知的进一步增加，逐渐理解到由于快速的吸积(5 百万年以内(Wetherill and Inaba, 2000))，火星初期是炽热的，并且火星的分异和内核成形过程完成于太阳系形成后的 2000 万年内(Lee and Halliday, 1997)。吸积产热、内核形成以及放射性元素的衰变产生足够的热量来熔化整个火星，形成了岩浆洋(Elkins-Tanton et al., 2005)。结合有关火星整体构成成分的地质行星化学信息、火星物理模型以及火星表面特性所给出的地质学限制条件，人们建立了火星内部的热演化模式。

2.4.1 同位素和地质学限制条件对火星热模型的约束

一些同位素测量结果显示火星的地幔在形成初期的 5000 万年内变成不均匀的,而且这种不均匀性一直保持到现在。许多短衰期的同位素元素比(包括 ^{182}Hf/^{182}W, ^{129}I/^{129}Xe, ^{244}Pu/^{240}U, 和 ^{146}Sm/^{142}Nd) 的测量结果都表明,火星的地幔一直保持着早期的同位素差异性,而这种差异性在地球上已不存在。惰性气体,特别是 Xe,显示火星的大气层从地幔中抽取气体(Hunton et al., 1978; Jakosky and Jones, 1997; Swindle and Jones, 1997; Mathew and Marti, 2001)。锶(Sr),一种亲石元素,显示出在火星整个演化历史中它就几乎没有再混合过,因为它的全岩年龄近似为 45 亿年的等时线(Shih et al., 1982; Jagoutz et al., 1994; Borg et al., 1997)。火星地幔在过去 45 亿年的过程中从未进行过均匀化的事实显示出火星的内部从未发生过活跃的对流。这不像地球,其地幔的对流驱动地球的板块构造活动。

虽然同位素测量的数据显示火星几乎没有地幔对流,但在火星地表长期活跃的火山活动(5.3.2 节)显示出火星地幔对流占据了几乎火星整个演化历史。许多放射性同位素是大质量离子亲石性的(LILs),并由于行星分异化而集中在火星的壳层中,火星吸积和内核成形产生的热量是主要集中在深层的内部。对流传输热量是在不同温度区域间发生。在行星的内部一团炽热的物质一般比周围较冷的物质比重小,并且压力是从炽热物质向外是递减的。因此,行星内部炽热物质会浮力上升、膨胀并且冷却到与周围的物质等温和密度相同。对流将热量从行星的内部带到行星的表面并从表面辐射到空间区域。这种对流在行星中是非常高效的机制来冷却行星的内部。

火山和构造活动主要集中在塔尔西斯地区,这里具有巨大的隆起地形并覆盖火星西半球大部分区域(Mouginis-Mark et al., 1992b)。早期的火星模式认为塔尔西斯山是由于其下的对流推起及对流的动力学支撑(Banerdt et al., 1992),但是从火星轨道激光高度计(MOLA)的探测结果分析显示,塔尔西斯地区的抬升是由火星整个演化历史中火山物质喷发出来积累而成的(Solomon and Head, 1981; Philips et al., 2001; Smith et al., 2001a),火山喷发机制也需要地幔的支撑(Kiefer,2003)。分析水手峡谷暴露出来的深层地质情况,可以得出这一区域的火山活动在火星历史的早期就达到顶峰(McEwen et al., 1999)。 但是根据撞击坑计数,塔尔西斯区直至地质学年代的近期,仍发生过火山活动(Hartmann et al., 1999; Neukun et al., 2004)。塔尔西斯地区也是一个构造中心,超过半数的地质构造特性在火星的初期形成并保留至今(Anderson et al., 2001)。建立塔尔西斯地区长期维持的火山活动和构造作用模式应包括活跃的对流和地幔热柱/超级地幔柱的活动。

火星地幔对流从火星半球间的二分也可得到提示。水手 9 号和海盗号轨道器的观测结果揭示,火星北半球绝大部分区域比南半球低矮且地质年代年轻(Mutch et al., 1976; Carr, 1981)。对火星南北半球二分的解释包括北半球平原下的增强型对流

(Wise et al., 1979; Breuer et al., 1993), 早期板块构造活动(Sleep,1994; Anguita et al., 1998), 单一巨大撞击事件(Wilhelms and Squyers, 1984), 或者多次大型撞击事件(Frey and Schultz, 1988)。火星轨道器激光高度计(MOLA)提供的有关火星壳层厚度与地形结构的信息显示, 壳层的厚度与半球间的地形性质没有相关性, 与二分边界的圆形形状也没有相关性。如果是单次巨大撞击事件造成的半球二分则会出现相关性(Zuber et al., 2000)。虽然火星轨道激光高度计(MOLA, Frey et al., 2000)和火星地下和电离层探测先进雷达(MARSIS)(Watters et al., 2006)已经探测出许多掩埋的大型撞击坑, 它们的分布情况并不与火星北半球壳层厚度和地形性质重合, 也与半球二分边界不重合(Zuber et al., 2000)。撞击坑会产生引力异常特性, 但这没有观测到。火星壳层厚度的数据显示北半球壳层较薄, 主要是在火星历史的早期北半球具有较高热流, 这种观点支持在地幔中具有不同形式的对流理论(可能还包括早期的板块构造运动)。这种理论认为在火星的早期地幔中存在不同的对流形式, 从而产生火星南北半球的二分(Zuber et al., 2000; Smith et al., 2001a)。

现今的火星不再具有由内部发电机原理产生的内禀磁场, 但是火星全球勘察者的磁强计探测结果显示, 远古的岩石保留着剩磁磁性(3.5.2 节), 这表示在火星的早期曾经具有活跃的发电机机制(Acuna et al., 1998, 1999; Connerney et al., 1999)。更近的结果显示, 弱磁特征已经在北半球掩埋的远古壳层中探测到, 特别是沿着半球二分的边界附近区域(Lillis et al., 2004)。线状分布的局部磁化区域似乎显示出这可能是由壳层扩张而形成的, 这类似于地球上观察到的在海洋裂谷附近的线状分布磁化区(Connerney et al., 1999)。冷却的长岩墙群机制(Nimmo,2000)、汇聚边界的地形隆起机制(Fairen et al., 2002)、热流体形变机制(Scott and Fuller, 2004)也都用来解释线状分布的磁化区域特性。火星壳层的磁化厚度估计, 如果是 18km, 则需要约 $25Am^{-1}$ 的磁化率; 如果是 40km, 则需要 $12Am^{-1}$ 的磁化率(Langlais et al., 2004)。火星上一些最年轻的大型撞击盆地(乌托邦、伊希斯、希腊和阿耳古瑞)周围区域没有剩磁磁性, 这些探测结果显示出冲击波压力(大于 1—2 GPa)和撞击过程已经将周围远古物质退磁(Hood et al., 2003; Rochette et al., 2003)。这种撞击引起的冲击波退磁机制为断定火星发电机消失年代限定了一个范围, 因为撞击盆地的年代可以通过撞击坑计数的技术来确定(5.1.3 节)。 这些分析结果揭示出火星的发电机机制在火星初期的 5 亿年内就停止了。行星内核与外围的温度差可能是驱动发电机的机制。一些机制用来解释火星发电机活动停止, 这包括地幔对流的改变(Nimmo and Stevenson, 2000)、内核的固化(Stevenson, 2001)以及内核产热率下降(Williams and Nimmo, 2004)。

2.4.2 火星的热模型

火星内部热演化模型是结合同位素分析、地质学历史以及火星物理模式等信息而建立的。建立模型的初始数据经常会出现相互冲突,例如,同位素分析认为在火星的整个历史上地幔对流几乎没有,而地质学数据却显示火星上具有长寿命的火山活动。火星的热模型必须能够解释如此相互矛盾的结果,并能随着新的观测数据获得和数值模拟进展而不断更新。

吸积产热、内核成形产热以及短衰期放射性核素产热的总和是熔融整个火星所需热量的两倍(Elkins-Tanton et al., 2003, 2005)。因此所有的火星热模型都开始于岩浆洋期。内核形成显然需要一个岩浆洋,因为熔融的硅酸盐才能使富含 FeO 的火星地幔物质分离得以完成(Terasaki et al., 2005)。早期反对岩浆洋的理由之一是火星缺少富含斜长石的地壳,而富含斜长石和钙长石的地壳在月球的高地上可以观察到。无论如何,火星的地幔比月球含有更多的水成分,而水在熔融的硅酸盐中倾向于抑制斜长石的形成。另外,火星比月球大许多,在岩浆洋底部的压力能够产生镁铁榴石和石榴石相,在这些相中可以捕获铝元素,阻止其生成斜长石。否则的话就可能形成富含斜长石的壳层(Borg and Draper, 2003; Elkins-Tanton et al., 2003; Agee and Draper, 2004)。

火星岩浆洋的深度目前还没有明确的范围。Righter 等(1998)曾利用火星陨石中熔融物同位素丰度来估计一个较浅的岩浆洋具有 700~800km 深,而 Elkins-Tanton 等(2003)则建议利用地球岩浆洋模型(Rubie et al., 2003)外推,可以得到火星岩浆洋的深度至少 1500km。一个较深的岩浆洋需要一个绝热的大气层,行星表面存在一个稳定的固体覆盖层,行星具有快速的热产生机制以维持温度,因为物体向空间辐射热量(Abe, 1997)。由行星内温差驱动的对流将使岩浆洋趋于均匀化。

当熔岩降温和压力增加就会出现分离结晶,这引起均匀的熔岩出现矿物质结晶析出并形成堆积层。2000km 厚度的火星岩浆洋模型研究显示(Elkins-Tanton et al., 2003),镁铁榴石和 γ 橄榄石在岩浆洋的底部压力为 14~24GPa 之间出现结晶。石榴石结晶出现在 12.5~14GPa 的压力范围,随后在更低的压力出现橄榄石和辉石结晶。但是,分离结晶的堆积型地层学结构不能按矿物质密度分层,因为高密度富含铁元素和富不相容元素的矿物质是在低密度矿物质结晶后才形成的。这种不稳定的密度结构导致火星地幔堆积层的倒转(图 2.6)。堆积层的倒转率与堆积层厚度成反比。如果堆积层的厚度为 1800km,产生倒转的时间约为 10 万年(Elkins-Tanton et al., 2005)。当固化过程出现,倒转所需时间会减少,因此最快速的倒转是在地幔接近固化时发生。火星岩浆洋完全结晶所需时间可以从地球岩浆洋结晶计算外推得出,大概在几千万年的量级(Tonks and Lelosh, 1990; Abe, 1997; Solomatov, 2000)。各种行星物理过程的时间尺度,如内核形成(1000~3000 万年:Kleine et al., 2002)、地幔分异(约 3000 万年:Harper et al., 1995; Shih et al., 1999)、地幔同位素的异质性(约 5 千万年,2.4.1 节)与岩浆洋结晶的时间尺度是相吻合的。在堆积层出现倒转过程中,贴近火星表面的冷却层会沉降到核幔边界,倒转从内核带走热量并在 1 千 5 百万年

~1亿5千万年之间关闭早期的产生磁场的发电机(Elkins-Tanton et al., 2005)。

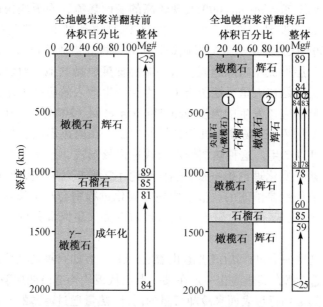

图 2.6 地幔岩浆洋地层学示意图。这个地层学模型来自于 Elkins-Tanton 等(2005)的文献。 初期的地层结构不是以物质密度分层的，这导致地幔出现翻转，其后形成以密度分层的地层学结构。(图片来源：这幅示意图得到美国地球物理学会的许可而复制，2005年版权)

在火星早期历史上是否发生板块构造运动目前仍然是有争议的。早期加热和岩浆洋形成将有助于活跃的地幔对流，对流有可能在地壳形成后导致板块构造运动。Sleep (1994) 认为，目前北半球下陷的平原正是由于海床扩展而产生，也就是北半球远古壳层潜入到了南半球高地之下。在这个模型中，塔尔西斯火山就是潜入过程形成的弧形火山岛链。Sleep 认为板块构造在早期的西方纪出现过(37 亿年前，根据 Hartmann and Neukum, 2001)，但是缺乏明显的证据说明在这段时间有板块构造运动(Pruis and Tanaka, 1995; Zuber, 2001)。来自火星激光高度计(MOLA)和火星地下和电离层探测先进雷达(MARSIS)的探测结果显示，在北部平原下埋藏着远古经历陨石撞击的壳层，这表明任何的板块构造运动在远远早于 37 亿年前一定完全停止了(Fey et al., 2002; Watters et al., 2006)。火星陨石同位素数据构建的地幔异质化时间约为太阳系形成后的 5 千万年，这仍然不支持火星板块构造运动到 37 亿年前才停止的论述。

目前有关火星板块构造运动的讨论已经将这种运动放在非常的早期，在板块运动的时期火星还具有活跃的内禀磁场。出现在辛梅里安高地和塞壬台地(见图3.8)的线状壳层剩磁磁化形式已经被认为是板块构造运动的直接证据，线状分布的形成是由于壳层扩展，在地球上有类似的分布(Nimmo, 2000; Scott and Fuller, 2004)。Nimmo 和 Stevenson(2000)发现较高的表面热流，而板块构造具有较高的表面热流，有助于驱动内核的对流，内核对流是驱动发电机产生磁场的机制。Lenardic 等(2004)认为壳层二分的形成是直接导致板块构造停止的原因，因为南半球较厚的高地壳层形成将阻隔地幔，减小温度梯度驱动的地幔对流，并且中止了板块构造运动。但是在火星早期历史上，为了产生潜入效应的负浮力明显发生在地幔温度远远低于应该发生的温度(van Thienen et al., 2004)。另外，Williams 和 Nimmo(2004)认为驱动磁场发电机所必须的对流，在内核形成后其温度只要高于地幔 150K 就可以产生。这种热核情形与快速内核形成，以及火星陨石同位素分析得到的同位素异质化理论相一致。热核理论不需要板块构造，但热核理论预测的火星内核目前仍然是液态的，液态内核在固化过程中会产生长寿命的发电机，但目前还不能观察到，而一个液态内核与目前有关火星惯量分析的结果是一致的(3.2.1 节)。

　　现今，火星是一个单板块(或者静止盖层)行星。假如火星在其早期历史上具有活跃的板块构造，那么其热演化一定在某一点上从板块构造改变成静止盖层。板块构造通过传输热量到行星表面来冷却行星的内部，热量通过薄薄的岩石圈快速地辐射到空间中。如果行星的外层具有静止盖层，冷却过程是通过增厚岩石圈，这种冷却方式对深层的行星内部是低效率的，更低层的地幔仍然温度较高。因而在这两种热模型中，壳层的厚度是有明显变化的。目前火星的壳层厚度估计为 50km (Zuber et al., 2000)至 200km (Sohl and Spohn, 1997)，100km 是火星壳层的典型厚度。根据早期板块构造活动的热模型，板块构造活动停止后仍能形成厚度不超过 30km 的壳层(Breuer and Spohn, 2003)。这需要另外的机制当板块构造停止后在壳层的底部添加物质(Norman, 2002)，并且能够在火星陨石中产生观测到的地质化学特征。因此，板块构造理论看来不能够解释现今火星壳层厚度。

　　Breuer 和 Sophn(2003) 还进行了带有静止盖层的参数化地幔对流模型与早期板块构造场景的比较研究。他们的板块构造模型预测火山活动的峰值出现在约 20~25 亿年前，这并没有得到地质学证据的支持。另外，他们的板块构造模型不能复现早期的磁场发电机，也不能给出现今火星壳层厚度的最小估计值。即使通过调节地幔温度和水含量，也不能利用板块构造理论模型给出火星壳层的估算值。长寿命的地幔柱，例如，塔尔西斯火山区域被认为是这种热地幔柱，是很难从早期板块构造的地幔中产生并维持很长时间的。Breuer 和 Sophn 的模型显示出，现今火星壳层厚度、火星磁场的存在时间、地质化学数据、火山发生率的下降、火星南北半球壳层的二分以及在塔尔西斯区域频繁发生火山活动等现象的最好解释是认为火星在其整个历史上都是一个单板块的行星。

第三章 火星物理测量及内部结构推测

地球物理测量方法可以使科学家通过遥感的方式确定行星内部的结构 (Hubbard, 1984)。与一个均匀球体的引力场的偏差能够提供有关行星形状、内核、拓扑结构、以及表面下的密度分布等信息。对热流的测量可以深入地了解行星热力学演化历史以及目前的放射性同位素的分布。地震数据可以揭示行星内部的细致结构，磁场数据可以提供有关内核的信息。因而地球物理(行星物理)研究对一些不可接近的行星部位可以提供重要的约束。

3.1 火星形状及测绘学数据

3.1.1 火星的形状

火星的形状主要通过火星激光高度计(MOLA)仪器的拓扑成像以及结合火星全球勘察者(MGS)多普勒测轨数据反演的引力场而得到的。行星的形状是相对于行星的质心(COM)而定义的。在火星的质心坐标系中火星的赤道半径为3396.200km。火星的质心坐标系轻微地向北移动了一段距离(这主要是因为塔尔西斯山)，因而造成火星北极的半径为3376.189km，相比于南极的半径为3382.580km。由于火星的自转，火星稍稍有点扁平，扁平值为0.00648。

火星的形状最好近似为一个三轴椭球(Smith et al., 2001a)。我们定义的笛卡尔坐标系，原点在火星的质心，z 轴与火星的自旋轴重合，x 和 y 轴处于火星的赤道平面内(图 3.1)。通常，但不是总是，选择 x 轴、y 轴和 z 轴分别对应于三个主惯量，A，B 和 C。最大的惯量 C，重合于行星的转动轴，行星具有稳定的转动。行星的惯量通常选为 $C>B>A$。从中心沿主惯量轴到参考椭球表面的距离定义为 a, b 和 c，并且称为椭球的主轴。

在表 3.1 中给出了火星三个主轴的长度以及主轴与火星表面的相交点位置。最佳拟合椭球中心(形心，Center of Figure, COF)与火星质心在极轴上向南极偏离 2.986km，在 b 轴线上向塔尔西斯山方向偏离 1.428km。在行星表面定位一个特征点需要定义一个坐标(或者测绘学的)网格。纬度是利用两种方法测量

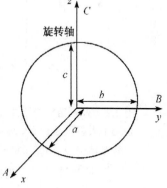

图3.1 在进行行星物理分析时采用笛卡儿坐标系。在坐标系中，行星的自旋轴对应于 z 轴。椭球的主惯量通常选择分别平行 x、y、z 轴。从坐标系原点沿三个轴向到参考椭球表面的距离表示为 a, b, c

的,这是因为火星的扁球形状:火星地理纬度(ϕ)和火星中心纬度(ϕ')。为了得到地理纬度,人们需要以质心为原点画一个最佳拟合参考圆球面(图 3.2)。通过某兴趣点的水平线是在此点与参考球面相切的直线。

表 3.1 来自于火星激光高度计(MOLA)的火星测绘参数

三轴椭球轴长度		
	a	3398.627 km
	b	3393.760 km
	c	3376.200 km
椭球主轴的方向		
	a	1.0°N 72.45°E
	b	0.0°N 324.4°E
	c	89.0°N 252.4°E

注:上述数据来自于:Smith et al. (2001a)。

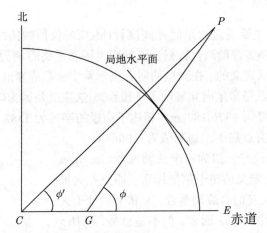

图 3.2 火星坐标系采用了两种系统,火星地理和火星中心的系统。参考球的中心处于火星质心位置,球面是对火星表面的最佳拟合。火星中心纬度(ϕ')是相对于参考球中心(C)而测量的。由于行星的扁平形状,局地水平面的法线并不总是通过中心点 C,而是偏离到某点 G。角度 PGE 是火星地理纬度(ϕ)

3.1.2 坐标系统

定位一个表面特征需要定义一个坐标(或测量)网格。由于火星的扁平性质,纬度有两种测量方法,火星地理纬度(ϕ)与火星中心纬度(ϕ')。要得到ϕ,需要以行星质心为中心画一个最佳拟合参考球(图 3.2)。通过表面上感兴趣的点,画一条与参考球相切的水平线。赤道 E 与此切面法线的夹角就是火星地理纬度(ϕ)。由于火星是扁平的,不同于火星中心纬度。ϕ'是图 3.2 中 P、参考圆球中心点 C、

以及赤道 E 之间的夹角。通常引力场和拓扑图形计算采用火星中心纬度，而成像和测绘地图(绘图法)研究组传统采用火星地理纬度。无论如何，火星表面特征的坐标参数已经与火星中心位置联系起来，这是因为火星激光高度计(MOLA)仪器首先发表了表面特征的火星中心坐标参数。因此，人们必须清楚地意识到同一个表面特征在以海盗号探测数据为基础的地图上坐标参数与以火星激光高度计(MOLA)探测数据为基础的地图上的坐标参数有一定的偏离。

火星上有一个称为子午高原的表面暗斑特征，这个暗斑非常容易通过地球上的望远镜观察到。这个暗斑在 1830 年的比尔和马德乐(Beer and Mädler)火星地图上，第一次被选为主经线通过点。随后的火星地图都是在这个区域内更加精细化 0° 经线的位置。随着水手 9 号对火星成像后，主子午线被定义为通过一个 500 米直径撞击坑的经线，这个撞击坑称为艾里-0 (de Vaucouleurs et al., 1973)。

1970 年国际天文联合会(IAU)采用了惯例，经度测量从 0°到 360°，经度增加的方向是火星自转的方向。对于像火星这样一直转动的行星，经度增加的经线从主经线向东方向测量。但是，在早期通过望远镜观察火星的研究者所绘制的地图上经度增加的经线是向西测量的。这样，他们在夜晚观测火星，这个晚上火星的经度是增加的。西向经度系统虽然与国际天文联合会采用的东向经度系统相反，但仍然在海盗号探测计划中采用。从火星全球勘察者(MGS)探测数据开始，人们应仔细地记住所用的坐标系统，特别是在对不同数据源进行比较时。火星轨道器相机(MOC)采用了西向经度的坐标系，但是绝大多数数据源都采用东向经度坐标系统。

3.2 引力及地形学

假如火星是一个均匀的圆球，环绕火星飞行的卫星轨道就可以被准确地预测，并且卫星实际轨道与预测轨道不会出现偏差。火星不仅是分异的、不均一的同时，而且火星靠近表面的拓扑结构和质量分布展示出不同的变化。这种质量异常的引力场效应导致卫星实际轨道偏离预测轨线。分析引力场异常可以使人们深入了解火星的内部结构。

3.2.1 引力场分析

一个环绕质量为 M 的行星运动的卫星，距行星质心为 r，所经历的行星引力场加速度 g 为：

$$g = \frac{GM\hat{r}}{r^2} \tag{3.1}$$

这里 G 万有引力常数。引力加速度是引力势的积分，因此：

$$U = -\frac{GM}{r} \tag{3.2}$$

由于所有的行星质量是位于行星表面以内的，行星以外的引力势 U 满足拉普拉斯(Laplace)方程：

$$\nabla^2 U_{\text{ext}} = 0 \tag{3.3}$$

在球坐标系中，拉普拉斯(Laplace)方程的通解为：

$$U(r,\theta,\lambda) = \sum_{l=0}^{\infty} \sum_{m=-l}^{l} [\alpha_{lm} r^l + \beta_{lm} r^{-(l+1)}] Y_{lm}(\theta,\lambda) \tag{3.4}$$

这个方程给出行星外空间某一点的引力势，这里 r 是某点到行星中心的距离，θ 是余纬度(θ = 90°-纬度)，λ 是经度；α_{lm} 和 β_{lm} 是常数。在行星物理应用中，α_{lm} 设定为 0，因而引力势在无穷远处消失。l 是谐波展开的阶，表示引力势随纬度的变化率。指数 m 是谐波展开的幂次，表示引力势随经度变化的快慢。Y_{lm} 是球谐函数，定义为：

$$Y_{lm} = \sqrt{\frac{(2l+1)}{(4\pi)}} \sqrt{\frac{(l-m)!}{(l+m)!}} P_l^m (\cos\theta) e^{im\lambda} \tag{3.5}$$

勒让德多项式 P 定义为：

$$P_l^m(x) = \frac{(-1)^m (1-x^2)^{m/2}}{2^l l!} \frac{d^{l+m}(x^2-1)^l}{dx^{l+m}} \tag{3.6}$$

β_{lm} 是随行星内部质量分布的系数。由于引力势是在行星外部进行测量的，勒让德多项式是与球谐函数相联系的，方程(3.4)通常改写为：

$$U = \left(\frac{GM}{r}\right) \left\{ 1 + \sum_{l=1}^{n} \sum_{m=0}^{l} \left(\frac{R}{r}\right)^l P_l^m(\cos\theta)[C_{lm}\cos(m\lambda) + S_{lm}\sin(m\lambda)] \right\}, 1 = 2, n \tag{3.7}$$

参考球或者椭球的半径是 R，n 是展开多项式阶数的限制值。C_{l0} 是带状谐波项，这一项提供了行星质量平行赤道分布的信息(图 3.3)。扇形谐波项，确定质量垂直赤道的分布。田形谐波项(C_{lm} 和 S_{lm}，$m>0$)进一步将行星分成更小的单元块，可以在各单元块间局部区分质量的变化。

带状谐波　　　　　扇形谐波　　　　　田形谐波

图 3.3　引力势的展开产生了三种谐波形式。带状谐波提供了行星质量平行于赤道面的分布信息，而扇形谐波给出了质量沿经度的分布信息。田形谐波将行星切分成小的碎块，来确定质量的局部区域分布性质

地球物理学家经常用 J 来代替带状分布谐波项，C_{10}：

$$J_l = -C_{10} \tag{3.8}$$

如果参考坐标系原点与行星的质心重合 $J_l = C_{ll} = S_{ll} = 0$。但是火星 COM-COF 有偏移，故这些系数不为零(Smith et al., 2001a)。J_2 是带状谐波分量，其代表行星与完全圆球的最大偏离，这种偏离是由于赤道附近的隆起而造成的。行星的主惯量是与低阶次谐波相联系的：

$$MR^2 J_2 = C - \frac{(A+B)}{2} \tag{3.9}$$

$$MR^2 C_{22} = \frac{(B-A)\cos(2\Delta\lambda)}{4} \tag{3.10}$$

$$MR^2 S_{22} = \frac{(B-A)\sin(2\Delta\lambda)}{4} \tag{3.11}$$

这里 $\Delta\lambda$ 是最小惯量 A，与 x 轴的经度差。

对那些"旋转足够快的"行星(那些典型的没有被潮汐消旋的行星)，惯量 B 和 A 远小于最大惯量 C，因而

$$|B-A| \ll |C-A| \quad \text{及} \quad |B-A| \ll |C-B| \tag{3.12}$$

方程(3.9)可以重写成：

$$MR^2 J_2 \approx C - A \approx C - B \tag{3.13}$$

因此，从引力分析中确定 J_2，人们就可以确定主惯量的差。

为了得到主惯量的绝对值，人们可以利用进动常数 H，而进动常数可以由行星自旋轴的进动率而得到：

$$H = \frac{C-A}{C} \tag{3.14}$$

结合方程(3.13)和(3.14)，人们可以确定 C/MR^2 和 A/MR^2。人们对 C/MR^2 尤其感兴趣，因为这个量是行星内核固化程度的一个衡量值。一个均匀圆球其值 $C/MR^2 = 0.4$。当一个物体中心固化增大时(也就是形成一个较大的内核)，C/MR^2 值就会小于 0.4。火星的 J_2 随着火星的季节而变化，这是因为火星上的 CO_2 在极盖区和大气之间循环地升华和固化，但是来自火星全球勘察者(MGS)多普勒定轨测量获得的值约为 $1.96 \pm 0.69 \times 10^{-9}$ (Smith et al., 2001b)。比较海盗号着陆器和火星探路者测量的数据，人们得到火星的进动率为每年 -7576 ± 35 毫角秒，因而推导出 $C/MR^2 = 0.3662 \pm 0.0017$ (Folkner et al., 1997)。这表明火星具有一个较小的内核，但是目前人们还在讨论这个内核是否是固体(Smith et al., 2001b)或液体(Yoder et al., 2003)。

对 J_2 贡献最大的因素是行星的扁平形变，这会产生赤道的隆起。行星扁平形变主要取决于行星自旋的快慢，J_2 可以通过一个无量纲的离心势函数(q)与行星自转的角速度建立联系：

$$q = \frac{\omega^2 R^3}{CM} 2J_2 \tag{3.15}$$

严格地说，(3.15)式只在行星内部密度是常数的情况下才成立。对于一些现实中的行星，其密度随着深度的增加而增加，关系式(3.15)中 J_2 前的系数将大于2。对于一个流体静力学平衡的物体，其扁平率(f)与 J_2 和 q 的关系为

$$f \approx \left(\frac{3}{2}\right) J_2 + \left(\frac{1}{2}\right) q \tag{3.16}$$

3.2.2 引力异常、地壳均衡性及壳层厚度

对于一个球形行星体，其平均半径（R）对应的等势面被称为大地水准面。地球物理学家定义火星的大地水准面为 COM 坐标系中半径为 3396 千米的球面 (Neumann et al., 2004)。实际引力势会偏离大地水准面，这种偏离变化称为引力异常，表现为表面的不平坦和行星内部不均匀的密度分布。引力异常的度量是以 gals 为单位，$1 \text{gal} = 10^{-2} \text{ms}^{-2}$。绝大多数引力异常是非常小的，通常用 milligals(mgal)度量。更小的引力异常分布可以通过多项式更高的阶（l）和次(m)来表达（见方程(3.7)）。对各种火星探测飞行器轨道的精细分析，已经使火星引力场的多项式分解展开到85阶和次(Neumann et al., 2004)利用方程(3.1)，我们发现在引力水准面内的引力加速度：

$$g_0 = \frac{CM}{R^2} \tag{3.17}$$

在距水准面高度 h 处，

$$g(h) = \frac{GM}{(R+h)^2} \tag{3.18}$$

利用泰勒级数展开，方程(3.18)变为

$$g(h) = \frac{CM}{R^2} - \frac{2GM}{R^3} h = g_0 - \frac{2GM}{R^3} h \tag{3.19}$$

因此，当一个飞行器位于大地水准面之上某高度 h 处，测量的引力加速度小于在水准面上的加速度。由于高度的增加而产生的引力场差异，称为自由大气引力异常，方程(3.19)中 $-(2GM/R^3)h$ 项是自由大气修正，并记为 g_{FA}。

自由大气引力异常不考虑水准面和高度 h 之间的任何质量。如果一颗卫星在一

个山峰的上空通过,飞行器将经历额外的引力加速,这是因为山峰的存在带来了超额的质量。1749 年法国数学家皮埃尔·布格(Pierre Bouguer)将高斯引力场定律应用到无限大平板上,平板的密度为ρ,厚度为 h,并得到布格(Bouguer)修正:

$$g_B = 2\pi G \rho h \tag{3.20}$$

纬度变化的修正由γ_0表示。引力场完整的描述称为布格(Bouguer)异常,并表示为

$$g(h) = \frac{GM}{R^2} - \frac{2GM}{R^3}h - 2\pi G\rho h - \gamma_0 = g_0 + g_{FA} - g_B - \gamma_0 \tag{3.21}$$

火星表面的地形结构和布格(Bouguer)异常是相互联系的,并为研究火星地形成因提供支持。如果自由大气异常(3.19)近似等于零,地形学的结构被均衡地补偿了。均衡意味着地壳块的重量和施加在地壳块的浮力是相等的。在图 3.4(a)中,我们看到一个地壳块的横截面 A,密度($\rho - \Delta \rho$),处于物质密度为ρ的材料中。这个地壳块横跨在参考面上,向上延伸到高度 h 向下延伸到深度 d。利用阿基米德原理,施加在地壳块上的向上的浮力(F_B)为:

$$F_B = \rho A g d \tag{3.22}$$

F_B 一定与地壳块的重量相等以保持地壳块的稳定:

$$(\rho - \Delta\rho)(h+d)Ag = \rho A g d \tag{3.23}$$

方程(3.23)简化为均衡方程:

$$\frac{h}{h+d} = \frac{\Delta\rho}{\rho} \tag{3.24}$$

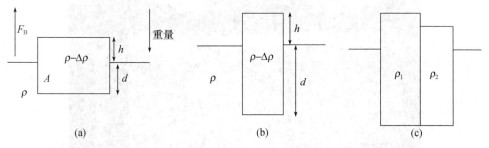

图 3.4　行星表面质量分布示意图。如果有山峰,其延伸表面以下的深度取决于块状物与表面以下物质的密度差(分别是$\rho - \Delta\rho$ 和ρ)。(a)一块物质(截面积为 A)相对于参考面高度(h)和深度(d)取决于这块物质的重量与物质块下介质的浮力之间的平衡。(b)艾里(Airy)均衡是认为一个山体物质块其山基深深地延续到行星表面以下,其深度远远大于山体的高度。(c)普拉特(Pratt)均衡认为所有的山体向下延伸同样的深度,而山体的表面以上的高度因山体的密度不同而不同

自由大气异常等于零时(3.19)或者负布格异常(3.20)表示一个完整的均衡补偿。有两种途径可以到达均衡补偿。地形结构的密度是常数,但是在参考面以下的部分远远大于参考面以上的部分,地形结构引起的引力异常可以通过艾里均衡来补偿(图3.4b)。另一种均衡方式为普拉特均衡(图3.4c),普拉特均衡假设所有的地形结构的厚度都是一样的,但是地形特征结构的密度是变化的,较高的地形结构其密度较低。虽然 Belleguic 等(2005)发现了火星表面地形结构密度变化的规律,普拉特均衡可以应用到火星上,但绝大多数研究者认为在火星上艾里均衡是主要的补偿机制(Zuber et al., 2000; McGovern et al., 2002)。

图3.5显示的是通过MGS上火星激光高度计(MOLA)仪器和射电科学研究获得的布格异常分布图。从火星激光高度计(MOLA)探测数据导出的火星地形图(图3.6)显示火星的地形特征如火山、撞击盆地等与引力场有相关性。大型的撞击坑和盆地通常显现出正的布格引力异常,这是因为撞击后引起撞击点下的 MOHO(MOHO 是行星壳层与幔之间的边界层)抬升以及火山堆积物和沉积物再次充填到撞击坑中。受到均衡补偿的山峰如阿尔巴盘形火山和埃律西昂等火山区展示出较高的负布格引力异常。

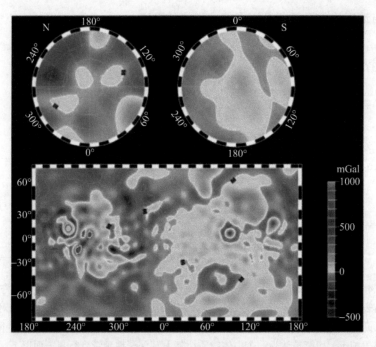

图 3.5 火星全球勘察者(MGS)垂直加速度测量所得重力异常图。经度 240° E 和 300° E 之间可见强烈的正重力异常,对应于塔尔西斯火山区;而 300° E 和 0° E 间赤道区的强烈负重力异常则与水手谷有关。但许多地貌特征与重力异常无关。
(图片 PIL02054, NASA 戈达德太空飞行中心(GSFC))(后附彩图)

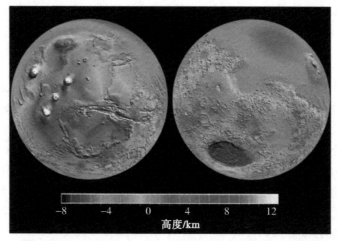

图 3.6 火星轨道器激光高度计(MOLA)所揭示整个火星表面宏观地貌的巨大变化。变化范围从高的奥林波斯山顶部至低的希腊盆地。(图片 PIA02820。NASA/JPL/GSFC/MGS MOLA 小组)(后附彩图)

通过假设火星壳层和地幔中物质密度的变化,再利用引力场探测、地形学数据可以建立火星壳层厚度变化的模式(Zuber et al., 2000; Neumann et al., 2004)。火星壳层的厚度不仅随纬度变化,南半球厚于北半球,而且也随经度变化(图 3.7)。Neumann 等(2004)研究报告了火星北部平原区的平均厚度约为 32 千米,而南部高地区域的壳层平均厚度约为 58 千米。值得注意的是南北半球壳层厚度的过渡区域并不与南北半球分界线完全重合,因此有人认为撞击并不是造成火星南北二分的起源(Zuber et al., 2000)。

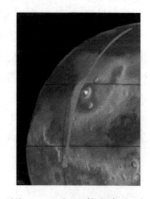

图 3.7 火星激光高度计(MOLA)探测仪器展示出火星壳层的厚度在全球范围内有较大的变化。这个图像显示壳层横截面的厚度变化(灰色条带)。横截面从北极附近开始穿过埃律西昂火山区域直到南部高地。灰色条带的厚度对应于每一点的壳层厚度(图片来源:自于 NASA/GSFC PIA00957)

3.2.3 火星的地形学

火星激光高度计(MOLA)探测结果极大地提高了火星表面地形变化的分辨率。激光高度计的探测数据相对于火星质心(COM),地形高度变化的精度为 1 米,并且地形网格的分辨率在纬度上为 1/64°,在经度上为 1/32°(Smith et al., 2001a)。零海拔高度对应于大地水准面,等势面在赤道上距质心 3396 千米。在火星上最高的山峰是奥林波斯山火山,其定点高度为 21.287 千米,火星上最低点是希腊撞击盆地,海拔高度是-8.180 千米。图 3.6

清楚地显示出南北半球的分界线处于北部低洼的平原及南部隆起的高地之间。

3.3 火星的地震数据

行星的平均密度和引力场数据可以约束行星的内部结构,而通过对地震数据的分析可以研究地震能量的传播,从而获得有关内部结构差异的绝大部分信息。火星上存在火山及板块特征,这表明火山曾经是地震活跃的,而且目前也可能是地震活跃的。地震活跃度可能在火星早期塔尔西斯隆起形成的阶段达到顶峰,并从那以后逐渐降低(Golombek et al., 1992)。尽管如此,人们从分析火星的冷却率(Philips, 1991)以及地表断层滑动产生的应变(Golombek et al., 1992)中得到结论,火星目前仍然是地震活跃的,平均每年发生等效震级 4 级或以上的地震 14 次。陨石撞击是另一个地震活动的源(Davis, 1993)。

行星通过地震释放能量对应力和应变做出响应。能量通过行星内部的体波和沿行星表面的表面波而分布出去。极大的地震事件能够引起整个行星震动起来(自由震荡)。行星体波是研究内部结构最重要的手段。体波中最快速传播的波是压缩波,在地震事件发生后最先传播到地震观测台,因而称为主波或 P 波。第二种波或 S 波是畸变波,或者剪切波。P 波和 S 波的速度取决于波所传播的介质特性。体积模量(K)是衡量物质的不可压缩性的重要参数,而剪切模量(μ)是衡量物质刚性的参数。如果 ρ 是物质材料的密度,P 波和 S 波的速度分别为 V_P 和 V_S,它们可以表示为:

$$V_P = \sqrt{\frac{K+(4/3)\mu}{\rho}} \tag{3.25}$$

$$V_S = \sqrt{\frac{\mu}{\rho}} \tag{3.26}$$

K 总是大于零,因此 V_P 总是大于 V_S。由于流体没有刚性($\mu=0$),因此在流体中 S 波是不能够传播的。

火星是一个分异的行星,内核含有密度较大的物质如铁,而壳层含有密度较小的物质如硅(2.2.4 节)。随着深度的增加压力增加,引起矿物质的相变和温度上升,这能够导致内核部分区域熔化。当穿过行星的内部,物质的特性参数值如 K,μ 和 ρ 是不断变化的。地震波在遇到不同矿物质形成的边界处也会发生折射。通过分析在火星表面不同观测站获得的 P 波和 S 波到达时间,地球物理学家可以重构出地震波传播的路径和传播速度,从而获得行星内部结构的细致图像。

不幸的是,有关火星地震的实际数据是不存在的。两个海盗号着陆器都带有地震探测器,但是海盗 1 号未能成功释放探测仪器,海盗 2 号的地震传感器未能与火星的地面良好地耦合,着陆器运行和风的噪声进入到探测器中,带来极大的干扰

(Anderson et al. 1977)。在海盗 2 号运行期间，未能探测到超过地震仪阈值（3 级）的地震。火星 96 探测器上的穿入器载有地震探测器，正如在 1.2.2 节标注的，这个探测计划未能成功飞出地球。美国航空航天局和欧洲空间局都设计了几种火星地震探测网计划，但是迄今为止没有任何一个计划得到足够的资金来完全实施(参见综述性文章 Longnonne，2005)。在这种火星地震监测网建立之前，我们对火星内部结构的认识只能依赖于引力场分析所得的有限而且粗略的信息。

3.4 热 流

对行星表面热流的测量可以为产热的放射性同位素的分布以及行星地幔热对流率提供约束。热流定义为在某时间间隔内通过特定区域的热量。像火星这样的行星，热流主要由两种机制承载，一种是传导，另一种是对流。热传导是通过晶格的振动来传递能量，而对流是通过不同温度间物质的物理流动来传递能量。行星刚硬的外层包括壳层和上地幔，传导是岩石圈主要的热传递的机制。对流发生在温度较高的，可以发生形变的下地幔，这部分区域又称为岩流层。对流也可能出现在行星的内核，特别是如果内核还处于熔融状态。对流不仅发生在流体介质，在固体介质中也可发生，只要固体在高温、高压下能够形变。固体中出现对流称为固态对流。

3.4.1 热传导

行星温度(T)随着深度(z)变化的函数称为热梯度，z 向行星中心为正。在热传导占主导的区域，热流与热梯度的关系由傅里叶定律所建立：

$$Q = k(\partial T / \partial z) \tag{3.27}$$

热传导率(k)与物质的密度、在定常压力下的比热 c_p、以及热扩散系数的关系为：

$$k = \rho c_p k \tag{3.28}$$

火星的某一层热量的变化率为：

$$\rho c_P \frac{\partial T}{\partial t} = \frac{\partial Q}{\partial z} \tag{3.29}$$

结合(3.29)和(3.27)方程式，得到热扩散方程，也称为热传导方程：

$$\frac{\partial T}{\partial t} = k \frac{\partial^2 T}{\partial z^2} \tag{3.30}$$

3.4.2 热对流

对流是将热量传递出行星内部一种非常有效的方式，而且对流在行星的深层区域是占主导地位的。当温度梯度超过某个临界值时，对流将出现。这是因为热的物质要向上升起，而冷的物质要向下沉降。这种对流发生在一团物质的温度高于周围物质的温度,因此密度低于周围物质的密度,从而引起较热的物质被浮起。

当一团热的物质上浮,并不断膨胀,因而冷却。在绝热条件下,物质将继续上涨、膨胀,冷却直至其温度与周围的物质相适应。对流运动受到守恒定律和流体动力学定律的约束(也就是纳维-斯托克斯方程)。对流运动的完整描述需要有限元的模拟,这超出本书所要讨论的范围。有兴趣的读者可以参考 Turcotte 和 Schubert (2002)的论著。

当对流发生时,用无量纲的瑞利数(R_a)来确定对流是否会发生。假设在地幔中有一个厚度为 d 的区域,其温度高于周围物质 ΔT,如果这一地幔区域的密度是 ρ_m,膨胀系数是 α,热扩散系数是 k,黏滞系数是 η,通过下式可以计算出瑞利数

$$R_a = \frac{\rho_m g \alpha \Delta T d^3}{k \eta} \tag{3.31}$$

这里 g 是引力加速度。当瑞利数大于某个临界值时,对流就可以发生,对于火星瑞利数约为 1000。

3.4.3 火星的热流通量

迄今为止还没有任何一个着陆器在火星的表面测量过热流,所有的热流计算都是在模型的基础上估算的。当热传导在火星的岩石层起主要传热作用,而在火星内部的深处会发生对流传热。地幔对流可以通过地幔底部加热而驱动发生,底部的热来自核驱动的对流,或者由地幔内的放射性衰变而产生的内部加热。Kiefer (2003) 认为伴随着塔尔西斯和埃律西昂大范围地形上升就是因为内部加热所造成的大范围对流上升流。对应于单个火山结构的地幔柱结构,能够嵌入在范围上升流中。

McGovern 等(2002,2004a)利用 MGS 引力场和地形数据估计了在表面装载的时期,弹性岩石层的厚度。从这个厚度来确定表面热流。他们估算当表面热流大于每平方米 40 毫瓦时(mW/m^2),最古老的火星表面就形成了。表面热流 Q 已经逐渐下降到近期的数值,小于 20 毫瓦每平米(McGovern et al., 2004a)。这些数值与其他估算的数值相一致。以板块褶皱脊间的距离为基础,估算出 35~39 亿年之间火星表面的热流 Q 约为 37 毫瓦每平米(Montesi and Zuber, 2003)。但是,Grott 等(2005)却认为在 35~39 亿年之间,表面热流 Q 约为 54~66 毫瓦每平米。Grott 等的估算是以 Coracis Fossae 地区弹性岩石层厚度为基础的。火星表面热流可能随着不同区域而变化,这正像地球的情形。因此不同区域,不同时期的热流可能不一样,并不表示这些结论是相互冲突的。对热流估值范围的进一步限制需要等到在火星全球表面布置地震和地热测量站网络。

3.5 磁　　学

在火星壳层岩石中探测到活跃的磁场或者剩磁磁化场表明行星包含一个内部导电层。在类地行星，内部导电层就是富含铁的金属核，可能还混合一些硫。这个核一定是至少部分是流体才能产生一个活跃的磁场。只要核是由导电材料构成的，它就会产生一个随时间变化的电场，从而感应出磁场。物理学中，研究在一个流体核内部怎样的运动可以建立起电流，从而产生行星磁场的领域被称为磁流体力学或者磁场的发电机理论。

3.5.1 活跃的发电机机制

磁流体力学(MHD)分析的基础是麦克斯韦方程组。法拉第电磁感应定律建立电场与随时间变化磁场之间的关系：

$$\nabla \times \boldsymbol{E} = -\frac{\partial \boldsymbol{B}}{\partial t} \tag{3.32}$$

安培定律描述了电流和随时间变化电场是如何产生磁场：

$$\nabla \times \boldsymbol{B} = \mu_0 \boldsymbol{J} + \mu_0 \varepsilon_0 \frac{\partial \boldsymbol{E}}{\partial t} \tag{3.33}$$

这里μ_0是真空磁导率($=4\pi \times 10^{-7}\,\mathrm{NA^{-2}}$)，$\varepsilon_0$是真空介电常数($=8.85\times 10^{-12}\,\mathrm{C^2N^{-1}m^{-2}}$)。在绝大多数行星中，$\mu_0\varepsilon_0\partial\boldsymbol{E}/\partial t$非常小可以忽略不计。磁场在导体中感应的电流符合欧姆定律：

$$\boldsymbol{J} = \sigma[\boldsymbol{E} + (\boldsymbol{v} \times \boldsymbol{B})] \tag{3.34}$$

这里σ是物质的电导率，v是导电流体的速度。结合方程(3.32)，(3.33)和(3.34)得出感应方程：

$$\frac{\partial \boldsymbol{B}}{\partial t} = \nabla \times (\boldsymbol{v} \times \boldsymbol{B}) + \left(\frac{1}{\mu_0\sigma}\right)\nabla^2 \boldsymbol{B} \tag{3.35}$$

方程(3.35)展示了磁场是如何随时间变化的。方程(3.35)右边的第一项表示导电流体必须以v速度运动以维持磁场。右边的第二项称为扩散项，$1/(\mu_0\sigma)$是磁扩散系数。如果流体不运动(也就是$v=0$)，磁场将会随着时间而衰减，衰减的周期取决于磁扩散系数。对于类地行星，这个衰减周期约为1万年左右。因为这个周期远远小于太阳系45亿年的形成时间，像地球这样目前还具有活跃磁场的行星一定是当前仍然产生他们自身的磁场。

在火星全球勘察者(MGS)进行气动制动期间，探测器上的磁强计/电子反射器(MAG/ER)成为第一个在火星电离层下探测火星磁场的探测仪器。火星磁偶极子的

最大值是 $2\times 10^{17} Am^{-1}$，对应于火星赤道上的磁场强度为 0.5nT(Acuna et al., 2001)。对于这么小的磁场强度，说明火星目前不具有活跃的磁场发电机机制。

3.5.2 剩余磁化

岩石中包含有磁性矿物质，磁性矿物质保留剩余磁化磁场。剩余磁化磁场展示出岩石在固化过程中磁场的强度和极性。像一个指南针一样，磁性矿物质会顺着磁力线排列。只要矿物质还是熔融状态，磁场方向的变化就会引起矿物质顺着磁力线再次重新排列。随着温度的降低，岩浆开始固化，磁性矿物质的运动性也随之降低。当温度降低到某个特定值，这个特定值称为居里温度(T_c)，磁性矿物质不再运动。这时外磁场的方向就"冻结"在岩石中，引起热剩磁磁化(TRM)。一些矿物质能够在地质学意义上长时间地保留并展现出热剩余磁化性质，就称为铁磁矿物质。铁磁性是由于电子的自旋和轨道角动量产生的磁偶极子而产生的。原子中填满电子的壳层，电子的自旋是上下成对的，因而净偶极磁矩为零。但是铁磁矿物质中含有一些未填满的电子壳层。在这种情况下，电子能够在外磁场(行星磁场)作用下顺着磁场方向排列，并在温度低于 T_c 后仍保留磁化方向。居里温度是随着矿物质的成分不同而变化的：金属铁的 T_c 约为 1040K，而磁铁矿(Fe_3O_4) 的 T_c 约为 850K。

行星壳层中的剩磁也可以在低温下通过顺磁性矿物质的化学剩磁磁化(CRM)而产生。顺磁性矿物质在外磁场中就显示出磁性，但是当外磁场消失后不再保留磁化磁性。顺磁性矿物质必须形成较大的颗粒才能获得化学剩磁磁化，但是顺磁矿物质在外磁场消失后很难保留很强的磁性(Connerney et al., 2004)。

火星陨石中，钛磁矿物质和磁黄铁矿物质保留小量的剩磁，但是这种剩磁的长期稳定性受到质疑(McSween，2002)。有关火星早期磁场发电机存在的最佳证据是由 MGS 上磁强计/电子反射器在火星一些区域的壳层中发现剩磁磁化(Acuna et al., 1999; Connerney et al., 1999)(图 3.8)。剩磁磁化最强的区域是在古老的南部辛梅里安高地和塞壬台地(30~90°S 130~240°E)，从探测数据推断出壳层磁化强度为 10~30Am^{-1}(Connerney et al., 1999; Langlais et al., 2004)。这个磁化强度比地球上最强的磁化强度高一个量级。在南半球绝大部分高地区域以及北半球一些平原区域存在较弱的磁化(Acuna et al., 1999; Connerney et al., 2005)。在大型撞击盆地周围的区域是微弱磁化的或者显示没有剩磁。这可能是由于岩石中含有磁黄铁矿物质(Fe_7S_8)、磁铁矿(Fe_3O_4)、赤铁矿(Fe_2O_3)，以及/或者钛化赤铁矿($Fe_{2-x}Ti_xO_3$)，这些矿物质经受冲击波压力大于 1GPa 时会被退磁(Rochetter et al., 2003; Kletetschka et al., 2004)。 如果这些撞击盆地形成时火星的磁场发电机机制依然活跃，则这些区域将被再次磁化。由于缺少再次磁化的事实，因此人们推论在 40 亿年前当这些撞击盆地形成时，火星的磁场发电机机制已经停止运行(Acuna et al., 1999)。另一方面，Shubert 等(2000)认为这些撞击盆地是在发电机机制起作用之前就形成的，而磁化是由于撞击盆地形成后的局部加热和冷却事件所造成的。但无论如何，绝大部分来自于行星化学和行星物理的证据都支持早期磁场发电机机制的观点(Connerney et al., 2004)。

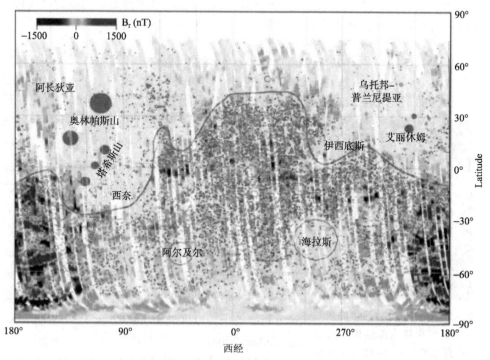

图 3.8 火星全球勘测者(MGS)磁场/电子反射（MAG/ER）实验揭示的火星表面古老岩石中的剩磁磁场最强区域(红/绿色)与辛梅里安高地和塞壬台地的古老岩石相对应。空心圆表示撞击坑，实心圆为火山。实线为二分界线(图像 PIA02059。NASA/GSFC/MGS MAG/ER 小组) (后附彩图)

图 3.8 显示的壳层剩磁具有线状分布特点并且磁场的极性是交替排列的。考内尼(Connerney) 等(1999)注意到，在地球海床延展区也有类似的线状磁场分布形式，因此推断火星的线状磁场异常记录了远古的板块构造在翻转的偶极子场中的活动。火星上的断层与磁场异常的方向是平行的，这被解释为火星早期活跃的转换断层(Connerney et al., 2005)。另一方面，线状磁场异常分布还被解释为富含铁磁矿的岩墙侵入(Nimmo, 2000), 沿着汇聚边界的地形堆积(Fairen et al., 2002), 以及富含铁的碳酸盐分解成磁铁矿(Scott and Fuller, 2004)。从磁异常分布重构古磁极位置的结果，推断出一些磁极群聚和磁偶极子翻转 (Arkani-Hamed, 2001)。但是这些磁极位置的变化依赖于磁异常区的选择。Sprenke 和 Baker (2000) 主要利用辛梅里安高地和塞壬台地磁异常定位南磁极位置在 15°S 45°E 附近。Arkani-Hamed(2001)模拟了 10 个孤立磁异常区并且发现一个位于 25°N 230°E 附近的磁极。Hood 和 Zakharian (2001) 利用北半球的磁异常定位南磁极的位置在 38°N 219°E 附近。所

有这些磁极位置都距现在的自旋轴大于 50°。太阳系绝大部分行星的磁轴偏离自旋轴都小于 15°(天王星和海王星除外)，因此这使 Sprenke 和 Baker (2000)以及 Hood 和 Zakharian (2001)假设或者板块运动，或者由于塔尔西斯山的隆起("极移")造成的行星再定向，使古磁极位置移动，远离现在的地理极点。

3.6 火星的内部结构

火星的平均密度结合地质化学 (主要是火星陨石分析)和行星物理的(特别是引力场、地形学和磁场数据)分析已经对火星内部结构提供了新的约束。火星内部结构分成壳层、地幔和核(图 3.9)。引力和地形学分析结果显示，壳层主要由玄武岩材质构成(Zuber, 2001)(4.3.2 节)，平均密度约为 $2900 kgm^{-3}$(Zuber et al., 2000; McGovern et al., 2002, 2004a)，南半球比北半球厚，同时也具有明显的局部区域变化(Zuber et al., 2000; Nuemann et al., 2004; Wieczorek and Zuber, 2004)(图 3.7)。各种技术手段已用于估算壳层的厚度，所有的结果都一致显示，壳层的平均厚度处于 38~62km 之间(Wieczorek and Zuber, 2004)。

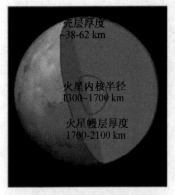

图 3.9 通过行星物理学的探测推论出的火星内部结构。火星的壳层厚度处于 38~62km。火星地幔的厚度约为 1700~2100km，而火星内核的半径约为 1300~1700km(背景成像 PIA00974，NASA/MPF 研究组)

火星地幔主要由橄榄石$(Mg，Fe)_2SiO_4$ 和尖晶石(在高压下形成的多形橄榄石)构成，地幔延伸到 1700~2100 千米的深度(Zuber, 2001)。 火星具有一个富含 FeS 的核，其半径约为 1300~1700 千米，并处于行星的中央部位。核的物理状态目前还不确定：研究者也假设过是固态(Smith et al., 2001a)和液态(Yoder et al., 2003)。由于火星目前不存在活跃的磁场发电机，这表明火星的核没有活跃的对流(Stevenson et al., 2001)，或者液态核的固化过程没有发生(Schubert et al., 2000)。

火星的壳层以及地幔上部构成了火星的刚性外层，并称为岩石圈。岩石圈的形变主要由脆性断裂造成，产生了在火星表面可以观察到的构造特征。地幔较深的部分是由岩流层构成，在岩流层中延展性形变占主导地位。从脆裂形变过渡到延展形变的过渡层称为岩石-岩流边界层。McGovern 等(2004a)发现岩石圈的厚度在 12~200km 之间变化。热传导是岩石圈中主要的热流传输机制，而在岩流层中对流被认为是主要的传输机制。

第四章 表面特征

火星表面的反照率、组成、表面粗糙度和物理性质具有相当大的变化。这些表面特征很大程度上取决于火星的体组分(见2.3节)和在整个行星历史(见5.3节)中起作用的地质过程。光谱观测、雷达反射测量和表面作业确定了火星的表面特征。

4.1 反照率和表面颜色

4.1.1 反照率

反照率是表示物体对太阳光反射份额的物理量。理想的反射体反照率为1.0，理想的吸收体反照率为0。在行星研究中常用的两种反照率为邦德反照率(A_b)和几何反照率(A_0)。A_b的值依赖于入射的太阳能和行星反射的太阳光通量。距离太阳r处的太阳光通量(F)与太阳的照度($L_{\text{solar}} = 3.9 \times 10^{26}$ W)有关：

$$F = \frac{L_{\text{solar}}}{4\pi r^2} \tag{4.1}$$

由于行星(半径为R)只有一面接收太阳光，行星表面入射光通量(F_i)为

$$F_i = (\pi R^2)\frac{L_{\text{solar}}}{4\pi r^2} = \frac{L_{\text{solar}}R^2}{4r^2} \tag{4.2}$$

A_b为反射通量(F_r)与入射通量(F_i)的比，因此

$$F_r = A_b F_i = \frac{A_b L_{\text{solar}} R^2}{4r^2} \tag{4.3}$$

但是，物体反射的太阳光与地球接收太阳光的量随相角Φ(太阳-目标-地球夹角)变化。A_0定义为$\Phi = 0°$时的反照率。A_b与A_0通过相角积分(q_{ph})互相关

$$A_b \equiv A_0 q_{\text{ph}} \tag{4.4}$$

相角积分表示F_r如何随Φ变化：

$$q_{\text{ph}} \equiv 2\int_0^\pi \frac{F_r(\Phi)}{F_r(\Phi = 0°)} \sin\Phi \, \mathrm{d}\Phi \tag{4.5}$$

火星平均反照率$A_b = 0.250$，$A_0 \approx 0.150$，但火星表面的区域反射率随位置变化(图4.1)。最暗的区域$A_0 \approx 0.10$，最亮的区域$A_0 \approx 0.36$(不包括火星极盖)。当采用红滤光镜(中心波长约为0.6μm)观测时，火星反照率对比度达到最大值；当采用蓝滤光镜(中心波长约为0.4μm)观测时，火星几乎看不见。反照率对比度的变化呈现

季节性,这是由于火星极冠交替的扩大与缩小改变了风向,造成了火星尘的重新分布。夏帕瑞里(Schiaparelli)在他 1877 年的火星图中给出的反照率特征的命名至今仍广泛应用于相应的地貌特征。例如,高反照率特征称作希腊(Hellas),与一个大的撞击盆地希腊平原相应,低反照率特征称作大瑟提斯(Syrtis Major),与火山高原大瑟提斯高原有关。

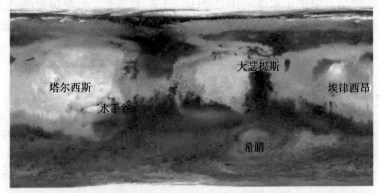

图 4.1　由火星全球勘察者热辐射光谱仪(TES)展示的火星表面反照率的差别(Christensen et al.,2001a)(NASA/亚利桑那州立大学(ASU))

图 4.2　火星轨道器相机(MOC)2005 年 5 月在太阳经度(Ls)211°(北部的秋天/南部的春天)拍摄的图像展示了火星颜色的轻微变化。图像底部可见明亮的南极盖,中心黑暗面貌为火山区大瑟提斯高原,之下稍亮的圆形面貌是希腊撞击坑(MOC 发布,MOC-1094;NASA/MSSS) (后附彩图)

4.1.2　颜色

肉眼看去,火星呈现红橙色,但仔细观察发现,火星颜色呈现一定的范围。高反照率区域(不包括极冠)呈现赤红色,较低反照率区域呈现浅灰色。火星的彩色视图(图 4.2)揭示了三个独立区:亮赤红色区、暗灰色区和过渡区。过渡区很像明亮区和阴暗区物质混合成的颜色。采用不同颜色的滤光镜调整反射率配比火星的色对比度可得到增强(James et al., 1996; Bell et al., 1997)。颜色比值显示,火星较暗的区可再分为强红(红/紫≈3)区和弱红(红/紫≈2)区。强红区包括塔尔西斯火山区和南半球高地的高原区,弱红区则与中等年龄的脊状平原有关(Soderblom, 1992)。这些颜色的差别是组分和粒度不同的结果。较亮的区域通常与尘埃沉积相关,而较暗的区域与富玄武质物质有关。

4.2 表面粗糙度和结构

1963 年人类首次获得了火星的雷达回波,此后,该技术一直在绝大多数火星冲(Simpson et al.,1992)中使用。雷达的双程回波时间提供了地球与火星间的距离信息和火星表面的地形起伏。回波的色散提供了火星表面粗糙度的估计,回波的强度限定了表面反射率。回波的极化被用来估计小尺度的表面结构。这样,利用雷达观测就可获取高程、坡度、结构和物质的特性。

地基雷达观测揭示了火星地形的多样性,包括极冠的冰特征、大片区域由尘埃覆盖、崎岖的熔岩流以及一些河道已经被填满的迹象(Simpson et al.,1992;Harmon et al.,1999)。大部与塔尔西斯山西南部的美杜莎堑沟群对应的地区则几乎没有雷达回波(Muthleman et al.,1995;Harmon et al.,1999)。这个"诡秘"区域的雷达数据证明,该区域覆盖着多层厚厚的细粒物质(Edgett et al.,1997)。雷达观测数据已被用于界定候选着陆点处表面物质的特性和补充轨道航天器获取的表面粗糙度、岩石丰度、尘埃盖层的资料(见 4.4.2 节)(Golombek et al.,2003)。预测结果与实际着陆点遇到的情形基本一致(Golombek et al.,1999b,2005)。

分米级粗糙度变化(Harmon et al.,1999)为地基雷达所获,并得到火星轨道激光高度计(MOLA)千米级表面粗糙度资料的补充。(图 4.3)。MOLA 测量结果显示,火星南部高地的粗糙度比北部平原高,这主要归于南半球强烈的撞击坑作用。北部平原平缓反映出该区域由沉积盖层覆盖(Kreslavsky and Head,2000)。

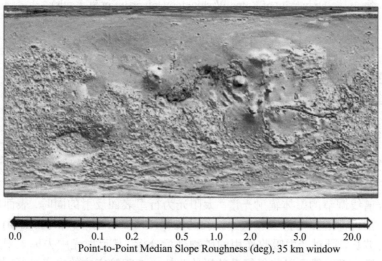

图 4.3 火星轨道器激光高度计对火星表面粗糙度的评估。南部高地比北部平原粗糙(图片 PIA02808。NASA/GSFC) (后附彩图)

火星地下 3~5km 特性和结构的详细资料由火星地下和电离层探测先进雷达(MARSIS)获得(Picardi et al., 2005; Watters et al., 2006)。雷达回波的衰减测量限定了地下物质的介电常数,由此可对组分变化进行填图。初步探测结果表明,北极盖对应于构成夏季(遗留)冰帽和许多极地层状沉积的水冰。MARSIS 揭示了这些极地沉积的厚度,与对应于 1.8 km 基底的雷达反射率形成明显的对比(图 4.4a)。火星勘察轨道器(MRO)上的更高分辨率浅层穿地雷达(SHARAD)(图 4.4b)(Seu et al., 2004)正在揭示地下特性和组成更细微的变化。

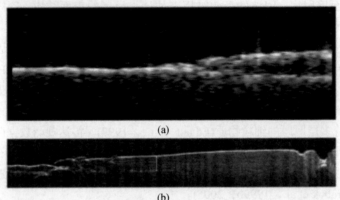

图 4.4 火星快车(MEx)和火星勘察轨道器(MRO)的穿地雷达给出了近表层的组成变化。(a)该 MARSIS 剖面从北部平原(左)延伸至北极极冠(右)。右侧雷达回波图的断层对应北极冰帽的厚度 (ASI/ESA/University of Rome)。(b)MRO 上的浅层雷达(SHARAD)展示了南极层状沉积的细微层理。该剖面长 650km,箭头长度对应 800 米厚度。箭头的底部指示南极层状沉积的基底。(NASA/JPL-Caltech/ASI/University of Rome/Washington University in St. Louis)

4.3 火星壳组成

遥感观测、火星陨石分析和现场勘查揭示了火星壳组分的多样性。大多数组分信息都是通过各种形式的光谱分析获得的。

4.3.1 组分分析方法

遥感资料包括来自地基望远镜、哈勃太空望远镜(HST)和火星轨道航天器的观测。所有这些技术都采用反射光谱学来测定组分信息。太阳光为太阳光球中气体产生的吸收谱线调节的黑体辐射光谱。太阳光为行星表面反射的同时,表面的组成矿物由于晶格内部的振动将吸收某些波长的能量(Christensen et al., 2001a)。根据吸收谱线的波长,可对产生吸收作用的矿物进行分析。从反射光中去掉太阳光谱和大气吸收光谱,我们就可以获得行星的吸收光谱;与实验室中的光谱进行对比,就可以界定表面的矿物组成(图 4.5)。很多重要的矿物和大气吸收谱出现在红外波段

(IR)(Hanel et al., 2003), 频率为 $3 \times 10^{11} \sim 3 \times 10^{14}$Hz, 或波长为 1μm~1mm。红外波段细分为近红外(约 0.7~5μm)、中红外(5~约 30μm)和远红外(约 30~350μm)。5~100μm 的红外能量是物体发热产生的, 因此也称之为热红外。红外观测经常以波数形式表达, 而不是波长或频率。波数为波长的倒数, 其单位在行星研究中常作 cm^{-1}。如波长为 10μm 对应的波数为 $10^3 cm^{-1}$。

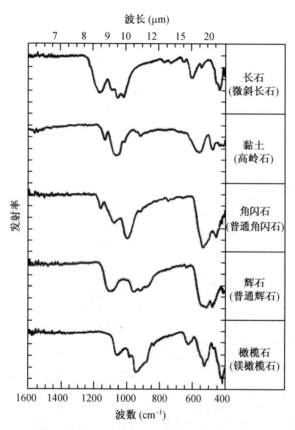

图 4.5 几种地质学上重要矿物的实验室光谱。利用特殊吸收的波谱形状和波长上的差别可以区分不同的矿物, 进行矿物学分析(再版得到了美国地球物理学会的许可。Christensen et al., 2000b, 2000 版权)

地基红外观测只能限制在近红外, 因为地球的大气吸收更长波长的红外能量。哈勃望远镜(HST)上的近红外相机和多目标光谱仪(NICMOS)也限制在近红外, 在 0.8~2.5μm 区间观测, 火星轨道航天器则在较宽的波长范围进行观测。由于接近火星, 获得了较高分辨率的数据。表 4.1 列出了几次火星探测任务光谱仪的工作波长范围。很多光谱仪在波长范围内只观测特定的波段, 这种选择是为了增强对特别感兴趣矿物的识别。例如, THEMIS 观测火星表面使用的红外波段中心波长为 6.78、7.93、8.56、9.35、10.21、11.04、11.79、12.57 和 14.88μm(Christensen et al.，2004a)。选择这些波段是因为各种硅酸盐(包括长石和辉石)、盐和碳酸盐的吸收谱在这些波长附近。

表 4.1 部分航天任务的观测波长

任务/仪器	波长
水手 6/7	
紫外光谱仪	110~430 nm
红外光谱仪	1.9~14.3 μm
水手 9	
紫外光谱仪	110~352 nm
红外干涉光谱仪	6~50 μm
海盗 1/2 轨道器	
红外热填图仪	15μm
福布斯 2	
红外成像光谱仪	0.7~3.2 μm
紫外与可见光光谱仪	0.3~0.6 μm
热扫描	
可见光	0.5~0.95 μm
红外	8.5~12 μm
火星全球勘察者	
热辐射谱仪	
光谱仪	6.25~50 μm
辐射热测量仪	4.5~100 μm
反照率	0.3~2.7 μm
火星奥德赛	
热辐射成像系统	
红外	6.62, 7.78, 8.56, 9.30, 10.11, 11.03
	11.78, 12.58, 14.96 μm
可见光	423, 553, 652, 751, 870 nm
火星快车	
矿物、水、冰川及其活动观测台	
近红外	1.0~5.2 μm
可见光	0.5~1.1 μm
行星傅里叶谱仪	1.2~5 μm
火星大气特征研究光谱学	
紫外	118~320 nm
红外	1.0~1.7 μm
火星勘察轨道器	
火星小型勘察成像光谱仪	0.362~3.92 μm

反射光谱学是遥感观测应用中的重要技术(Clark and Roush，1984)，但并不是

获取组分信息的唯一方法。火星奥德赛(MO)的伽马射线谱仪(GRS)系统由一台伽玛射线谱仪(GRS)、一台中子谱仪(NS)和一台高能中子探测器(HEND)组成(Boynton et al., 2004)。GRS 检测放射性元素如钾(K)、铀(U)、钍(Th)衰变所辐射的伽马射线以及非放射性元素如氯(Cl)、铁(Fe)、碳(C)与宇宙射线相互作用所产生的伽马射线。NS 和 HEND 检测宇宙射线与表面矿物相互作用辐射的热中子(<0.4eV)、超热中子(0.4~0.7MeV)和快中子(0.7~1.6MeV)。根据表面组分的不同,这些中子穿透火星表面时,或几乎不受影响,或被吸收。表面热中子、超热中子和快中子辐射通量的比较,可以确定火星表面约 1 米深度的组分。例如,火星表面的 H,在地球中以典型的 H_2O 的形式存在,吸收超热中子而不吸收热中子。干冰(CO_2)则既允许热中子也允许超热中子通过。因此,夏季火星极区低通量的超热中子和高通量的热中子意味着极冰中存在水冰,而不是干冰。

火星探路者(MPF)和火星探测巡视器系列(MER)上的巡视器都携带了α粒子X射线谱仪(APXS)用来测定火星表面岩石和土壤的元素组成(Rieder et al., 1997a, 2003)(图 4.6)。APXS 用放射性锔-244 辐射的阿尔法粒子和 X 射线轰击表面样品。阿尔法粒子被样品原子后向散射,其能量可诊断该原子,X 射线由样品在最初轰击产生的电离复合时发射,其能量也可用来诊断样品原子。该过程称为 X 射线荧光(海盗号着陆器上也携带了 X 射线荧光谱仪)。两项技术合成在一起,是因为阿尔法后向散射技术检测较轻元素如碳和氧有优势,而 X 射线荧光技术对较重的元素(比钠重的元素)灵敏。对于铁矿物的进一步勘查则是用 MER 上的穆斯堡尔谱仪,它用钴-57 源辐射的伽玛射线轰击样品,测量样品再辐射的伽玛射线量。(Klingelhofer et al., 2003)。

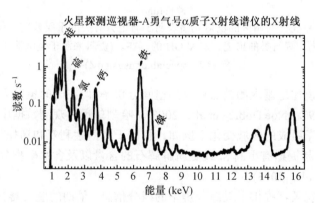

图 4.6 勇气号 APXS 数据展示了特定元素的辐射。该辐射谱中鉴定的元素已首先由 X 射线分析确定(图片 Image PIA05114,NASA/JPL/Max-Planck Institute for Chemistry)

4.3.2 火星壳组分的遥感观测

尽管地基望远镜观测波长范围有限而且分辨率相对较低,但最早提供了对火星壳组成的认知,并且可以对火星进行长期连续的监测(Singer, 1985; Bell et al., 1994; Erard, 2000)。图 4.7 给出了火星明亮区和阴暗区的反射谱。明亮区 0.3~0.75μm 谱段间反射率的增加归因于三价铁(Fe^{3+}),接近 0.86μm 处的轻度吸收也是如此。该波谱和以结晶形态出现的 Fe^{3+} 不同,使得早期被认为是像橙玄玻璃这样的无定形氧化铁(Singer, 1985)。阴暗区 0.75μm 处的波谱峰值指示二价铁(Fe^{2+}),表明这两个区域氧化作用的差别。在 1μm 附近的吸收谱说明有镁铁质(富铁镁的)矿物如辉石。在 1.4, 1.9 和 3.0μm 处的吸收被诊断为 OH 和 H_2O,暗示存在黏土。阴暗区呈现的微红色与表面薄层变性的镁铁矿物吻合。

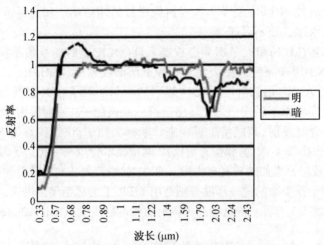

图 4.7 火星亮区对暗区的反射光谱表明了与组分有关的重要差别。包括铁氧化状态的变化、辉石类的出现、水和 OH 的存在。(资料来源于美国地质调查光谱实验室,speclab.cr.usgs.gov.)

哈勃望远镜比地基观测具有更高的空间分辨率,但在时间覆盖方面却受到限制(Bell et al., 1997; Noe Dobrea et al., 2003)。哈勃望远镜观测数据中色彩比率的变化揭示了火星壳组成的区域变化,例如,相比于阿西达利亚和乌托邦平原 (Bell et al., 1997),大瑟提斯有更高和/或更新鲜辉石的含量以及含水矿物分布的半球差别(Noe Dobrea et al., 2003)。

火星轨道航天器提供了最高分辨率的组分信息。早期的航天器,特别是福布斯 2 (Phobos 2)任务,对表面组成的变化有了一定的深入了解,但第一个完成整个火星表面详尽矿物学调查的是火星全球勘探者(MGS)上的热辐射光谱仪(TES),其在标称轨道高度 378km 的天底表面视场为 3.15km (Christensen et al., 2001a)。TES 谱主要测量火山物质,特别是玄武岩(Christensen et al., 2000a),与地基观测和哈勃望远镜观测结果一致。明亮区貌似由尘埃覆盖,下层基岩组成的信息很少(Bandfield, 2002)。阴暗区包含两种不同的矿物组分,这两种表面类型的界线接近半球的二分边界(Bandfield et al., 2000)。类型 1 在南半球阴暗区中占主要地位，而且显然是富斜长岩和单斜辉石的玄武岩(Bandfield et al., 2000; Mustard and Cooper, 2005)。类型 2 覆盖北半球的阴暗区，被认为是未蚀变的玄武安山岩或安山岩(Banfield et al., 2000)，或者是风化的玄武岩(Wyatt and McSween, 2002; McSween et al., 2003)。TES 发现了出露于子午高地、阿拉姆混杂地和散布于整个水手谷的结晶灰色赤铁矿(α-Fe_2O_3)露头，(图 4.8)，被认为是富铁水流体的化学沉淀物(Christensen et al., 2001b)。TES 还探测到了橄榄石(Hoefen et al., 2001b)和斜方辉石岩(Hamilton et al., 2003)的区域含量；没有发现富 CO_2 大气与昔日地表水相互作用的预期产物碳酸盐，同时也没识别出硫酸盐 (Christensen et al., 2001a; Bandfield, 2002)。

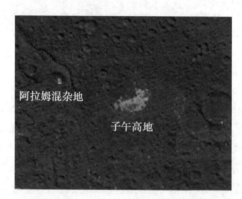

图 4.8 热辐射谱仪观察揭示的子午高原和阿拉姆混杂地粗粒结晶赤铁矿的光谱特征。子午的大型赤铁矿露头使机遇号选择了该区为着陆点。
(赤铁矿矿物学图蒙 ASU/TES 小组允准)

火星奥德赛上的热辐射成像系统(THEMIS)和火星快车的矿物、水、冰川及其活动观测台(OMGEA)光谱成像系统采用更高的频谱和空间分辨率 (THEMIS: 100m; OMEGA: 0.3~5km)，扩展了热辐射光谱仪的成果，发现了火星表面矿物更为多样化(Bibring et al., 2005, 2006; Christensen et al., 2005)。富橄榄石玄武岩出现于相隔很远的区域，包括：尼罗盘形火山、恒河深谷和阿瑞斯峡谷 (Christensen et al., 2005; Mustard et al., 2005)，橄榄石露头与一些撞击坑和撞击盆地有关(Mustard et al., 2005)。富石英和斜长岩的花岗类岩石出露于一些撞击坑的坑底和中心突起(Bandfield et al., 2004)。尽管火星表面大量由玄武岩组成，在一些小的区域，如大瑟提斯的尼利火山口，发现了高度演化的富硅熔岩(英安岩)(Christensen et al., 2005)。高钙单斜辉石类是低反照率火山区、深色沙子和陨坑溅出物的主要成分，低钙斜方辉石类出现在古地体中等亮度至明亮的露头中(Mustard et al., 2005)。含水矿物(黏土)，特别是层状硅酸盐，出现在很多更老的地形单元中(Bibring et al., 2005; Poulet et al., 2005)(图 4.9)。仍然没有探测到碳酸盐，但含水硫酸盐已经在北极区(Langevin et al., 2005a)和可能为沉积成因的层状沉积物(Gendrin et al., 2005)中探测到。

图 4.9　OMEGA 观察揭示了多种矿物的集中出露。马斯峡谷的景象显示了含水矿物的露头(暗色区域)

Bibring 等(2006)注意到了特定矿物成分的年龄相关,提出了一个基于矿物学的火星演化序列。他们的最早的纪(对应于 5.1 节的早中诺亚纪)经历了大量的水成蚀变作用,形成了古地形中所观测到的层状硅酸盐。Bibring 等(2006)参考层状硅酸盐一词将其称之为"层状硅酸盐纪(phyllosian)"。接着是"硫酸盐纪(theiikian)",以火星局部区域发现的形成硫沉积物的酸性水成蚀变过程为特征。Bibring 等(2006)提出,这一演化上的改变是接近诺亚纪末火山活动的增加造成的。硫酸盐纪从晚诺亚纪延伸通过早西方纪(early Hesperian),然后转入"氧化铁纪(siderikian)"。这一时期一直延续至现在,以全球性的长时期缺乏液态水为特征,以氧化铁的存在为证据。氧化铁纪(siderikian)的蚀变仅限于大气风化中的氧化作用和可能的霜与岩石间的相互作用。

火星壳的元素丰度资料来自伽马射线谱仪(GRS)分析。图 4.10 表示 H_2O 的分布,由表面 1m 深度内热、超热和快中子分析的 H 探测资料得出(Feldman et al. 2004a)。约 ±50° 向两极的区域展示了质量上相当于 20%~100% 的高度水富集。阿拉伯以及塔尔西斯、埃律西昂南部的高地区域含水质量上相当于 2%~10%,比其余高地区富集。高纬度的储层或许含有大量的水冰,但高 H 的赤道地区则可能由埋藏的水冰或含水矿物构成。

伽马射线谱仪还对整个火星表面的 Cl、Fe、K、Si 和 Th 分布进行了填图(Taylor et al., 2006)。氯非常活泼,会受到水作用的影响。塔尔西斯被发现大面积为高含量的 Cl 所覆盖,或许为火山放气作用侵位所致。东部塔尔西斯和大瑟提斯高原较老的火山区以及埃律西昂较年轻的火山作用显示了中等含量的 Cl、Fe 和 H 但低的 K、Si 和 Th。阿拉伯台地在高地区独树一帜,除了有高的 H 信号外,还展示了较高的 Th 含量。南部大多数高地 Si 和 Th 含量比 Cl、Fe、H 和 K 高，北部平原 Si、Fe、K 和 Th 高。元素含量和地质单元之间的相关性显示，元素分析将会为了解塑造火星表面的演化过程提供重要灵感。

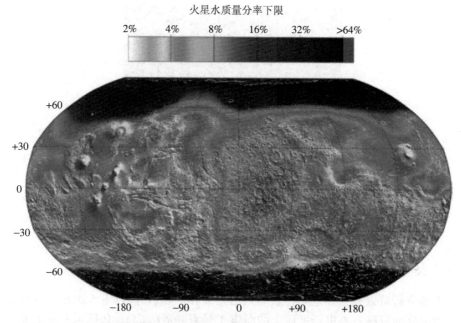

图 4.10　伽马射线谱仪(GRS)中子实验分析显示火星表面 1m 尺度水质量分数信息。该图表明两极附近水含量高，可能指示 1m 尺度内有水冰存在。赤道区所见高水含量可能由冰或含水矿物引起(NASA/MO-GRS/Los Alamos 国家实验室)(后附彩图)

4.3.3　火星陨石解析的火星壳组分

地球化学上，火星陨石被进一步划分为斜方辉石岩(ALH84001)、玄武质辉玻无球粒陨石、橄榄石斑状辉玻无球粒陨石、二辉橄榄质辉玻无球粒陨石(含斜长石橄榄岩)、富橄榄石辉橄无球粒陨石和纯橄榄岩(纯橄无球粒陨石)(2.2.3 节)(McSween et al.，2003)。ALH84001 采自火星早期的堆晶岩壳，其他火星陨石采自年轻的火山地区。所有火星陨石辉石含量都比长石高，与火星暗区热辐射光谱仪的结果相反。该结果曾让麦克斯温(McSween, 2002)认为 SNC 类 (辉玻无球粒陨石、辉橄无球粒陨石和纯橄无球粒陨石)源于尘埃覆盖的塔尔西斯和/或艾丽休姆年轻火山地区。如果此观点正确，SNC 类代表火星小区域的偏性样本，将 SNC 壳的结论外推至整个星球就未必正确。

舍高堤陨石间的差别被归结于早期壳层物质对岩浆的污染(Borg et al.，1997)。几个火星陨石中都已检测到了流体和岩石相互作用蚀变的产物。ALH84001 含有大量的碳酸盐(图 4.11)，它们由于卤水蒸发(Warren, 1998)或与水热流体反应(Romanek et al., 1994)沉积在岩石裂隙中。几个火星陨石中还发现了岩石和水相互作用蚀变的产物(Treiman et al., 1993, Bridges and Grady, 2000)。这些结果表明，火星陨石样品采集的壳层区主要由历史上与地下水和/或表面水作用的火山物质组成。

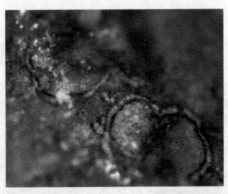

图 4.11 带细边的圆物体是 ALH84001 里发现的碳酸盐球粒。球粒直径约 200μm，由具镁碳酸盐边的富钙富铁碳酸盐组成(图像承蒙大英国家历史博物馆莫妮卡·格兰迪许可)

4.3.4 现场分析的火星壳组分

现场分析可以充分界定具体着陆点的元素和矿物组分。以下 5 次任务返回了火星表面组分的资料：克里斯平原上的海盗 1 号着陆器(VL1)、乌托邦平原上的海盗 2 号着陆器(VL2)、阿瑞斯峡谷冰水沉积物区的火星探路者(MPF)、古谢夫撞击坑火星探测巡视器 (MER)系列中的勇气号巡视器和子午高原火星探测巡视器系列中的机遇号巡视器(Opportunity Rover)。VL1, VL2 和 MPF 着陆于年轻、低海拔的北部平原，勇气号和机遇号则探测较老的区域。VL1 和 VL2 用 X 射线荧光谱仪对机器人手臂所能及之处的土壤进行了分析(Clark et al., 1977, 1982)。结果显示，Fe、S 和 Cl 的含量比地球陆地土壤高，但 Al 较低，说明镁铁质在变成超镁铁质岩石。两着陆点尽管相距 4500km，但土壤成分惊人地相似，可能源于大气尘埃的沉降。MPF、勇气号和机遇号采集的样尘与 VL1 和 VL2 观测到的成分类似，意味着全球性的尘暴使整个星球土壤均一化(Rieder et al., 1997b; Yen et al., 2005)。

对岩石进行分析 MPF 是首次，它利用 α 粒子 X 射线谱仪(APXS)能够识别低于 VL1 和 VL2 探测下限的元素。岩石为尘状 Fe^{3+} 膜以及风化壳所覆盖，使得其真实成分难以获得 (McSween et al., 1999; Morris et al., 2000)。MPF 分析的岩石似乎具有火星幔早期熔融期间拉斑玄武岩岩浆分馏形成的安山岩组分 (图 4.12)(McSween et al., 1999)。土壤组分与相邻岩石不严格协调，导致有人认为土壤是着陆点与安山岩派生物混合的玄武岩经水成蚀变的产物(Bell et al., 2000)。

迄今，勇气号和机遇号已提供了火星表面矿物的最佳矿物学分析。小型热辐射光谱仪、α 粒子 X 射线谱仪以及穆斯堡尔谱仪的结合，加上磨除表面蚀变层的岩石研磨器(RAT-Rock Abrasion Tool)以及研究岩石和土壤结构的微观成像仪(MI)，已经对这两个着落点的地质演化有了深入的了解。

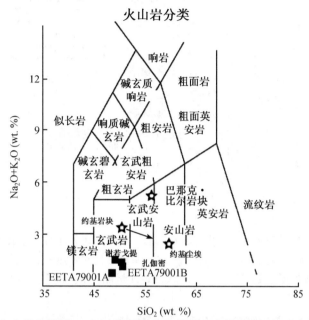

图 4.12 火山岩分类图。MPF 分析的几种岩石和尘埃(星号)以及一些火星陨石(方块)的组分示于该图。与偏于玄武岩的火星陨石相比，MPF 分析的岩石趋向于安山岩组分较多(NASA/JPL/MPF)

古谢夫撞击坑被选为勇气号的着落点是根据地貌分析其底板为古湖泊沉积所覆盖(Golombek et al., 2003)。任务开头的 157 个火星日，勇气号在着落点周围的平原上作业，发现古谢夫平原的岩石和土壤并非沉积成因，而是富橄榄石玄武岩流的衍生物(Christensen et al., 2004b；Gellert et al., 2004, 2006；McSween et al., 2004, 2006；Morris et al., 2004, 2006)，组分与橄榄石斑状辉玻无球粒陨石的类似，但与 MPF 着陆点研究的玄武质辉玻无球粒陨石和富安山质岩石的组分不同(图 4.13)。这意味着古谢夫平原的源岩浆产生于火星幔的很深处，未经历后续的分馏作用(McSween et al., 2006)。任务的第 157 个火星日，勇气号离开了上述火山平原，攀入称作哥伦比亚丘陵的抬升区(图 4.14)。该区岩石包括玄武岩、硫酸盐胶结的超镁铁沉积岩以及成分不一的碎屑岩(Squyres et al., 2006)。哥伦比亚丘陵岩石显示了不同程度的水成蚀变，许多似乎为蚀变的撞击坑喷溅沉积。勇气号的轮子揭示，含盐量高的明亮物质位于红色尘埃之下(图 4.15)。Squyres 等(2006)提出，这些沉积的最早历史以撞击事件和大量的水为主，马阿迪姆峡谷洪水泛滥(流入古谢夫撞击坑)把沙子搬运至该地区，后来生成观测到的砂岩。水最终蒸发，这些物质先于覆盖周围平原的玄武岩溢流被抬升。哥伦比亚丘陵区在以寒冷、干燥条件为主的近代经历了有限的地质活动。

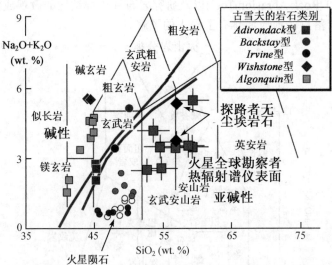

图 4.13 勇气号调查的古谢夫撞击坑岩石,显示火山岩组分从玄武岩至安山岩范围宽广。其中包括 MPF 分析的岩石和火星环球勘测者热辐射光谱仪的遥感数据供比较(NASA/JPL-加州理工学院/田纳西大学)

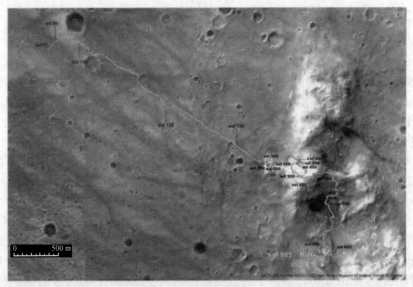

图 4.14 勇气号从古谢夫撞击坑底的着陆点向上横穿至哥伦比亚丘陵。该图展示了巡视器自 2004 年 2 月 3 日着陆、在哥伦比亚丘陵内攀爬、直至 2006 年 11 月 22 日位置的穿越路径(NASA/JPL/康奈尔/MSSS/USGS/新墨西哥自然历史和科学博物馆)

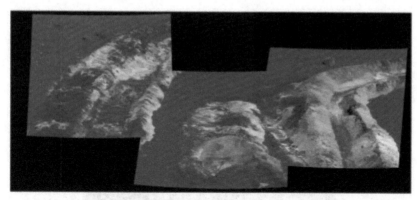

图4.15 勇气号轮子移动时在细粒火星土壤中掘出沟槽。该图显示的是巡视器前往麦库尔山时向后观察，哥伦比亚丘陵内的轨迹。沟槽展现较暗表面尘埃之下的明亮物质。勇气号穿越路径上多处出露的明亮物质的组分分析表明其含盐，暗示过去该区有水的活动(NASA/JPL-加州理工学院/田纳西大学)

机遇号降落于子午高原，它是热辐射光谱仪探测到最大灰色结晶赤铁矿(α-Fe_2O_3)露头(Golombek et al.，2003)。机遇号巡视器几乎立刻就发现了该区域曾存在水的证据(Squyres et al.，2004c)。20m 直径的伊格尔撞击坑的壁(机遇号着陆其中)出现指示沉积作用的交错层理和波纹样式(图4.16)。该区域独特的组分标志为岩石中发现的点缀于岩石表面的富赤铁矿球粒(因其嵌于沉积岩内像松饼中的蓝莓，故绰号"蓝莓")。地球上，类似于子午球粒的赤铁矿结核是与氧化性地下水混合的富铁流体的沉淀物(Chan et al.，2004)，火星上也许会出现相似的过程(Morris et al.，2005)。岩石中空的凹坑，称作晶洞，可能是岩石中形成的岩晶后期脱落或溶解留下的印模(图4.17)(Herkenhoff et al.，2004)。组分分析发现，该区的大多数细粒物质为玄武岩所派生。岩石中多种盐类(Cl, Br, S)(图4.18)(Rieder et al.，2004)和包

图4.16 机遇号微观成像仪摄取的赤铁矿球粒("蓝莓")和伊格尔撞击坑上谷段壁上不水平层理。波纹样式可能由水流所产生。赤铁矿球粒可能为富铁的水沉淀而来(NASA/JPL/康奈尔大学/USGS)

图 4.17 机遇号微观成像仪揭示的一块名为酋长岩内的凹坑。这些凹坑称作晶洞，是原先形成于岩石中的盐晶后期溶解或脱落留下的印模(NASA/JPL/USGS)

括黄钾铁矾($NaFe_3(SO_4)_2(OH)_6$)在内的硫矿物含量高(Klingelhofer et al., 2004)。机遇号穿越子午高原的过程中在较大的撞击坑边发现了相似的矿物成分(图 4.19)，科学家们由此得出结论，子午高原过去曾是一个酸性咸水海的主要区域。水环境中酸性硫酸盐的风化可以解释子午高原所遇到的矿物学问题(Golden et al., 2005)。

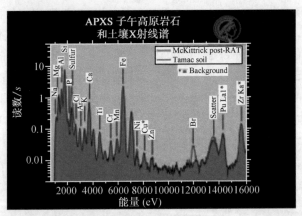

图 4.18 α粒子 X 射线谱仪分析揭示伊格尔撞击坑出露的岩石具有高的盐和硫含量。从岩石表面至内部含量往往增加，表明盐是岩石形成期间混入而不是后期风化作用所成，表面子午高原曾为盐海所覆盖(NASA/JPL/康奈尔大学/马克斯-普朗克学院)

4.3.5 火星壳组分总结

遥感、火星陨石分析和着陆现场研究都表明火星上以富铁的火山物质为

第四章 表面特征

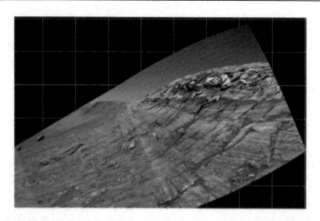

图 4.19 机遇号下坡进入坚忍撞击坑的半道上,调查沿称作伯恩斯峭壁出露的岩层。坚忍撞击坑比机遇号着陆的伊格尔撞击坑大且深,表明成就伊格尔撞击坑特征的盐水海存在了较长的时间(NASA/JPL)

主。尘埃覆盖的明亮区的组分难以确定,但氧化铁的存在说明它们许多是富铁火山物质的风化物。低反照率区可以进一步划分为玄武岩(南部高地)和安山岩(北部平原)。安山岩物质可以是玄武岩浆房内经分馏所形成的演化了的岩浆,或者是玄武岩物质风化的产物。古地体内存在的层状硅酸盐以及勇气号和机遇号巡视器获得的火星表面证据证明,火星早期历史上富水。近诺亚纪晚期,强烈火山活动与表面水的相互作用导致形成热辐射光谱仪、热辐射成像系统(THEMIS)、矿物、水、冰川及其活动观测台(OMEGA)和机遇号所探测到的表面沉积。酸性硫酸盐风化至少在子午高原内、甚或在大部分火星上起主导作用。这可以诠释表面探测到的碳酸盐缺失,因为碳酸盐在酸性风化作用条件下易分解。水过程中迅速蚀变的橄榄石类矿物的存在表明,过去约30亿年,火星的风化作用主要是在干燥条件下进行的,表面水活动仅限于局部地区。5个着陆点,混入土壤的尘埃的组分都相似,可能是全球尘暴的均一化作用所致。

4.4 表面物质的物理特征

火星的颜色和反照率变化不仅取决于组分而且取决于粒度。地球物质是根据尺度分类的,从尘埃至岩石(表4.2)。火星物质被细分为岩石(中砾、粗砾和更大的物质)、漂移动物(细粒和黏性物质,主要由黏土级的颗粒组成)、壳状至块状物质(盐弱胶结的黏土级颗粒)和块状物质(由盐强胶结的沙粒级和更小的颗粒组成)(Moore and Jakosky,1989)。具体部位表面物质的尺度取决于在该区起作用的地质过程,基岩被破碎为岩石,再被风化成更小的物质。

风化作用分为物理风化作用和化学风化作用。物理风化作用是较大的物质成为小碎块的机械破坏。譬如，水渗入岩石裂隙，后冻结膨胀，膨胀时施加在岩石上的力最终使岩石破裂成较小的碎块。化学风化作用是一种矿物成为另一种矿物的蚀变作用，往往使维持岩石一体的化学键变弱。化学风化作用还包括矿物的溶解作用。因此，机遇号着陆点岩石中所见到的晶洞说明有盐晶体的溶解，即，发生了化学风化作用。

表 4.2 小颗粒粒级表

直径/mm	颗粒
<0.0004	黏土
0.0004 ~ 0.00625	粉沙
0.00625 ~ 0.125	极细沙
0.125 ~ 0.25	细沙
0.25 ~ 0.5	中沙
0.5 ~ 1.0	粗沙
1.0 ~ 2.0	极粗沙
2.0 ~ 4.0	细砾
4.0 ~ 64	中砾
64 ~ 256	粗砾

4.4.1 风化层

图 4.20 火星壳的理想剖面。上层为碎裂喷溅物、熔岩流、沉积物和风化物组成的风化层，中部为地质过程如撞击坑作用所成的破裂基底。在一定深度，上覆压力足以大到使物质产生自压实作用(据 Clifford，1993)

表面最上一层由风化作用产生的碎裂物组成，称作风化层。虽然地球地质学家强调生物活动是"土壤"混合过程和组分的一个重要部分，"风化层"和"土壤"两术语仍常常在行星研究中交互使用。通常认为碎裂物/碎屑尺寸随着深度而增加。火星风化物可能含有土壤和冰的混合物，尤其在较高的纬度上。火星风化层横剖面的可能情况示于图 4.20。

火星风化层的颜色包括鲜红色的尘埃至较暗红色和灰色的物质。颜色的差异主要是由于铁矿物成分、蚀变程度、粒度和形态的变化。迄今勘察到的最暗着陆点是子午高原(反照率约 0.12)，大部分为富铁玄武岩成分的细沙($\leqslant 150\mu m$)和赤铁矿球粒所覆盖(图 4.21)。可能因为风的吹蚀作用使得深色松散物滞留沉积在表面，子午高原尘埃少于其他着陆点(Soderblom et al.,2004)。巡视器轮子挖掘的沟槽显示，许多地方，暗色的表层下伏反照率较高的土壤(图 4.15)。机遇号穿越子午高原遇到的小沙丘和移动物的顶部覆盖着毫米尺度的磨圆细砾。

图 4.21 机遇号穿越过程中遇到了几个沙丘和移动物区。导航相机成像表示厄瑞玻斯撞击坑内风成的暗色移动物(NASA/JPL/加州理工学院/康奈尔)

与其相比，勇气号在古谢夫撞击坑着陆点的风化层通常由 5 种成分组成(Greeley et al.，2006)。最顶层是薄的(<1mm)大气沉降的尘埃沉积，其下是粗沙和细砾滞留沉积，再下面是一层尺寸大于几毫米的次棱角状的碎裂物，然后是几毫米厚的黏性壳层("硬壳")，暗色的土壤层构成风化层的底部。尽管 VL1 和火星探路者着陆点显示细粒的移动物比 VL2 或古谢夫的多，但古谢夫撞击坑风化层总的特征还是与火星探路者(Moore et al.，1999)和海盗号 (Moore and Jakosky，1989)着陆点风化层有许多相同。火星上像土壤的沉积物与地球上中等密度的土壤相似。表 4.3 列出了三个巡视器着陆点土壤的一些力学性质。

表 4.3 三个巡视器着陆点土壤的性质

	火星探路者 [a]	勇气号 [b]	机遇号 [c]
摩擦角	30° ~ 40°	约 20°	约 20°
承压强度		5 ~ 200kPa	约 80kPa
黏度	0 ~ 0.42kPa	1 ~ 15kPa	1 ~ 5kPa
安息角	32.4° ~ 38.3°	达 65°	>30°
体密度	1285 ~ 1581kgm^{-3}	1200 ~ 1500kgm^{-3}	约 1300kgm^{-3}
磨蚀能密度		11 ~ 166Jmm^{-3}	0.45 ~ 7.3Jmm^{-3}

a：Moore et al.(1999)；b：Arvidson et al.(2004a)；c：Arvidson et al.(2004b)

五个着陆器都携带了研究火星风化层磁性的实验设备。海盗号着陆器携带的磁铁，两块缚于取样臂上，以便可以直接没入土中。磁铁磁场强度分别为 0.25 和 0.07

特斯拉(T)。第三块磁场强度为 0.25T 的磁铁缚于着陆器上，被动地暴露于大气尘埃中。所有的磁铁都吸附了磁性颗粒，取样臂的磁铁没入土壤中后基本上为磁性粒子所饱和(Hargraves et al., 1977, 1979)。海盗号的分析表明，这些粒子，可能是一种铁磁性氧化物，磁化强度在 1～7Am²(kg 土壤)⁻¹ 之间。

火星探路者携带 10 块磁铁，分布于着陆器上的两个天线阵之间。这些磁铁的磁场强度范围为 0.011～0.280T(Madson et al., 1999)。磁铁被动地收集大气尘埃，实验结果与海盗号着陆器的尘埃实验结果类似(4.3.3 节)。二者的结果表明，火星土壤和尘埃肯定含有大约 2%重量的铁磁性矿物，可能是磁赤铁矿(γ-Fe_2O_3)或磁赤铁矿为首要组分的磁铁矿(Fe_3O_4)。

勇气号和机遇号每个都携带了 7 块磁铁，其中的 4 块集成于岩石研磨器中，两块安放于巡视器前缘全景相机护罩附近，一块置于太阳能电池板上(Bertelsen et al., 2004)。岩石研磨器上的 3 块磁铁对土壤和岩石中的磁性粒子进行了分析，得出磁场强度为 0.28, 0.10 和 0.07T。全景相机附近的捕捉磁铁(0.46T)和过滤磁铁(0.2T)以及太阳能电池板上的扫描磁铁(0.42T)吸引磁化尘粒。结合磁性和穆斯堡尔谱分析表明，磁铁矿是最可能的磁性携带者，而不是海盗号分析所认为的磁赤铁矿(Bertelsen et al., 2004)。

4.4.2 热惯性和岩石丰度

海盗号红外热填图仪(IRTM)、火星全球勘测者热辐射光谱仪(TES)火星奥德赛热辐射成像系统(THEMIS)和火星探测巡视器小型热辐射光谱仪(Mini-TES)的实验，通过测量风化层的热物理性能，提供了对整个火星表面粒度变化的深入认识。表面物质的热惯性支配着表面对太阳热作用的日常热响应。吸收太阳辐射的表面温度为平衡温度(T_{eq})，可以利用平衡星体的吸收辐射(F_{in})和发射辐射(F_{out})来计算。F_{in} 为行星暴露于太阳辐射的表面积吸收的太阳辐射通量：

$$F_{in} = (1 - A_b)\left(\frac{L_{solar}}{4\pi r^2}\right)\pi R^2 \quad (4.6)$$

这里 A_b 为邦德反照率(方程 4.3 和 4.4)，是行星表面反射辐射量的度量。从而，吸收的辐射量为 $(1 - A_b)$。对一个半径为 R、距离太阳为 r 的星体，方程(4.6)余量是太阳光照下的半球接收到的辐射量。该方程与方程 (4.2) 等效。一个火星一样快速旋转的行星整个表面再辐射吸收到的能量，那么，自行星发射的辐射为：

$$F_{out} = 4\pi R^2 \varepsilon \sigma T_{eq}^4 \quad (4.7)$$

黑体辐射与黑体的表面温度成正比，由斯蒂芬-波尔兹曼定律给出：

$$F = \sigma T_{eq}^4 \quad (4.8)$$

斯蒂芬-波尔兹曼定律常数 $\sigma = 5.6705 \times 10^{-8}\ \text{Wm}^{-2}\text{K}^{-4}$。所以，方程 (4.7) 为行星表面积 ($4\pi R^2$) 和行星表面辐射 ($\sigma T_{\text{eq}}^4$) 的积。由于行星并非理想黑体，我们还必须包含发射率(比辐射率)(ε)，它是物体接近黑体辐射(黑体的 $\varepsilon=1$)程度的度量。对处于热平衡状态的星体，$F_{\text{in}} = F_{\text{out}}$，我们得到 T_{eq} 的关系式：

$$T_{\text{eq}} = (1 - A_{\text{b}})\left(\frac{L_{\text{solar}}}{16\pi r^2 \varepsilon \sigma}\right) \tag{4.9}$$

注意：T_{eq} 仅取决于行星至日心的距离(r)、A_{b} 和 ε，与行星大小(R)无关。观测温度(有效温度 T_{ef})往往高于 T_{eq}，在地球与火星，是因为大气温室变暖效应(6.1 节)。

白天阳光给火星表面的物质加热，但夜晚该热量又被再辐射出去。大的岩石体积表面积比(V/A)较大，因而保存热比像沙子这样较小的物质要久。物质保存热的这种能力(热惯性，I)与物质的热导率(K_T)、密度(ρ)和比热(c_p)有关：

$$I = \sqrt{K_T \rho c_p} \tag{4.10}$$

对组成地球表面的多数地质材料，ρ 值大约有 4 倍的变化，c_p 只有约 10%~20%。I 的最大变化来自 K_T，可达 3 个数量级(Christensen and Moore，1992)。孔隙度、黏度和粒度是 K_T 变化的主要贡献者，对特定的地区而言，是对 I 起支配作用的因素。小的颗粒，如尘埃和沙子，I 值低，而较高的 I 对应于岩石较多的地方。热惯性对次表面热波(周期为 P)的穿透深度敏感。该深度为热趋肤深度(δ)：

$$\delta \equiv \sqrt{\frac{K_T P}{\rho c_p \pi}} = \frac{I}{\rho c_p}\sqrt{\frac{P}{\pi}} \tag{4.11}$$

热辐射光谱仪观测获得的频谱和热辐射亮温被用于计算整个火星表面的 I 变化(Jakosky et al.，2000；Mellon et al.，2000；Putzig et al.，2005)。图 4.22 为根据夜间观测资料算出的 I 全球变化，整个火星表面 I 值在 24~800 $\text{Jm}^{-2}\text{K}^{-1}\text{s}^{-1/2}$ 之间。低 I 值一般与高反照率区有关，说明这些区域为尘埃所覆盖。虽然北极附近 I 值明显高是近黄昏温度变化大时测量产生的假象，但 I 值较高的地区都是岩石较多的。高 I 常常与低反照率有关，被解释为粗粒沉积物、岩石和基岩出露的区域。高 I 和中等反照率构成第三类区域，被理解为岩石和基岩露头点缀的硬壳层所覆盖的表面(Mellon et al.，2000；Putzig et al.，2005)。

高 I 通常解释为尺度 $\geq 0.1\sim 0.15\text{m}$ 岩石较多的表面，所以，I 可以用来估计全球岩石的丰度(Christensen，1986)。表面的岩石丰度从 1%至大约 35%的最大值，6%最常见。将预测的岩石丰度与 5 个着陆点的实际值进行比较，二者通常一致(如，Golombek et al.，1999b，2006)(图 4.23)。岩石的尺寸-频率分布(SFD)符合简单的指数曲线，与根据岩石破裂和破碎作用所推测的分布相符(Golombek and Rapp，1997)。

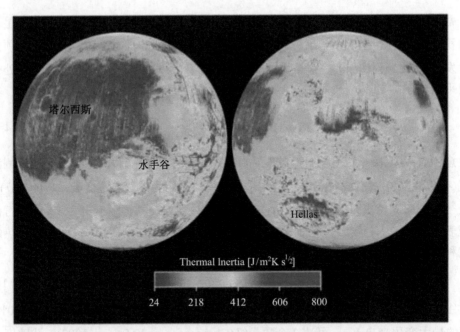

图 4.22 热惯量提供了整个火星粒度的信息。该图源于热辐射光谱仪(TES)数据，显示了整个火星热惯量的变化。低热惯量区，如塔尔西斯，为尘埃所覆盖，而高热惯量区，如水手谷和希腊撞击坑边缘，岩石丰度高(后附彩图)

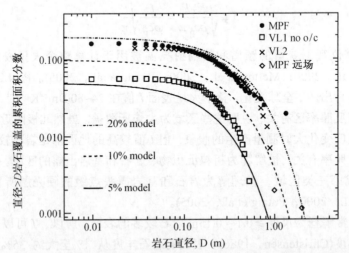

图 4.23 根据热惯性估算的岩石丰度与海盗 1 号着陆器、海盗 2 号着陆器和火星探路者着陆点观测到的岩石丰度比较。火星探路者着陆点的岩石丰度与发射前的预测结果一致(经美国地球物理学会允许重印；Golombek et al., 1999b。1999 年版权)

4.4.3 尘埃

五个着陆点,尘埃构成了火星土壤实质的一部分,包裹了大部分岩石。风常常把尘埃抛入大气,搬运至整个星球。局部、区域和全球的尘暴(6.3.2 节)是尘埃输运的明证。但尘卷风(图 4.24)(Greeley et al., 2006)和大气尘埃(Smith et al., 2000)的观测表明,细小颗粒的输运是连续不断发生的。估计典型的尘埃颗粒直径 $< 40 \mu m$,由氧化铁组成。

图 4.24 勇气号的导航相机已多次捕捉到穿越古谢夫撞击坑底的尘卷风。图示尘卷风发生于勇气号任务的第 486 个火星日,距巡视器的位置约 1km(图片 PIA07253,NASA/JPL)

大气沉积尘埃黏附于火星探路者和火星探测巡视器被动磁铁之上,表明尘埃含有和土壤类似的磁性组分(4.3.2 节)。尘埃的全球均一化意味着任意位置组分相似。火星探路者和火星探测巡视器的磁性研究显示,大气尘埃的饱和磁化强度为 $2 \sim 4 Am^2(kg 土壤)^{-1}$(Hviid et al., 1977;Bertelsen et al., 2004)。该磁化强度对磁赤铁矿粒子而言过高,因而研究者们提出磁铁矿是尘埃中的主导磁性相(Bertelsen et al., 2004),与穆斯堡尔结果揭示的组分吻合。

大气搬运作用使尘埃因碰撞带上静电,尤其是在尘暴和尘卷风中(Ferguson et al., 1999;Zhai et al., 2006)。火星尘卷风中没有观测到放电(Krauss et al., 2006),巡视器轮子上尘埃的积累应归因于静电充电作用。Ferguson 等(1999)根据穿越过程中尘埃的积累,估算火星探路者的旅居者号巡视器的轮子获得了约 $60 \sim 80V$ 的充电电压。旅居者号巡视器轮子的磨蚀表明火星尘的摩氏硬度为 4.3,与铂类似(Ferguson et al., 1999)。

第五章 地　　质

固体天体表面一般受地质作用影响。虽然行星地质学家对这些天体的地质和热演化过程仍然存在诸多的争议,但可以通过已经掌握的地球科学知识来研究现代行星表面特征,了解这些特征与不同地质作用过程之间的关系。

地质作用可以分为内部和外部作用两个过程。内部作用过程来源于天体的内部,主要包括火山活动、板块活动以及块体运动(由行星重力引起)。外部作用过程来自星球内部以外的作用,包括撞击作用、风蚀作用、水蚀作用以及冰川侵蚀作用。在火星上,可在不同范围内见到这些地质作用过程。

5.1 地质研究的背景知识与技术方法简介

5.1.1 岩石和矿物

了解行星地质演化历史,必须采用一定的技术方法来反演这些地质作用过程留下的记录。火星等固体天体由岩石组成,这些岩石是由矿物组成。矿物是天然形成的物质,有特定的化学成分,可能是单个元素组成,也可能是两个或以上元素组成的化合物,矿物通常有固定的晶体结构,当晶体结构改变时,化学成分相同的物质,也可能形成不同的矿物。

岩石是由一定量的矿物组成。一种岩石可能是由单个矿物组成,也可能是由不同矿物形成的混合物。火成岩是由熔融物质固化形成,这些熔融物质在地表以下时为岩浆,而当岩浆喷发到行星表面时为熔岩。侵入的岩浆岩在地表以下冷却速度慢,因此岩石具有全晶质结构,而喷发到行星表面的熔岩冷却速度明显比侵入岩浆快,因此形成的岩石具有微晶或隐晶质结构。

沉积岩主要是由其他类型的岩石小碎块组成,这些碎块主要由风化作用形成。变质岩是由原始岩石经过温压的变化,使源岩在非熔融的状态下性质发生变化形成的岩石。不同类型岩石之间可以相互转换(图 5.1)。

5.1.2 地层学技术

地层学是地质学家认识地质记录的一个最基本的方法。地层分析法第一次是由尼古拉斯·思迪诺(Nicolaus Steno)在 1669 年建立的,认为最新发生地质事件的沉积物将覆盖在先前存在的岩石或土壤层顶部。最老地层埋藏于最深的部位,而最新的地层位于表层,这就是重叠的基本方法。通过分析岩层的基本地层序列,地质学家可以确定形成这些岩层的地质作用过程及相对年代。

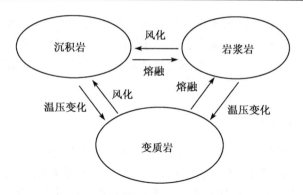

图 5.1　岩浆岩、沉积岩和变质岩之间转换模式

在重叠地层法中常采用横切地层法来研究地质事件的相对年代。横切地层法是用相对比较新的地层切割老地层。横切地层常见于构造、流体以及冰川作用的过程中，在一些老地形上形成峡谷和河道。后期地质活动的物质常充填到先前形成的地形中，因此在峡谷壁或公路旁的悬崖上，常见后期形成的沉积物或岩浆堆积物充填古老的河道。

重叠和横切是地层学研究地球最主要的两种技术。在研究地球方面有很多优势条件，比如可以在实验室中分析岩石，通过测定岩浆岩中一些放射性元素，采用地质年代学技术获得岩石的绝对年龄。如果没有可以用来定年的岩石，通过岩石的地层位置，地质学家采用相对年代学法获得岩石的相对年龄。绝对定年能够提供地质事件发生的绝对年龄，而相对定年仅能确定地质事件发生的时间早于或晚于某个地质事件。

图 5.2　亚利桑那(Arizona)大峡谷出露的地层叠加，老地层位于新地层下

第三种地层学技术常用于确定太阳系固体天体地层形成年代。由于这些天体用于定年的样品稀缺，行星地质学家用撞击坑的数量和密度确定地层的相对年龄，并

最终估算绝对年龄。撞击坑的密度是指每个单元区域内撞击坑的累计数量，一般指面积为 $10^6 km^2$ 范围内，大于或等于某一直径撞击坑的数量。在整个太阳系演化历史中，固体行星表面遭受撞击的概率与地层形成年代有关，老地层比新地层的撞击坑密度大。

5.1.3 撞击坑统计分析

获得撞击坑年代信息的方法是分析撞击坑尺度分布频率(Size-frequency distributions, SFDs；撞击坑分析技术组，1979)。SFDs 是将撞击坑分布频率和撞击坑直径建立的函数关系。SFD 分析的基本假设是增量的分布可用幂函数来近似：

$$N = KD^{-\alpha} \tag{5.1}$$

N 指直径为 D 或大于 D 撞击坑的数量，K 是常数，与撞击坑的密度有关，α 是幂函数的斜率(也称为种群指数)。图 5.3a 是 SFD 累积，增量分布的一个例子，是单位区域等于或大于某一直径撞击坑数量与撞击坑直径之间对数关系图。偏差可以通过下面公式计算：

$$\pm \sigma = C \pm \frac{C}{\sqrt{N}} \tag{5.2}$$

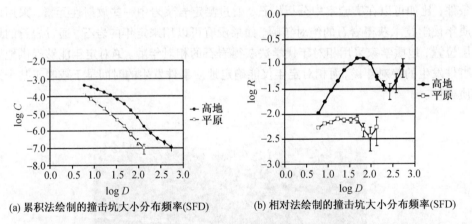

(a) 累积法绘制的撞击坑大小分布频率(SFD)　　(b) 相对法绘制的撞击坑大小分布频率(SFD)

图 5.3　采用累积和相对法绘制的撞击坑大小-频率分布(SFD)。(a) 火星高地和北部平原区的累积 SFD；(b)与(a)同一地区的相对 SFD。相对法绘制的曲线有明显的不同。

撞击坑直径在 5~8km 的 SFDs 斜率接近-2，在年轻的表面斜率更接近-2。负斜率表明小直径撞击坑密度比大直径撞击坑大。图上不同表面区域的 SFDs 值根据撞击坑密度上下变化，高密度撞击坑位于低密度撞击坑上。因此，可以通过分析两个不同区域的 SFDs 在图上相对位置判别地层形成的相对年龄，图上位置高的区域比位置低的区域形成年代早。累积函数图表明，所有地质单元的 SFDs 可用幂函数近似，所有不同直径的撞击坑的 SFDs 斜率为–2。然而这种的特性可能与绘图技术有一定的关系，由于该方法的累积特性，使得一定直径区域内撞击坑的分布频率更平滑。

相对绘图或 R 绘图技术可以克服累积绘图带来的平滑问题。R 绘图技术是一种微分绘图模式(撞击坑分析技术组，1979)。

$$dN = CD^{-\beta}dD \tag{5.3}$$

dN 指直径在 dD 范围内撞击坑的数量，D 指这个区间撞击坑直径的平均值，C 是常数，β 指数量指数的微分。由于等式是由公式 5.1 经微分变化而来，因此 $\beta = a + 1$。R 绘图法与累积绘图法主要有两点不同：(1) 只包括特定尺度范围内的撞击坑数量，不会像累积法那样减少频率变化；(2) 使曲线斜率归一为–3(累积法的斜率为–2)。直径范围的大小 dD(步长)，一般设定增量为 $\sqrt{2}$，因此 dD 可能是 $2\sim2\sqrt{2}$ km(=2.8km)，下一个步长为 $2.8\sim2.8\sqrt{2}$ km (=4.0km)，如此类推。相对绘图法将平均直径步长作为横轴，归一化的 R 值作为纵轴，绘制 log-log 图。R 的表达式如下：

$$R = \frac{\overline{D}^3 N}{A(D_b - D_a)} \tag{5.4}$$

N 指直径为 D_a(步长的下限)到 D_b(步长的上限，$D_b = D_a\sqrt{2}$)撞击坑数量，$\overline{D}$ 指步长范围内直径的平均值($\overline{D} = \sqrt{D_a D_b}$)，$A$ 指统计撞击坑区域的面积。SFDs 如采用–2 斜率的累积分布模式，在 R 图上为水平线，如果采用其他的斜率，将绘制成斜线。采用下面公式计算偏差：

$$\pm\sigma = R \pm \left(\frac{R}{\sqrt{N}}\right) \tag{5.5}$$

图 5.3b 为 R 绘图，旁边是相同区域的累积撞击坑分布图。下曲线(年轻的区域)在 R 绘图上接近水平，斜率与累积法相近为–2。然而，单一斜率的幂函数与上曲线不一致。上曲线代表的月球、水星和火星遭受强烈撞击区域的 SFDs，而下曲线代表月海以及火星北部平原区域的 SFDs。

第三种撞击坑绘图法是将累积法与相对法联合，是对数增加的 SFD，最初由 W.Hartmann 及同事采用此法分析撞击坑(Hartmann, 2005)。在此绘图法中，区域单位面积内某一直径区间撞击坑的数量为纵坐标，而撞击坑直径为横坐标(图 5.4)。此绘图法与 R 绘图法类似，但结果未归一到斜率等于–3。

关于高地区域 SFD 曲线有多个斜率的原因存在很大争议。一种观点认为，这种曲线代表撞击坑达到"饱和"的区域的 SFD (Hartmann, 1984, 1997)。"饱和"指表面覆盖了大量的撞击坑，以致任何新的撞击可以抹除原来存在的一个撞击坑，使撞

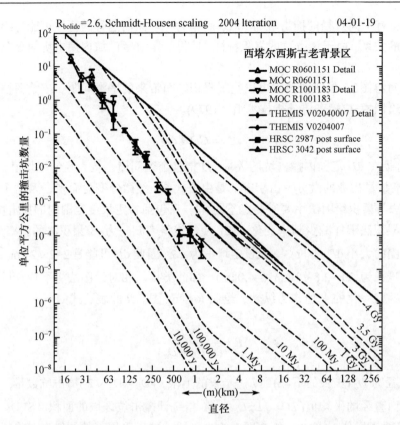

图 5.4 根据撞击坑密度获得表面绝对年龄的等时线图。图上撞击坑位于塔尔西斯西部某区域,说明该表面形成于 1 亿年前。(感谢行星科学研究所 William Hartmann 允许引用此图)

击坑的密度接近常数。因此从"饱和"的表面得不到任何年龄的信息(除了"非常老"之外)。一些形成年代比较老的区域,经常会出现某一直径范围内(特别是小直径范围)撞击坑"饱和",而其他直径范围的撞击坑未达到"饱和"。观察发现,月球东方盆地底部以及火星脊状平原撞击坑没有达到"饱和",撞击坑密度比遭受重撞击的区域小,但仍显示出多斜率的曲线形态(Barlow, 1988; Strom et al., 1992)。

第二种解释是高地出现多斜率曲线是侵蚀作用破坏小撞击坑,使小直径撞击坑分布曲线的斜率发生改变。尽管侵蚀作用能影响 SFDs,但不能完全解释直径在 5~70km 撞击坑频率减少的问题。月球、水星和火星表面高密度撞击坑区域都出现相同的多斜率曲线,但是这三个天体经历了差别很大的毁灭历史。另外,在火星某些高密度撞击坑的区域,相对新鲜小直径撞击坑(那些仍保留着溅射覆盖物的撞击坑,按定义,新鲜撞击坑尚未经历太多侵蚀)的 SFDs 斜率下降(Barlow, 1990)。

不同大小撞击坑频率说明有两类重要的撞击成坑作用,它们具有不同的尺度-

频率分布。一类撞击坑出现多斜率的曲线表示这些区域形成于晚期重大撞击(Late Heavy Bombardment, LHB)时期，而另一类撞击坑的频率分布表现为平坦，表明该地区更年轻。目前在内太阳系的撞击体数据主要是根据小行星和部分彗星(Bottke et al., 2002)，内太阳系天体撞击坑的 SFD 与小行星的 SFD 一致(Bottke et al., 2005)。LHB 撞击体可能来自由于外太阳系行星迁移而扰动的星子盘(Gomes et al., 2005)，尽管也有人说是主带小行(Strom et al., 2005)。如果 SFDs 反映了两类不同的撞击体，那么 LHB 都是中大撞击体，没有小的物体，比对现在的小行星 SFD。不同种类撞击理论表明，SFD 曲线不仅可以指出撞击坑密度和不同地形单元形成的相对年龄，同时也能阐明撞击坑是形成于 LHB 之间或之后。采用这种方法研究火星，表明，约60%的火星表面形成于 LHB 期间，而 40%的表面形成于更新的时期(Barlow, 1988)。

当单位区域撞击坑的数量达到最大时，用撞击坑统计技术可以提供最精确的年代信息，因此可以减少不确定度。当撞击坑直径大于 5km 时，就需要在更大区域范围内采用撞击坑统计技术使统计结果可信。在大范围区域内，地质单元很少呈现一致性，因此得到的最后年龄信息是多个地质单元形成年龄的平均值。行星地质学家常采用直径小于 5km 的撞击坑作为小区域范围撞击频率统计单位(Hartmann et al., 1999; Neukum et al., 2004)。

从小撞击坑计数获得的年代信息受两个作用过程影响。一种是侵蚀作用，主要是破坏小撞击坑，使被侵蚀的表面年龄估值降低。另外一种是次级撞击坑污染，使得 直径≤1km 的 SFD 变陡。次级撞击坑是小撞击坑，是由形成大撞击坑时的溅射物撞击形成。次级撞击坑群和靠近主撞击坑的次级坑("明显次级")很容易识别，但区分远离的次级撞击坑和小的主撞击坑很困难。如果将次级撞击坑计入，撞击坑的密度就会变大，使表面年龄增加。有些研究者认为次级撞击坑对 SFD 影响很小，因为撞击溅射石块的破碎和研磨作用可以消除最小半价范围内的物质(Werner et al., 2006)。Hartmann(2005) 认为 SFD 是由初级和远距离次级撞击坑综合分析的结果，随着时间的增加逼近初级撞击坑的 SFD。撞击坑族群分析表明，欧罗帕(Europa，木卫二)表面小撞击坑主要是次级撞击坑，这种结果可以应用于太阳系其他天体(Bierhaus et al., 2005)。火星直径 10km 的阻尼尔撞击坑的次级坑从主坑向外辐射，延伸至 300 个坑半径范围外，且具有独特的热分布(McEwen et al., 2005)。广泛分布的阻尼尔次级坑，支持火星表面直径≤1km 的撞击坑为次级撞击坑这一观点。然而，次级撞击坑一般形成于年轻的熔岩平原，常伴随在土壤厚的大撞击坑附近(Hartmann and Barlow, 2006)。火星撞击坑观测结果表明，次级撞击坑一般位于非均匀分布的辐射线中心，说明次级坑并不是均匀地分布于整个星球表面。因此，采用小撞击坑分析年代信息有不确定性，需要综合考虑侵蚀作用和次级坑的影响(McEwen and Bierhaus, 2006)。

采用撞击坑统计分析法，可以估计表面单元形成的绝对年龄。阿波罗（Apollo）和鲁娜（Luna）样品的放射性定年，可建立样品结晶年龄与采样点附近撞击坑密度之间的关系。撞击坑密度和年龄关系图就是月球撞击坑年表(Lunar crater chronology, LCC)。采用 LCC 法，根据撞击坑密度，可以估算未采样的区域形成的绝对年龄。

LCC 法可以拓展到太阳系其他天体估算绝对年龄，但需要满足以下三个条件：(1) 撞击月球和其他天体的撞击体类型相同；(2) 月球和其他天体的 LHB 时间是已知的；(3)相对于月球，天体遭受撞击的流量是已知。月球和火星的 SFDs 相同，表明条件 1 是相同的。最近的数值模拟认为，LHB 是由外太阳系行星迁移扰动星子盘而形成的(Gomes et al., 2005)，表明 LHB 形成和结束时间对于内太阳系而言差不多同时，因此满足条件 2。月球和火星遭受撞击的频率比，可以通过撞击体的 SFDs 估算以及穿过月球和火星轨道的小行星/慧星的撞击概率得到(Ivanov, 2001)。单位面积特定大小物体的撞击概率与月球上此概率的比值称为火流星率(R_b)，目前月球与火星的 R_b 比值为 4.93，由于火星轨道偏心率的变化，使这个比值最低为 2.58(Ivanov, 2006)。

利用火星和月球遭受撞击的概率比，建立撞击体体积和最终撞击坑大小之间的转换关系，可以将 LCC 法应用于火星年代学研究。Hartmann(2005) 建立了火星的等时线法图，通过统计一个区域的撞击坑数量，可估算该表面形成的年代(图 5.4)，而采用不同直径撞击坑得到的年龄不一致，可能是由于侵蚀作用和次级坑干扰作用所致。

5.2 火星地质年代

火星地质年代主要根据地层关系以及发生的某些地质作用过程来划分(图 5.5)(Tanaka et al., 1992)。火星表面最老的年代为诺亚纪(Noachian)，名字来源于火星南部的高地挪亚区。诺亚纪地体形成于 LHB 期间，因此表面遍布撞击坑。这时期形成的撞击坑分布区域的退化，可能与降雨以及河流侵蚀等地质作用过程有关(Craddock and Howard, 2002)。根据撞击坑的密度可以将诺亚纪分为早期(约 39.5 亿年前)、中期(39.5~38 亿年前)和晚期(38~37 亿年前)(Hartmann and Neukum, 2001)。西方纪(Hesperian)(来源于赫斯珀里亚高原（Hesperia，西方之国）)代表了火星地质演化历史的中期，这段时期火山喷发形成脊状平原，表面遭受的撞击率明显小于 LHB 时，分为早期(37~36 亿年前)和晚期(36~30 亿年前)。亚马孙纪(Amazonian period)(来源于亚马孙平原)是火星最近的时期，这个时期侵蚀作用减少，火山活动主要集中在塔尔西斯和埃律西昂区域。亚马孙纪分为早(约 30~18 亿年前)、中(约 18~5 亿年前)、晚(约 5 亿年前至今)三期。

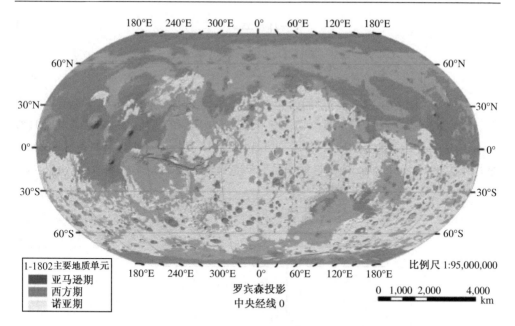

图 5.5 地层分析法得到的火星表面单元的年代分布图。此图展示了诺亚纪、西方纪和亚马孙纪形成的地质单元的分布 (感谢 USGS Trent Hare 允许引用)

5.3 地质作用过程

5.3.1 撞击成坑作用

撞击坑是大多数行星表面最常见的地质特征。"坑"在拉丁语为杯子的意思，伽利略在 1610 年为描述月球表面环形洼地而首次引入"坑"的概念。大多数早期的科学家认为月球表面的坑是由火山活动形成的，主要是由于这些环形坑的形状与地球上火山坑类似。接受撞击坑是由太空碎片撞击形成的这种观点是基于以下发现：(1) 实验证明，这些环形坑可以通过高速（超高速）撞击形成(Ives, 1919; Gault et al., 1968)；(2) 核和化学物爆炸实验使人们进一步认识了撞击事件的物理过程(Roddy et al., 1977)；(3) 证实了亚利桑那陨星坑和莱斯撞击坑周围的岩石是由冲击作用而变形变质(Shoemaker and Chao, 1962; Shoemaker, 1963)。

撞击坑形成可以分为三个过程(Gault et al., 1968; Melosh, 1989)：接触/挤压、挖掘、修改。在接触/压缩过程中，弹射体首次与表面物质接触，产生冲击波，并在表面物质和弹射体中传播。根据质量、动量和能量的守恒定律，用雨贡纽(Hugoniot)等式可以描述激波面前后物质特征：

$$p(U - u_p) = p_0 U \tag{5.6}$$

$$P - P_0 = \rho_0 u_p U \tag{5.7}$$

$$E - E_0 = \frac{(P+P_0)(V_0-V)}{2} = \frac{(P+P_0)\left(\dfrac{1}{\rho_0}-\dfrac{1}{\rho}\right)}{2} \tag{5.8}$$

压力 P、密度 ρ、单位质量的内能 E、单位质量的体积 $V(=1/\rho)$。下标有 0 的符号，表示激波通过前物质的参数，而没有下标表示被压缩的物质（冲击波通过后）(图 5.6)的参数。冲击波的移动速度为 U，冲击波通过后，被压缩物质有一个质点速度 u_p。使用雨贡纽(Hugoniot)等式时，坐标系建在未经压缩的物质上，未压缩物质的 $u_{p0}=0$。

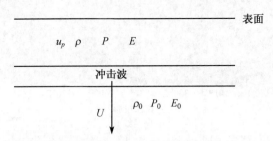

图 5.6 撞击冲击波穿透岩石时，岩石特征变化示意图。冲击波穿过岩石之前的密度为 ρ_0、压力为 p_0、内部能量为 E_0。当冲击波以 U 速度穿透岩石后，岩石特征发生变化，密度为 ρ、压力为 p、内部能量为 E，粒子的运动速度为 u_p。岩石前后变化的参数可通过雨贡纽公式计算

冲击波的压力随距撞击点的距离呈指数下降(图 5.7)，当冲击波压力降至 1~2GPa 时，冲击波变为地震波(弹性波)。当冲击波面临自由表面时(被冲击物的表

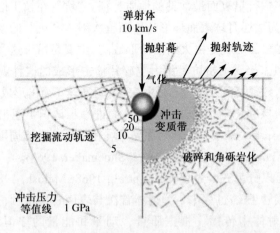

图 5.7 冲击产生的压力与到撞击点距离成反比。在撞击点附近，压力足够高可使物质熔融，甚至挥发，而离撞击点远的地区冲击波只能使岩石破裂(月球与行星研究所，French，1998，允许引用)

面或撞击物的后表面)被反射成为稀疏波，或向物质内部传播。当受到高度冲击的物质遇到稀疏波时，部分压力被卸载，导致部分物质熔融并蒸发。在接触/压缩阶段，撞击物在几秒或更短的时间内，移动了与其直径相当的一段距离。当稀疏波吞噬并摧毁撞击物时，接触/压缩阶段便结束了。

挖掘阶段主要是开凿撞击坑。当冲击波遇到自由表面时，一部分变为动能，而其余反射成为稀疏波。当稀疏波（张力波）的张力超过岩石的机械强度时，目标物破碎，而转化成动能的那部分冲击波将向外加速碎片物质。向上加速并被抛出撞击坑外的物质，形成溅射覆盖物，使撞击坑边缘部分抬高（其余是冲击波和稀疏波带来的结构性抬高）(图 5.8)。其他物质则向下移动，形成碗状坑，称为瞬态坑。撞击坑的最大深度就是瞬态坑的深度(d_t)，大约是瞬态坑直径(D_t)的 3~4 倍。

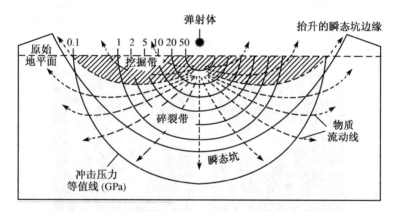

图 5.8 撞击成坑阶段形成的瞬态坑(Transient Cavity, TC)，此时冲击波转换为动能。物质可以向下移动，也可以沿撞击坑上移。向上移动的物质使撞击坑边缘抬高，形成溅射覆盖物(月球与行星研究所，French, 1998, 允许引用)

比例关系用来将实验室撞击实验结果外推至撞击事件(Melosh, 1989)，D_t 与撞击能量(W)、撞击体的尺寸(L)、重力加速度(g)、撞击体和目标体的密度(ρ_1, ρ_2)以及撞击角度(水平方向为 0)有关，具体表达式如下：

$$D_t = 1.8\rho_p^{0.11}\rho_t^{0.33}g^{0.22}L^{0.13}W^{0.22}(\sin\theta)^{0.33} \tag{5.9}$$

小撞击坑类似于碗状，形状和深度与瞬态坑类似，这种撞击坑称为简单撞击坑(图 5.9(a))，坑的深度(d)与边缘直径(D_r)的关系为

$$d \approx \frac{D_r}{5} \tag{5.10}$$

大撞击坑由于形状复杂，因而称为复杂撞击坑(图 5.9(b))。相对于小撞击坑，大撞击坑相对于其尺度更浅，典型的复杂撞击坑的深度为边缘直径的 1/10。从简单变为复杂结构的直径与 g^{-1} 正相关，尽管也与目标体的特性有关。火星表面简单与复合

撞击坑直径(simple-to-complex transition diameter, D_{sc})的分界线为10km，但一般观测的结果为8km(Garvin and Frawley, 1998)。D_{sc}变小，可能是由于火星近表面有一定量的冰，使目标物质的力学强度变弱。地形特征的变化：如撞击坑深度、体积、撞击坑边缘高度随纬度的变化，也都是因为极地次表层冰含量的提高(Garvin et al., 2000a)。表5.1给出了新鲜火星撞击坑分类与地形特征关系。

表 5.1 撞击坑地形参数与撞击坑直径(D)之间函数关系(Garvin et al., 2003)

参数	简单撞击坑	复杂撞击坑
深度(d)	$d = 0.21D^{0.81}$	$d = 0.36D^{0.49}$
边缘高度(h)	$h = 0.04D^{0.31}$	$h = 0.02D^{0.84}$
中间峰高度(h_{cp})	-	$h_{cp} = 0.04D^{0.51}$
中间峰直径(D_{cp})	-	$D_{cp} = 0.25D^{1.05}$
坑内壁坡度(s)	$s = 28.40D^{0.18}$	$s = 23.82D^{-0.28}$

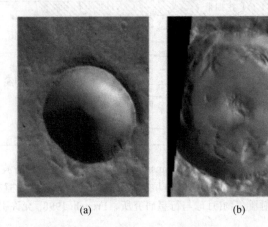

(a) (b)

图 5.9 随直径增加，撞击坑呈现不同的地形特征。(a) 最小撞击坑，呈碗状，称为简单撞击坑。该撞击坑位于火星34.4°N 241.2°E，直径2km(MOC图像，编号：MOC2-1274，NASA/MSSS 允许引用)。(b) 大撞击坑，称为复杂撞击坑，呈现比较复杂的地形特征，包括中央峰、较浅的底和阶梯状坑壁。该撞击坑位于火星28.6°N 207°E，直径27km(THEMIS图片，编号：V17916017, NASA/ASU)

撞击成坑作用过程中，溅射物在撞击坑周围形成溅射覆盖物。这些溅射覆盖物并不包括整个坑的物质。溅射物对应的挖掘厚度(d_{ex})接近1/3瞬态坑的深度：

$$d_{ex} \approx \frac{1}{3}d_t \approx \frac{1}{10}D_t \tag{5.11}$$

溅射覆盖物可以被分为连续和不连续的两段。连续的溅射覆盖物分布于撞击坑的边缘，主要由撞击碎片组成，沿撞击坑边缘可以连续分布1~3个撞击坑半径距离之间区域。而不连续溅射覆盖物主要分布于连续溅射物之外，沿撞击坑径向离散分布，次级撞击坑主要分布于不连续溅射覆盖物上(图 5.10)。

火星上大多数新鲜撞击坑周围常被一层、两层、甚至是多层溅射物覆盖(图 5.11)(Barlow et al., 2000)。这种撞击溅射物地形与干燥月球撞击坑周围放射状形貌地形有明显的区别。有两种模型解释了这种层状溅射物堆积地形：(1) 撞击过程中，次表层挥发份物质蒸发(Carr et al., 1977; Stewart et al., 2001)；(2) 溅射幕与火星大气的相互作用(Schultz, 1992; Barnouin-Jha et al., 1999a,b)。尽管火星大气在形成这种地形中起到某些作用，但大部分证据表明火星次表层挥发性物质是形成这种溅射堆积地形最主要的原因(Barlow, 2005)。

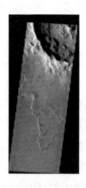

图 5.10 溅射覆盖物可以分为连续和非连续两个部分。此图展示的直径为 28.3km(23.2°N 207.8°E)的撞击坑形成的层状溅射覆盖物从撞击坑边缘连续向外延伸。在层状覆盖物边缘，可见小的次级撞击坑，形成非连续溅射覆盖物(THEMIS 图片，编号：V01990003, NASA/ASU)

 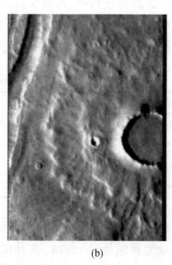 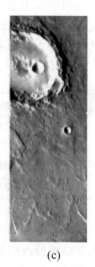

(a) (b) (c)

图 5.11 根据观测的溅射覆盖物层数可以分为单层(single layer ejecta, SLE)，双层(double layer ejecta, DLE)和多层(Multipe Layer ejecta, MLE)。(a) SLE 撞击坑直径为 9.9km，位于火星 19.54°S 277.01°E(THEMIS 图像，编号：V18738005)；(b) DLE 撞击坑直径为 12.0km，位于火星 55.59°N 268.68°E，显示完整的两层溅射物(THEMIS 图像，编号：I13646007)；(c) MLE 显示三层或更多层溅射物，撞击坑位于 23.15°S 281.35°E，直径为 29.4km，(THEMIS 图片，编号： I106994003) (NASA/ASU)

当瞬态坑达到最大时,挖掘阶段结束。对撞击坑来说,决定最终的形态和大小主要是重力加速度,而不是目标物的力学强度。形成瞬态坑的时间与 D_t 和 g 有以下关系(Melosh, 1989):

$$T \approx 0.54 \left(\frac{D_t}{g}\right)^{1/2} \tag{5.12}$$

撞击坑修改阶段是从瞬态坑形成结束时开始,到撞击坑受地质作用完全破坏为止。在修改阶段,简单撞击坑常见碎片从撞击坑壁滑落,但简单撞击坑经历的主要是其他地质过程的掩埋作用,如火山活动、风蚀作用以及河流活动等。复杂撞击坑由于内部结构复杂,正如溅射物的结构情况一样、内部特征随撞击坑的大小以及在行星表面的位置而改变(表 5.2)。火星表面复杂撞击坑内常有山峰或凹陷。中央峰是冲击波作用时,撞击坑底部抬升并固定形成的(图 5.12a)。更大的撞击坑中央有环形山(峰环),而非中央峰复合(Melosh, 1989)(图 5.12b)。这些环形山可能是由中央峰崩塌形成。最大的撞击坑,如希腊和阿耳古瑞坑,尽管外层环不清晰,可能有多环形山脉结构。中央凹陷常见于火星以及外太阳系冰卫星表面。火星表面撞击坑中央凹陷可见于撞击坑底部或中央隆起部位的顶部(Barlow, 2006)(图 5.12c)。中央凹陷可能是由于在撞击作用过程中,形成大量的热能使撞击坑中央底部地下的冰汽化(Wood et al., 1978; Pierazzo et al., 2005)。复杂撞击坑壁的坡度明显比最初形成时的休止角大,结果坑壁可能崩塌形成台地 (图 5.12a)。

表 5.2 撞击坑直径范围与具体的内部地形

内部特征	直径范围
中央峰	约 6~175km
中央凹陷	5~60km
峰环盆地	约 50~500km
多环峰盆地	>500km

火星表面撞击坑呈现出一系列的喷射及不同的内部地形,表明在撞击成坑及后期撞击坑修改中复杂的目标特性。例如,高纬度地区的小撞击坑相对周围的地形被抬高(图 5.13)。底座型撞击坑是由于周围物质遭风蚀或冰升华被移除了(Barlow, 2006)。侵蚀作用可以移除被抬高的撞击坑边缘物质,充填到更老的撞击坑底部,这种现象常见于古老的诺亚纪地形。通过计算机模拟,将不同的侵蚀作用形成的地形特征比较,结果表明,在诺亚纪,降雨是最重要的侵蚀作用(Craddock and Howard, 2002),而在西方纪和亚马孙纪撞击坑退化主要由于风蚀作用和火山活动,只有局部是由于河流侵蚀或冰川侵蚀作用。

第五章　地　　质

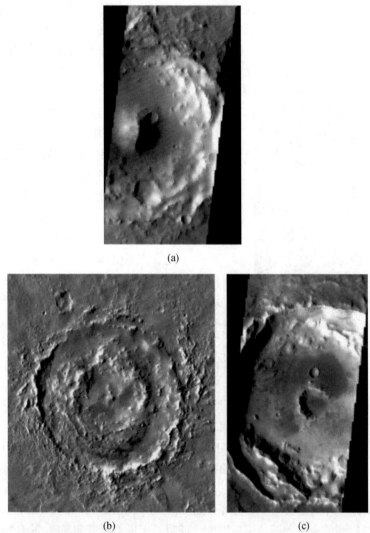

图 5.12　撞击坑内部地形与坑大小和位置有关。(a) 中央峰，撞击坑位于 8.35°N 302.54°E，直径为 30.1km，是复合撞击坑的常见特征。图中可见坑壁坍塌形成的台地(THEMIS 图像，编号：V18886012, NASA/ASU)；(b) 更大的撞击坑中央峰成峰环状，李奥撞击坑峰环清晰可见，该坑的直径为 224km，位于 50.38°N 29.33°E(海盗号马赛克图像，NASA/JPL)；(c) 中央凹陷常见于火星和外太阳系冰卫星的撞击坑中，此底部凹陷来自位于 4.3°N 294.05°E，直径为 27.9km 的撞击坑(THEMIS 图片，编号：V17526014, NASA/ASU)

5.3.2　火山作用

火山作用可形成平坦的熔岩流平原和不同地形特征的火山。火山作用过程中形成的地形特征与岩浆或熔岩的黏度有关，而黏度与温度、物质组成、熔融物中是否存在固体物质以及岩浆中的气体含量有关。影响岩浆黏度最重要的因素是岩浆中SiO_2的含量，SiO_2含量越高，黏性越大。黏性大的岩浆含有更多的气体，因此更容易从地下喷发。当黏性小的岩浆遇到水时也容易喷发，这种喷发称为井喷，常容易形成大的环形坑，也称为火山口。

图 5.13 由风蚀或升华作用移除细小颗粒物质，形成的底座型撞击坑，高踞于周围地形之上。这两个坑位于火星 52.0°N 150.5°E，直径 1.5km（THEMIS 图片，编号：V11541006，NASA/ASU）

火山作用形成的地形特征与岩浆黏度和喷发率有关。如果两种黏度相同的岩浆，喷发率高的岩浆比低的岩浆形成的地形更平坦。

平坦的熔岩平原主要由玄武岩组成(主要矿物有：斜长石、辉石和橄榄石)，称为溢流玄武岩（图 5.14a）。溢流玄武岩是由黏度低、喷发率高的岩浆形成。这些喷发与爆发活动关系不大或者没有关系，因而形成的地形起伏很小。巨量的喷发物来源于火山口或破碎带。溢流玄武岩是火山作用中常见的形式，在所有的类地行星和月球上均能见到这种现象。

黏度低的岩浆在喷发率低时，形成低矮的地形构造称为盾状火山(图 5.14b)，这些山的坡度一般小于 5°，由玄武岩组成，在岩浆喷发后期，由于岩浆房分异作用，喷发物中硅含量增加。喷发来自中央火山坑（巨大碗口形）或沿火山侧翼的裂隙带喷发。巨大的盾状火山，如火星奥林波斯盾状火山可达 $3×10^6 km^3$(Smith et al., 2001a)，玄武岩的体积和在整个夏威夷–皇帝海山链中也发现的玄武岩相当。盾状火山形成的玄武岩熔岩流有粗糙（渣状熔岩流）和平滑(绳状熔岩流)(图 5.15)的两种类型。MOLA 分析得到的火星表面地形粗糙度，证明了火星上粗糙和平滑的熔岩流均有。

流动的熔岩形成溢流玄武岩和盾状火山，沿着表面或地下的熔岩通道从一个地区向另外一个地区移动(图 5.16)。当熔岩到达平坦区域，将四面扩展成大区域流动。扩展量与熔岩的特性有关，特别是与黏性和熔岩流中固体物质含量有关。熔岩流可以通过纵横比来描述：

$$A = \frac{t}{w} \tag{5.13}$$

t 指熔岩流中部的厚度，w 指熔岩流的宽度。A 与坡度、重力加速度 g 以及黏度有关。当坡度变小，A 减少，熔岩流平铺，t 减少，w 增加。相反，A 随着熔岩黏性增加也增加，因为熔岩粘度会减少扩展。通过比较不同熔岩流的纵横比可以了解地形变化和原始岩浆之间的关系。

随着硅含量的增加，喷发更具有爆发性。被 SiO_2 捕获到岩浆中的气体的释放将形成熔岩喷泉。喷发过程中，小块熔岩被喷发到空气中，在降落到地表过程中快速的冷却形成灰烬。聚集的火山灰烬成锥状，外侧的坡度与近似为安息角(火山灰约为30°)。火山渣锥(图 5.14c)主要由玄武质组成，由中央火山口物质喷发形成，岩浆通常从其底部流出。火山锥常形成于火山口的翼部，随着岩浆房组成的变化，最后在休眠的盾火山口也形成火山渣锥。

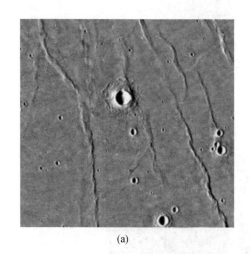
(a)

(b)

(c)

图 5.14 岩浆的黏度和喷发率决定一次喷发形成的火山地形的类型。(a) 低黏度的岩浆形成溢流玄武岩，如图火星月神高原，位于 15.0°N 293.8°E(海盗号马赛克图像，NASA/JPL)；(b) 相对黏稠的岩浆形成火山盾，例如，夏威夷莫纳罗亚火山盾；(c) 富含气体的岩浆形成火山渣锥，当岩浆中气体爆发时，岩浆变成浆屑，在冷凝过程中形成火山渣锥结构，如图公元 1064 年最后喷发形成的亚利桑那州落日坑（作者图像）；(d) 黏度高的岩浆喷发形成典型的陡峭斜坡地形，如图位于华盛顿圣海伦斯火山；(e) 航天飞机雷达得到的黄石公园火山口区域图，热量高的区域现在仍然有间歇泉和温泉活动，大面积的火山喷发时间为 200 万年，130 万年和 60 万年前，喷发物达 $3700km^3$。(NASA/Shuttle/SIR-C/X-SAR)

图 5.14 续

图 5.15 低黏度的熔浆形成两种类型熔岩流。(a) 粗糙的熔浆称为渣状熔岩流，图为亚利桑那州落日坑博尼托熔岩流；(b) 类似于夏威夷基拉韦厄火山光滑熔岩流，称为绳状熔岩流，图为光滑熔岩流形成绳状构造

图 5.16 低黏度的熔岩流常形成熔岩通道和管道。图为孔雀山翼部的熔岩通道，由火星快车(MEx)HRSC 相机拍摄(图 SEMELC9ATME, ESA/DLR/FU, Berlin (G. Neukum))

混合的或成层火山是一种陡峭的火山构造(图 5.14d)，火山灰和熔岩流分层交替，在地球常发源于俯冲带上，但在其他星球上还没有确定是否存在这种关联。成层火山含高黏性和挥发性的岩浆，导致中央火山口形成爆炸性的喷发。在火山口中，常形成黏性的熔岩丘，堵塞岩浆喷发通道。随着压力的增加，当气体的压力能突破熔岩丘时，瞬间释放气体和灰尘。这些火山灰的传输速度每秒可达几百到几千米，而喷发的火山碎屑是成层火山喷发造成伤亡和破坏的主要物质。成层火山也能经历相对宁静的喷溢，形成层状结构。经历一次喷发后，在火山口重新形成熔岩丘，等待下一次喷发。

最具爆炸性的喷发是熔灰岩流，熔岩中有大面积的热气和灰尘颗粒。喷发作用来源于极其黏性的酸性岩浆。在地球上，这种喷发作用只见于大陆，形成的大火山口可被错认为是单一构造谷(图 5.14e)。

火星上从诺亚纪到晚亚马孙纪均有火山活动,最近的火山活动主要位于塔尔西斯和埃律西昂区(Hodges and Moore, 1994)。溢流玄武岩常分布于塔尔西斯和埃律西昂火山周围和脊状平原区。南部诺亚纪高地撞击坑之间广阔的平原区可能形成于古老的溢流玄武岩。随时间变化，随着火山活动的减少，溢流玄武岩延伸范围减少，但溢流玄武岩的作用贯穿了火星地质演化历史 (McEwen et al., 1999)。

火星上有一些面积大但地形平缓的火山称为"盘"(paterae，拉丁语，盘子或碟子)(图 5.17a)。盘形火山是火星上最古老的火山构造，最初沿希腊撞击盆地分布。通过详细分析亚得里亚、第勒纳和阿波利纳里斯盘形火山表明，主要形成于晚诺亚纪到早西方纪，后续的喷发延伸至早亚马孙纪(Crown and Greeley, 1993; Robinson et al., 1993; Berman et al., 2005)。盘形火山两翼很容易被风和河流活动切割，主要是由于盘形火山是由细颗粒的火山碎屑沉积物组成，以火山碎屑流和大气降灰沉积物的形式，成分与黏度低的玄武岩类似。铁镁质(富铁)的火山碎屑沉积物可以通过水和岩浆作用或深部岩浆快速抬升形成,这两种机制被认为是形成火星盘形火山的主要原因(Crown and Greeley, 1993; Gregg and Willianms, 1996)。

大瑟提斯低反照率区是低起伏的火山(坡度<1°)，主要由玄武质成分组成(Bandfield et al., 2000; Hoefen et al., 2003)，高约 2.3km(Hiesinger and Head, 2004)。Schaber(1982)认为大瑟提斯是一个火山盾，有两个火山口(尼罗和麦罗埃)，但Hodges and Moore(1994)和 Hiesinger and Head(2004)认为其起伏小，因此更接近于高地的盘形火山。大瑟提斯区形成于早西方纪，与高地盘形火山形成期间相同，表明在这个期间喷发时间短暂，熔岩黏度很低，喷发率太高，不能形成大的火山构造体 (Hodges and Moore, 1994)。大瑟提斯熔岩的体积估计约有 $1.6 \sim 3.2 \times 10^5 km^3$(Hiesinger and Head, 2004)，与安菲特里忒的体积估值相当。

"水手" 9 号最早发现火星上有大的火山盾，观察到穿过全球性的沙尘暴的高山顶部有环形洼地。当沙尘暴结束后，可以识别是塔尔西斯区 4 个巨大火山盾顶部的火山口：奥林波斯山 (图 5.17b)，阿斯克劳山，孔雀山和阿尔西亚山。奥林波斯山高达 21.3km，其他的三个火山盾高度在 14.1~18.2km 之间(Simith et al., 2001a)。埃律西昂山是埃律西昂地体中最大的火山盾(图 5.17c)，高度达 14.1km。

小的火山构造坡度相对较大(达 12°)，称为火山丘。小火山丘看上去是小型的火山盾，具有大火山口，也有其他的地貌特征 (Plescia, 1994, 2000)。

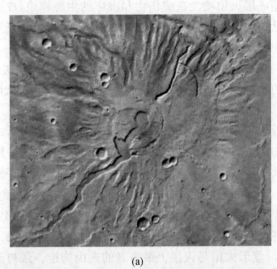

(a)

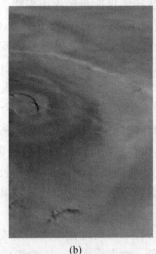

(b)

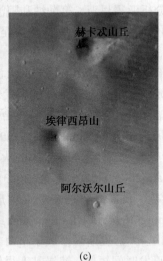

(c)

图 5.17 火星上不同类型的火山构造。(a) 第勒纳山是一种低起伏的地貌，遭受强侵蚀，火山口位于 21.5°S 106.5°E(海盗号马赛克图像，NASA/JPL)；(b) 奥林波斯山是巨大的火山盾，高 21.3km，直径约为 800km(NASA/MSSS)；(c) 埃律昂山有三个火山，分别是赫卡忒山丘, 埃律西昂山和阿尔沃尔山丘 (NASA/MSSS)

火星上大小火山盾主要位于埃律西昂和塔尔西斯区。埃律西昂地体有三个火山，分别为：阿尔沃尔山，赫卡特山丘和埃律西昂山（图 5.17c）。阿尔沃尔山丘直径约 160km，是个小火山盾，可能由玄武岩组成，通过撞击坑分析表明，该火山盾形成于诺亚纪到西方纪(Hodges and Moore, 1994)。赫卡特山丘直径约 200km，火山口相对较小，在翼部有很多熔岩管道(Gulick and Baker, 1990; Mouginis-Mark and Christensen, 2005)。尽管 HRSC 撞击坑资料分析认为，赫卡忒山丘西北翼在亚马孙纪有火山活动(Neukum et al., 2004)，但一般认为其形成于西方纪(Hodges and Moore, 1994)。在赫卡特山丘西翼，撞击坑密度低，因此推测是顶部或翼部喷发的更年轻的火山碎屑沉积物(Hauber et al., 2005)。

埃律西昂山是埃律西昂地体上最大的火山，直径为 400km，高度为 14km。火山顶部只有一个大火山口，喷出的熔岩流较短(<70km)。来自翼部火山口的熔岩流更长，可达 250km，熔岩流长宽比变化较大(Mouginis-Mark and Yoshioka, 1998)。熔岩流来源于黏度较低的熔岩，但因去气作用以及温度的降低，黏度随流动距离呈指数上升(Glaze et al., 2003)。撞击坑分析表明，埃律西昂山是埃律西昂地体中最年轻的火山，形成于晚西方纪到早亚马孙纪(Hodges and Moore, 1994)。

塔尔西斯区是火星上构造活动最密集的地区，有 12 个大的火山，有许多小构造和广泛的熔岩流(图 5.18)。塔尔西斯高地占表面的 25%，比火星平均半径高 6km(Anderson et al., 2001; Phillips et al., 2001; Smith et al., 2001a)。重力资料分析表

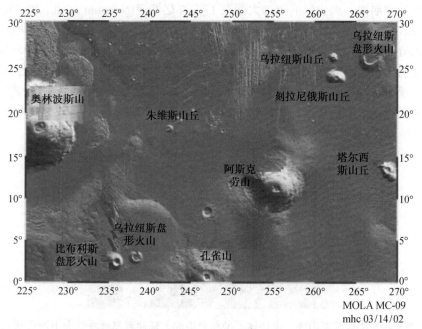

图 5.18　MOLA 地貌图，表明大多数火山位于塔尔西斯区域(感谢 Michael H.Carr and MOLA 组允许引用)

明，高地主要是由体积庞大的熔岩流堆积而成，但也有学者认为可能是火星地幔柱作用形成的凸起(Smith et al., 2001a; Phillip et al., 2001; Kiefer, 2003)。撞击坑和构造数据分析表明，火星表面上的火山活动主要位于塔尔西斯区，最早是在中诺亚纪末(Solomon et al., 2005)。

塔尔西斯突出部的最高处是三个火山盾，分别是阿斯克劳山、孔雀山和阿尔西亚山，沿东北-西南向裂隙带展布，相距约700km。这些从火山延伸出来的长而细的熔岩表明火山喷发率高。一般认为这三个火山盾形成于诺亚纪，是由顶部的火山口以及周围同心的裂隙中溢流的岩浆堆积形成。在火星火山盾上，常见多个火山口，表明有多期岩浆的充填和消退。当火山盾的高度达到最大时，转移到北东-南西向裂隙带喷发，在更年轻的翼部喷发。熔岩流的长宽比低以及出现熔岩管道表明熔岩的流动性强。较小的火山盾分布于阿斯克劳山的翼部和火山口附近，表明大火山盾有大的岩墙群(Wilson and Head, 2002)。溢流玄武岩分布于整个塔尔西斯区，根据MOC和THEMIS图像分析认为"洪流"来源于火山口和裂隙带(Mouginis-Mark and Christensen, 2005)。根据撞击坑统计，塔尔西斯火山盾经历了长时间的火山活动，最近的火山熔岩流动可能是在4000万年前。(Hartmann et al., 1999; Neukum et al., 2004)。

MOLA分析认为奥林波斯山位于塔尔西斯抬升带西部边缘，因此其演化多半是与塔尔西斯高地分开的。顶部喷发和口喷发形成这种大的火山构造(Mouginis-Mark and Christensen, 2005)。火山盾顶部有几个火山口，表明发生过多期的喷发和崩塌，火山口的年龄大概在1亿~2亿期间(Neukum et al., 2004)。奥林波斯山直径约600km，部分区域被陡坡包围长达10km。奥林波斯山环有块状地体、弓形山脊和深剪切槽构造，位于陡坡西北约300~700km处(图5.19)。这种环状构造可能是由火山翼断裂和火山产物形成的，包括火山碎屑物以及受到侵蚀的熔岩流。通过火星全球勘察者（MGS）和火星轨道器（MO）数据分析，支持火山翼断裂和物质大量移动形成陡坡基底和环状堆积物这一观点(McGovern et al., 2004b)。

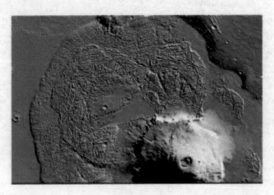

图5.19 奥林波斯山环，由块体、槽和脊组成，延伸到奥林波斯火山西北部，是由火山和构造作用形成(MOLA地貌图，NASA/GSFC)

塔尔西斯区域另外一个大火山是直径为 1600km 的阿尔巴盘形火山，位于塔尔西斯北部边缘的隆起带(图 5.20)。阿尔巴盘形火山周围被断层环绕(地堑)，顶部的火山口高度为 6.8km，偏移到了断层中心的西南方向。MOLA 测得的坡度<2°。尽管大多数模型认为阿尔巴火山主要由黏性低的玄武岩熔岩流组成(Schneeberger and Pieri, 1991)，还是发现翼部可能有火山碎屑沉积物 (Mouginis-Mark et al., 1988)。一些模型分析认为环绕的地堑可能是在火山表面负载对岩石圈压力作用(Comer et al., 1985; Turtle and Melosh, 1997)下形成。然而，McGovern et al., (2001)则认为由于岩床混入岩石圈中而形成地堑，这种观点与火星全球勘查者（MGS）对这一地区地形和重力特征分析的结果一致。

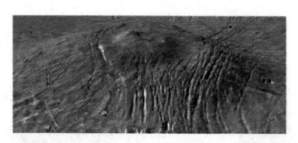

图 5.20 阿尔巴盘形火山直径为 1600km，周围被地堑环绕。此三维火星图像是由海盗号图像叠加到 MOLA 地形图得到的(NASA/GSFC/MOLA 研究组)

塔尔西斯区域其他火山主要由玄武岩喷发流形成的小火山盾组成。有三个位于塔尔西斯突出部的西翼(朱维斯山丘，尤利西斯盘形火山，比布里斯盘形火山)，而另外四个(刻拉尼俄斯、乌拉纽斯、塔尔西斯山丘，乌拉纽斯盘形火山)位于东北翼(图 5.18)。与大火山盾比，这些小火山盾是由小体积的喷发物形成，主要组成物有玄武岩流，而在刻拉尼俄斯、塔尔西斯山丘可能还有后期的火山碎屑沉积(Plescia, 2000)。撞击坑分析表明，这7个火山盾形成于西方纪，时代间隔约 10^4~10^5 年(Plescia, 1994, 2000)。

在塔尔西斯火山盾西南部分布有细粒、易侵蚀物的厚沉积 (图 5.21)。这些物质源自美杜莎堑沟群构造(Medusae Fossae Formation, MFF)，这点存在争议，可能来源于火山灰堆积、极地古老的层状堆积物或古老海洋中的浮石。大多数认为这些堆积物来源于火山灰沉积(Scott and Tanaka, 1982; Edgett et al., 1997)。由于火星上大气压相对低，因此火山喷发比地球更猛烈，因而产生更多的火山灰沉积(Wilson and Head, 1994)。在 MFF 区发现有高含量氯分布，而这些物质可能来源于火山作用(Taylor et al., 2006)。水手谷，子午台地和阿拉伯台地层状沉积物可能来源于塔尔西斯区火山喷发形成的碎屑(Hynek et al., 2003)。

火星上最年轻的火山喷发单元主要位于塔尔西斯和埃利西昂地体之间，亚马孙平原的西南部，中心位于 30°N 200°E，区域面积约 $10^7 km^2$(Plescia, 1990; Keszthelyi et al., 2000)。撞击坑统计分析表明，该区域溢流玄武岩发生距今约 1000 万~1 亿年(Hartmann and Berman, 2000; Berman and Hartmann, 2002)，而 HRSC 分析距今 3 百万前还有火山活动(Werner et al., 2003)。在刻耳柏洛斯堑沟群碎裂带和/或刻耳柏洛斯平原西部的小火山盾中发现了溢流玄武岩的源区(Plescia, 1990,2003; Keszyheyi et al., 2000; Werner et al., 2003)。

火星上还分布了一些小锥形体，直径约 4~16km(图 5.22)。Hodges and Moore (1994)认为这些锥形体可能由岩浆和水相互作用形成，但 Garvin et al., (2006b)通过 MOLA 分析认为小锥形体是小火山盾，由喷溢熔岩流形成，而其他的一些小锥形体被认为是由岩浆井喷作用形成(Lanagan et al., 2001)。

图 5.21 塔尔西斯区域西南的美杜莎堑沟群构造，由细粒的物质组成，在一定范围内呈风蚀地形特征，可能是由火山灰沉积形成 (THEMIS 图片，编号：I00968002, NASA/ASU)

图 5.22 火星的几个地区有小火山锥。此图的火山锥位于亚马孙平原，24.8°N 188.7°E，直径<250m 的火山锥延伸的范围约 10km (NASA/JPL/MSSS/ University of Arizona)

5.3.3 构造作用

构造活动包括任何由于表面活动导致的地壳变形。行星构造作用是刚性岩石圈内应力和张力作用的结果。应力(σ)指物质单位面积受到的力，而应变(ε)是施加应力后物质产生形变的度量。弹性物质指遭受压力后变形，而压力消退后，物质就回到最初的状态。弹性物质变形可根据胡克定律：

$$\sigma = \varepsilon_c E \tag{5.14}$$

从胡克定律公式可以看出，应力与弹性应变 ε_c 的比值等于物质的一个性质称为杨氏模量(E)，为物质的刚度。

另一种情况，当压力消退后，黏性物质仍然保持变形。对一个简单牛顿流体，流体的应变（ε_f）的变化率与应力有以下关系：

第五章 地 质

$$\varepsilon_f = \frac{d\dot{\varepsilon}_f}{dt} = \frac{\sigma}{2\eta} \tag{5.15}$$

黏性物质对所受应力的响应主要与物质的黏性(η)有关。在地质作用中大多数物质既不是完全弹性也不全是黏性，而是一个混合体。黏弹性物质在应力消失时，物质不能完全返回到变形前的状态，也不能在应力撤走后保持变形后的状态。黏弹性应变(ε_v)是黏性和弹性项之和：

$$\varepsilon_v = \varepsilon_c + \varepsilon_f \tag{5.16}$$

因而

$$\dot{\varepsilon}_v = \left(\frac{1}{E}\right)\frac{d\sigma}{dt} + \left(\frac{1}{2\eta}\right)\sigma \tag{5.17}$$

黏弹性物质可以在一段时间内接近其最初形态，这段时间称为粘弹性弛豫时间(τ_v)。设$\dot{\varepsilon}_v=0$，公式(5.17)积分可以得到

$$\sigma = \sigma_0 e^{\frac{Et}{2\eta}} \tag{5.18}$$

σ_0指最初的应力，而t指时间。在τ_v时段，应力下降至初始应力的1/e，τ_v可通过以下公式得到：

$$\tau_v = \frac{2\eta}{E} \tag{5.19}$$

富含冰的火星壳黏弹性物质通过一个叫做地形软化的过程，使中纬度地区地形松弛，包括撞击坑和平台地形。(图5.23)(Squyres and Carr, 1986)。

黏弹性物质对应力是弹性响应，如果施加应力的时间尺度比松弛时间短；是黏性响应，如果施加应力的时间尺度比τ_v长。物质对力的响应与温度有很大关系，当温度低时表现为脆性，而温度高时表现为延展性。行星岩石圈受典型应力作用时，表现为弹性，当应力太强时，物质破裂，形成断层，而深部的软流圈对外力表现成黏性，显现出延展性。

外力的强度可以决定岩石圈岩石形成褶皱(弯曲)和断层(破裂)。当σ和$\dot{\varepsilon}_v$达到一定值前，岩石发生延展性变形，达到一定值形成褶皱。当应力和/或应变率很大时，物质发生脆性变形，发生破裂，形成断层。地壳受应力作用，发生了移动时，形成破裂称为断层，而当地壳受应力

图5.23 近地表的冰使岩石强度变弱为黏弹性物质。在火星中纬度地区常见圆状边缘地形，类似于两个撞击坑边缘。当近地表冰温度增加到很大时，可使此地形变形。图像的中心点位于43.7°S 357.4°E，大坑的直径约为36km(THEMIS 图片，编号：I07166004, NASA/ASU)

作用，没有发生移动时，形成的破裂称为缝合带。

1905年，E.M. Anderson认识到地球上不同的构造特征与应力方向有关。当地壳一个方向拉伸，垂直90°方向压缩时形成断层。Anderson理论认为有三个主应力方向，构造特征的类型与主应力方向有关。两个主应力位于岩石圈的水平方向，而第三种应力方向与地表垂直，这三种应力分别为σ_1(最大), σ_2(中), σ_3(最小)。

图5.24 拉伸应力引起的下陷峡谷，形成地堑。此地堑位于阿尔巴火山南部，右上的火山坑直径为2.7km，位于36.1°N 255.8°E (THEMIS图像，编号：I11999006, NASA/ASU)

拉伸应力可使地表分开形成正断层，断层一侧的物质相对另外一侧下滑。正断层的σ_2, σ_3应力与岩石圈平行，而σ_1与岩石圈垂直。美国西南部很多盆地和山脉中的峡谷都是由断层的块体下陷形成，形成地堑。地堑是火星塔尔西斯高地常见的拉伸特征。

压缩应力推动部分地壳汇聚，形成冲断层，断层一侧物质相对于另一侧抬升。冲断层的σ_1, σ_2与岩石圈平行，而σ_3与岩石圈垂直。以断层为界相对于周边被抬升的块体称为地垒。常见于火星脊状平原的山脊褶皱纹(图5.14a)，通常是在大量火山熔岩流的重力作用下地壳下陷形成的。

当σ_1, σ_3与岩石圈平行，而σ_2与岩石圈垂直时，形成走滑断层，导致地壳块体相对滑动。当站在断层的一侧看对面的壳层块，如果滑向你的右边，称为右移断层，而向左边时，称为左移断层。

行星构造板块边缘常见上述三种断层。离散边界，板块分离时，形成拉伸断层，汇聚边界，板块聚集时，相互挤压形成压缩断层。走滑断层主要位于板块边缘的转换带，两个板块相互滑动。火星上是否存在板块构造还是个有争议的问题，如果存在板块构造活动，也是限于火星很早期的历史内。尽管在火星上发现有拉伸、挤压以及走滑断层，但没有一个地质特征能表明目前火星上还有板块构造活动。局部的应力和应变是火星历史上主要的构造活动，而不是全球性的板块构造。

由于缺乏地震资料，现代火星上的构造活动情况还不清楚。说亚马孙平原和塔尔西斯区域最近有火山活动，就意味着这些区域可能有地震活动。横断面关系表明在火星历史上有拉伸和挤压构造活动，主要位于埃律西昂和塔尔西斯区(Anderson et al., 2001, 2006)。Anderson et al. (2001)认为在塔尔西斯区的构造活动贯穿整个火星演化历史中，构造活动中心随时间变化转移(图5.25)，而埃律西昂区的构造活动只发生在最近时间。诺亚纪形成的断层主要位于克拉里塔斯区，中心位置27S° 254E°，而晚诺亚纪到早西方纪形成的断层主要位于叙利亚，西奈和索利斯高原。

早西方纪形成的地堑和山脊褶皱纹主要位于叙利亚高原和坦佩区。阿尔巴盘形火山的拉伸断层形成于晚西方纪到早亚马孙纪。塔尔西斯区最近的构造活动主要位于大火山盾，中心位置在阿斯克劳山南翼(8°N 200°E)。埃律西昂构造活动主要集中于中-晚亚马孙纪。

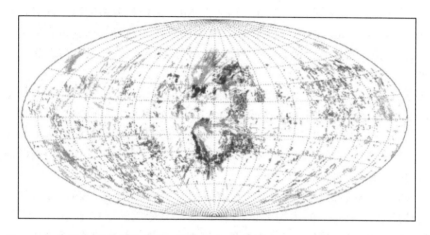

图 5.25　火星主要地质构造图。图像的中心点位于 0°N 270°E，在塔尔西斯构造中心附近(感谢 JPL Robert Anderson 允许引用)

火星上最大的拉伸特征位于水手谷峡谷系统(图 5.26)，250°E 和 330°E 之间，沿赤道附近延伸了约 4000km(Lucchitta et al., 1992)。一部分比 0-km 等高线低 6km，比周围平原低 11km(Smith et al., 2001a)。根据地形变化，峡谷可以分成三个部分，西端的峡谷主要由一系列交错峡谷组成，称为诺克迪斯沟网。中部是由东西走向的

图 5.26　水手谷由一系列小峡谷组成,沿赤道附近延伸超过 4000km(MOC 图像，编号：MOC2-144，NASA/JPL/MSSS)

峡谷组成，长约 2400km。峡谷东部主要由不规则的凹陷洼地组成，包括一些混杂地形和溢流河道等地形。

水手谷峡谷在晚诺亚或早西方纪，由叙利亚高原岩脉的侵位(Mège and Masson, 1996)或塔尔西斯高原抬升的应力作用(Smith et al., 2001a)下，随后的沉降和正断层作用一直持续到了亚马孙纪(Schultz, 1998)。MOLA 资料分析表明，峡谷最深的区域在科普来特斯 Coprates 峡谷(300°E)，峡谷的东段和西段都向这位置倾斜，东段的坡度约 0.03°，自峡谷形成时就一直如此。根据地形估测，只有当水深大于 1km 时，才能向东流出峡谷。

峡谷出露火星史上不同年代形成的地层(图 5.27(a))。薄(几十米)而硬的地层夹杂在厚(几百米)而软的地层中(Beyer and McEwen, 2005)。这些硬地层可能是熔岩流(McEwen et al., 1999; Williams et al., 2003)，软地层可能是沉积物(Malin and Edgett)，为水蚀作用形成的产物(Treiman et al., 1995)，或是火山作用形成的薄而软的物质(Beyer and McEwen, 2005)。

在峡谷中，地层是峡谷中多见的滑坡体主要物质来源(图 5.27(b))。火星重力给不稳定体施加一个向下的力引起的滑波，是重力造成的块体运动的一个例子。Quantin et al., (2004)用撞击坑分析发现，这些滑坡体最早形成于 35 亿年前，而最年轻的滑坡体年龄小于 5000 万年。干颗粒流 (Soukhovitskaya and Manga, 2006)和湿流 (Harrison and Grimm, 2003)是滑坡的两种机制，均与水手谷峡谷的地形相合，表明两种机制在峡谷不同位置和不同时期发挥作用。

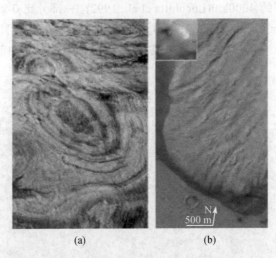

图 5.27　水手谷峡谷内部有层状岩层和滑坡。(a) 整个峡谷可见白色和暗色的岩层，位于坎多尔峡谷西部，中心位置 5.7°S 284.2°E，图宽约 3km(MOC 图，编号：MOC2-682, NASA/JPL/MSSS)；(b) 在水手谷峡谷常见滑坡，此图显示的是恒河 Ganges 峡谷滑坡的前端，中心位置为 8.0°S 315.6°E(MOC 图，编号：MOC2-295, NASA/JPL/MSSS)

在火星北部平原，特别是阿西达利亚和乌托邦平原(图 5.28)发现有大的多边形构造特征，这可能是由拉伸应力作用形成。多边形的直径范围为 2~32km，周围被宽度为 0.5~7.5km 的地堑环绕，深度为 5~115 m (Hiesinger and Head, 2000)。尽管形成这种地形的原因有多种推测，但最主要的有两种，分别是构造作用和披盖褶皱作用。构造作用模型认为多边形地形是由于大的液态水体消失后盆地抬升形成。而披盖褶皱模式认为，沉积层（可能源自湖泊）覆盖在恶劣地形上，沉积的物质发生差异压实作用，形成了与下垫地形变化尺度相当的的多边形特征(McGill and Hills, 1992; Buczkowski and McGill, 2002)。

图 5.28 在乌托邦和阿西达利亚平原常见巨大的多边形，为上覆沉积物的抬升和挤压作用形成。此图多边形位于乌托邦平原，中心位置为 47.0°N 129.2°E，图宽约 30km。(THEMIS 图片，编号：I10119010, NASA/ASU)

图 5.29 压缩应力作用形成的褶脊，常见于大范围溢流玄武岩覆盖区。此图褶脊位于月神高原，中心位置为 13.8°N 296.6°E，典型的、叠加了脊的宽拱地形，底部撞击坑的直径约为 1.9km(THEMIS 图片，编号：V14119007, NASA/ASU)

MOLA 分析了东半球的二分界线，发现有正断层和冲断层(Watters, 2003)，指明二分边界的形成涉及拉伸和压缩应力。火星上有很多区域出现过压缩应力，广泛分布的褶脊就说明了这一点。图 5.29 为一个线状的宽拱，上面有个脊，宽约几十千米，高度约 80~300m(Golombek et al., 2001)。尽管被掩埋的撞击坑可以形成褶脊，但现在一般认为皱脊是次表层的逆冲断层在表面的反映(Schultz, 2000; Golombek et al., 2001; Watters, 2004; Goudy et al., 2005)。褶脊最常见于西方纪形成的溢流玄武岩，称为脊状平原。MOLA 分析认为，被掩埋的西方纪火山熔岩流，如北部大平原下面的构造，可以形成褶脊，表明在这些单元中存在大尺度的挤压褶皱和断裂(J.W. Head et al., 2002)

5.3.4 块体运动

块体运动特征是由重力引起的崩塌形成的。崩塌的速度可能很快(如雪崩)，也可能很慢(次表层蠕变)。固体岩石比松散物质更稳定，但移走下面的支撑 (如靠近悬崖底部的侵蚀),基岩也会崩塌。土壤中增加水和冰导致物质的强度降低,增加物质的移动性,如地球上暴雨引起的泥石流。

倾倒于表面的沙子形成锥形堆时,表面与锥体侧面的夹角为安息角,与锥体侧面的坡度有关。粒度细的物质安息角(典型的 30°)比粒度粗的小。有棱角的碎片形成的锥体坡度比较陡。

图 5.30 暗色条纹是由陡峭斜坡的灰尘崩塌形成,白色的灰尘沿斜坡滑下,灰尘下的物质色泽暗。此图是由伊奥里斯区孤立的沙丘滑动形成,中心位置 1.5°S 157.1°E,图宽约 3km (MOC 图,编号:MOC2-1439,NASA/ JPL/ MSSS)

当坡度超过一块物质的安息角时,块体在重力的作用下将向下滑动。沿着悬崖分布的岩石坠落,形成岩石冒落。大块的基岩将沿着裂隙和缝合带形成岩滑,不稳定土壤形成滑坡,撞击坑壁崩塌形成墙阶(图 5.12a)。在水手谷可见滑坡(图 5.27b),是火星上快体快速运动一个例子。图 5.30 上坡度大于安息角的形貌上的暗色条痕是由松散的物质崩塌形成(Sullivan et al., 2001)。

物质可以以很低的速度滑动,如土壤蠕动。物质的冰冻-解冻,湿-干燥和热膨胀循环等导致土壤向下蠕动。短时间很难感觉有变化,但在长时间范围可改变地形。火星中纬度地区突兀的地貌变得缓和,是由于含冰的土壤发生了蠕动(图 5.23)(Squyres and Carr, 1986)。基岩悬崖底部的岩屑滩(山麓冲击平原)也可能是由富冰物质蠕动形成的(Perron et al., 2003)。

5.3.5 风蚀作用

有大气层的行星表面存在风蚀作用或风的过程。风移动物质,引起沉积和侵蚀(Greeley and Iverson, 1985)。被风传送的物质可用流体动力学来描述。大的物质受到牵引沿表面滚动,而相对小的物质沿表面弹跳,一种称为跃移的过程。砾石有时因碰撞蠕动而移动,跃移的颗粒撞击砾石传递动量。最小粒径的物质悬浮在风中,被风力带走。根据风的速度以及行星表面大气厚度,悬浮的物质粒径≤60μm(尘埃),跃移可有效移动粒径 60~2000μm(沙)的物质,蠕动和牵引移动的物质粒径>2000μm(细砾和砾石)。

处于静止空气中直径 d、密度 σ 的粒子,受到重力作用(g),同时也受到密度 ρ、黏度 η 空气向上的气动拽力。向下的重力为:

$$F_g = mg = \left(\frac{4}{3}\right)\pi\left(\frac{d}{2}\right)^3 \sigma g = \left(\frac{1}{6}\right)\pi d^3 \sigma g \qquad (5.20)$$

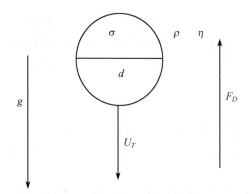

图 5.31 粒子处于空气中作用力示意图。粒子直径为 d，密度为 σ，大气密度为 ρ、黏度 η，在重力加速度 g 作用下，有向下的重力 U_T，还有向上的拽力 F_D

球形粒子向上的拽力可以通过 Stokes 方程计算：

$$F_D = 3\pi\eta U_T d \tag{5.21}$$

由于受到重力作用，粒子将向下加速移动，直到拽力等于重力，此后速度为常数，称为阈值速度(U_T)。对于小粒径物质，拽力与 U_T 成正比，对于大粒径物质或大气的黏度 η 小时，拽力与 U_T^2 成正比。

大气层像流体一样，可以是层流和紊流。雷诺数(Reynolds' number)是指示粒子处于层流或紊流状态的一个参数：

$$Re = \frac{\rho U_T d}{\eta} \tag{5.22}$$

层流状态时 Re 低，当 $R_e \geqslant 1000$ 时，一般是紊流状态。层流一般发生在接近行星表面。实验发现，在层流状态时，$Re \approx 24/C_D$，C_D 指气体或流体的阻力系数。通过替换 Re，公式(5.22)给出了大气的黏性系数

$$\eta = \frac{C_D \rho U_T d}{24} \tag{5.23}$$

代入公式(5.21)：

$$F_D = \frac{C_D \pi \rho U_T^2 d^2}{8} \tag{5.24}$$

当阻力等于重力时，阈值速度 U_T 可以通过公式(5.20)，(5.24)联合得到

$$U_T = \left(\frac{4\sigma g d}{3\rho C_D}\right)^{1/2} \tag{5.25}$$

使粒子保持悬浮在空中的力(F_s)随粒子大小和空气密度而变化：

$$F_s = \left(\frac{1}{6}\right)\pi d^3 (\sigma - \rho) g \tag{5.26}$$

为了确定粒子如何被风迁移，将U_T和摩擦速度(friction speed, V_*)做个比较。摩擦速度并不是真正的速度，但是约等于粒子在受到大气湍流作用时，近地表垂直方向的速度。摩擦速度与近地表的剪切力(τ)和大气密度(ρ)有关：

$$V_* = \sqrt{\frac{\tau}{\rho}} \tag{5.27}$$

当 $U_T < V_*$ 时，湍流涡旋使粒子向上移动，悬浮在空中，而当$U_T \gg V_*$时，粒子未受到流湍的影响，跳跃移动。太大或太重的粒子无法被风移离表面，主要靠碰撞蠕动力或牵引力移动。

静态阈值速度(V_{*t})是V_*的最小值，表示粒子开始运动时的速度。火星大气稀薄，因此阈值速度要比地球大一个数量级。在现有的火星大气条件下，直径为115μm粒子的V_{*t}为1ms^{-1}(Greeley and Iverson, 195)。大粒子由于质量大，因此需要比较大的V_{*t}开始运动。由于小粒子之间相互作用和粗糙的表面，使得V_{*t}值也比较大。

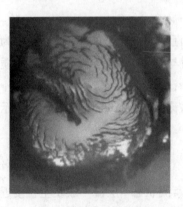

图 5.32 火星北极盖跃移物质形成的沙漠环绕，沙漠分布在暗色区域，环绕残留的极盖，极盖内可见螺旋槽和沉积地层，左边大的入口是北极峡谷(MOC 图，编号：MOC2-231, NASA/JPL/MSSS)

尘埃通过悬浮而移动，而沙子主要通过跳跃迁移。当风速降低时，粒子沉积，形成风蚀沉积地形。跃移物的大量沉积形成沙丘或沙海，主要分布于火星北极盖周围(图5.32)。与沙丘相连最大的沙场沿经度180°分布，位于奥林匹亚平原区。MOLA 分析认为，奥林匹亚平原是极盖的延伸区(Fishbaugh and Head, 2000)。奥林匹亚平原沙丘的热惯量分析表明，沙丘粒子的粒度小于沙子，可能来源于附近极区层状沉积物中富含硫化物的火山层的侵蚀(Herkenhoff and Vasavada, 1999; Byrne and Murray, 2002; Langevin et al., 2005a)。

少量跃移物的沉积形成沙丘。当风一直沿着同一方向吹时，形成新月形的沙丘(图5.33a)。横向沙丘是火星上最常见的沙丘地形(图 5.33b)，常形成于沙多风强的地方。纵向沙丘形成于沙量中等，有主导风向的区域 (图 5.33c)。MGS 分析认为有些沙丘仍然在活动和迁移中，而有些不活动(Edgett and Malin, 2000)。更小一些的沙沉积物称为沙纹(图 5.33d)，在五个火星着陆点均有发现(Greeley et al., 1999, 2006; Sullivan et al., 2005)。

当空气成层状流动时，尘埃堆积形成厚厚的黄土。沿极盖分布的层状沉积物是在气候循环过程中，主要由冰和灰尘黏合形成。白的风纹是另外一种尘埃堆积地形(图 5.34a)，常形成于地形障碍物(如撞击坑)的下风向。风足够的大，除了被地形遮挡的区域，其他表面尘埃都被吹走了。细粒的尘埃明显比粗粒的亮，附着了尘埃的背风处明显比周围没有尘埃的区域亮。Pelkey et al. (2001) 发现风纹和周围地区的热惯量没有区别，推测明亮风纹的厚度为 1μm 到 3mm。风纹是火星上少数几种环绕卫星在其观测周期内能看到变化的地质特征。

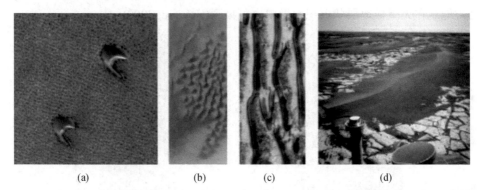

图 5.33 火星上可见各种沙丘。(a) 新月形沙丘位于 73.8°N 319.2°E (MOC 图，编号：MOC2-1390, NASA/JPL/MSSS)；(b) 横向沙丘常见于撞击坑底部，此图位于 51.8°S 254.5°(MOC 图，编号：MOC2-1390, NASA/JPL/MSSS)；(c) 理查森撞击坑中呈现的经向分布的沙丘，位于 72.4°S 180.3°E(MOC 图，编号：MOC2-1322, NASA/JPL/MSSS)；(d) 机遇号火星车穿越子午高原拍摄到的波纹。(图 a, b, c 宽度约为 3km，NASA/ JPL/ MSSS 允许引用；NASA/JPL- Caltech 允许引用图 d)

火星上还有暗色风纹(图 5.34b)。这种地形可能是由于暗色物质沉积或在障碍物后边的大气湍流从表面擦去尘埃，造成风蚀。热惯量分析表明，暗色风蚀纹明显与周围不同，表明沉积的沙子厚度超过几厘米(Pelkey et al., 2001)。暗色风纹因尘卷风移除表面尘埃时形成(图 5.35)。表面的尘埃在风流的层流区，因而很难移动 (粗糙的表面使灰尘更稳定)，尘卷风似乎是使表面尘埃离开层流区，并输送至全球范围的主要机制。

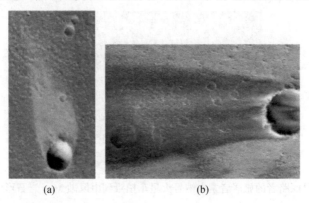

图 5.34 风纹常见于火星撞击坑背风处。(a) 白色的风纹从直径为 600m 撞击坑 (42.0°N 234.2°E)外延伸(MOC 图，编号：MOC2-1489)；(b) 暗色风纹形成于撞击坑背风处，由扰动风冲刷尘埃而形成，此图撞击坑直径为 688m，位于 11.7°S 223.6°E(MOC 图，编号：MOC2-1298, NASA/JPL/MSSS)

雅丹地貌是易受侵蚀的物质因风蚀而形成高脊（图 5.36）。方向通常平行于主风向，雅丹地貌中，抗侵蚀强的层也可有不同的取向 (Bradley et al., 2002)。在火星的美杜莎堑沟群发现雅丹地貌，首次揭示这些沉积物的细粒特性(Ward, 1979)。雅丹地貌在火星极地层状沉积地形中也可见到(Howard, 2000)。

图 5.35 尘卷风清除了表面的细粒灰尘，留下暗色皱纹，可以显示尘卷风的运动轨迹。尘卷风的路径位于希腊盆地南部，图宽约 3km (MOC 图，编号：MOC2-1378, NASA/JPL/MSSS)

图 5.36 由风蚀作用形成的雅丹地貌。这些雅丹地貌位于奥林波斯山西部火山平原(13.2°N 199.9 °E)，图宽约 3km(MOC 图，编号：MOC2-1455, NASA/JPL/MSSS)

岩石常受到跃移沙粒的风蚀作用(图 5.37)，出现凹槽、麻点、磨平的侧面。在火星着陆点常见风棱石，表明风蚀作用是如今影响火星的主要过程。实验及模型计算表明，火星上这些具有喷沙作用的沙子，其动能比地球上大一个数量级，主要是火星上使沙子开始跃移需要更大的风速(Bridges et al., 2005)。

图 5.37 火星探路者的旅居者索杰纳号火星车拍摄到由风蚀 Moe 岩石形成的凹陷和槽

5.3.6 河床演变

在当前低温压条件下，液态水在火星表面无法存在。"水手"9 号最大的发现之一是火星表面不同大小的河道。河道分为峡谷网络、溢流河道、以及侵蚀河道(Baker, 1982)(图 5.38)。河道形态学表明，峡谷网络和溢流河道是由液态水形成，而侵蚀河道是由冰和构造活动造成的。

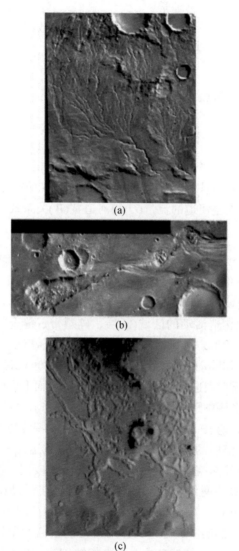

图 5.38 火星上由水和冰形成的几种不同类型的峡谷。(a) 沃里戈峡谷，位于43°S 267°E，峡谷网络呈树枝状(海盗号马赛克图像，NASA/JPL)；(b) 拉维峡谷(1°S 318°E)，同许多溢流河道类似，峡谷起源于混杂地形，图像上的峡谷长约300km(月球与行星研究所)；(c) 侵蚀地形一般位于半球二分边界上，特别是在阿拉伯台地。图像显示的是尼罗瑟提斯桌山群区域(32°N 61°E)的侵蚀地形，宽约248km(MOC 图，编号：MOC2-885, NASA/JPL/MSSS)

流体均向下流动，流速与流体黏度、地形以及行星重力加速度有关。流体可以使固体物质迁移，类似于大气输送小颗粒物质。大气和河流传输都可以用流体运动物理学描述。因此物质在流体中的传输可以应用5.3.5章描述的大气传输（悬浮、跃移、撞击蠕动和牵引）的物理学。

平缓的流动是层流，侵蚀作用小。快速的流动导致湍流（Re大）和侵蚀作用。流体的流量(Q)与横截面(A)和平均速度(v)有关：

$$Q = vA \tag{5.28}$$

流体的平均流速可以通过曼宁公式(Manning Equatation)计算：

$$v = \frac{R^{2/3}S^{1/2}}{n} \tag{5.29}$$

R为水力学半径，等于A与湿周的比值。S为水面比降，n为曼宁粗糙系数。典型自然河流的曼宁粗糙系数从0.025(缓坡)到0.05(陡坡、粗糙床面)。Irwin et al., (2005)根据曼宁公式推测了火星河道的流量(Q)与河道宽(W)关系式：

$$Q = 1.4W^{1.22} \tag{5.30}$$

流体的通量越大（如洪水），移运的物体体积越大，传送的物质越多。

根据河道地形变化，可了解河道区域内地形和表面特征。火星上有很多树状峡谷，说明水沿着缓坡上的小河向下汇集到大河网。陡坡形成的河道支流与主河道几乎平行。有强烈构造活动的区域(断层、碎裂带、缝合带)，河道有锐角而不是平缓转弯。形成环状河道的区域可能是中央隆起或盆地，取决于水流的方向。

河道不仅是由流体移动或雪融形成，而且地下水也能形成河道。当地下水消失时，上面覆盖的物质崩塌进入干枯的地下水河道，表面形成侵蚀河道。侵蚀河道的头部接近圆形，可以和降雨形成的河道区分(Baker, 1982)，尽管最近对地球上泉水形成的河流的研究表明，地表的性质可以决定是否会出现特殊的地形特征。

火星峡谷网络是集中的河道系统，单个的河道宽达几千米，长度可达几百千米 (Baker, 1982)。峡谷网络主要见于诺亚纪的地形单元中。在一些火山和水手谷的翼部也有年轻的峡谷网络分布，可能主要与热液活动(Gulick, 1998)、降水(Mangold et al., 2004a)、雪融(Fasset and Head, 2006)和火山气体沉降(Dohm and Tanaka, 1999)有关。诺亚纪形成的峡谷网络可能是由大范围降水(Craddock and Howard, 2002; Howard et al., 2005)或地下水掏蚀(Carr, 1995; Malin and Carr, 1999)造成的。降水而非掏蚀形成峡谷网络这一观点，得到了河道和流域高度集中、有内河道(Grant and Parker, 2002; Irwin and Howard, 2002)这些事实的支持(Irwin et al., 2005)。河道流量的估值和地球上降雨形成的洪水流量接近（300-3000m^3s^{-1}）(Irwin et al., 2005)。然而并不是所有的峡谷网络都有降水的特征，因此降水和掏蚀都是形成火星峡谷网络的原因。

第五章 地　质

溢流河道比峡谷网络更大,河宽达几十千米,长度几千千米(Baker, 1982)。溢流河道的形态与地球上洪灾形成的河道类似,如美国西北部槽化的史卡布土地(Baker, 1978),形成的地形包括纵向沟槽和流线型岛。溢流河道形成年代是西方纪到亚马孙纪,起源于有混杂地形的大型洼地(图 5.38b)。当火山或撞击作用使地下的冰突然融化,形成河道,洪水流过周边地带,形成河道及其相关形貌。覆盖在突发区上的表面物质塌陷进入空洞,形成混杂地形,溢流河道的通量为 $10^6 \sim 10^7 m^3 s^{-1}$ (Coleman, 2005)。(原文为 $10^6 \sim 10^7 m\ s^{-1}$)

MOC 图像分析了火星上河流活动的过去和现在。河道破坏了诺亚纪高地许多撞击坑的边缘,撞击坑底部通常很平,被认为是古湖泊沉积作用形成(Cabrol and Grin, 1999, 2001; Irwin et al., 2005)(图 5.40a)。在撞击坑和峡谷的底部,层状堆积物是在湖泊环境下沉积形成(Malin and Edgett, 2000a)(图 5.40b)。对"机遇"号着陆点子午高原区域的层状沉积物矿物学调查表明,至少部分沉积物是水底沉积物(Squyres et al., 2004c)。具有三角洲沉积特性的支流冲积扇,常见于撞击坑中,加上其他古湖泊活动的特征,强烈说明火星过去有河流活动(Malin and Edgett, 2003; Bhattacharya et al., 2005; Fassett and Head, 2005; Lewis and Aharonson, 2006)(图 5.40c)。当流水遇到悬崖时,在悬崖的底部扇形区域内留下沉积物

图 5.39　当水被迫绕过地形(如撞击坑)时,形成流线型岛。此流线型岛是来自阿瑞斯峡谷的水流形成,水流转向绕过直径为 8km 撞击坑处,撞击坑位于20.0°N 328.7°E(THEMIS图片,编号:V0605017, NASA/JPL/ASU)

扇(Moore and Howard, 2005)(图 5.40d)。这些地形都形成于诺亚纪。在撞击坑内陡峭的斜坡上,以及峡谷壁上,可以看到一些年轻的冲沟,有些可能仍然在活动(Malin and Edgett, 2000b; Heldmann et al., 2005)(图 5.40e)。尽管有些人认为河道和冲沟是由 CO_2(Hoffman, 2000; Musselwhite et al., 2001)或 CH_4(Max and Clifford, 2001)流体作用形成,但根据现在火星的条件,水最有可能形成这些地形(Stewart and Nimmo, 2002)。关于这些地形与火星上水的分布及其演化的关系,将在第七章讨论。

5.3.7　极地冰川作用

火星极区的构成是厚极区层状沉积物(ploar layered deposit, PLDs),由水冰和硅酸盐灰尘以及富冰的极盖组成。每一个极盖都由宽广的、明显有季节性的极盖(从秋季到春季出现)的,和永久性的极盖(夏天仍然存在)组成(图 5.41)。根据热和成分特性,火星北极永久极盖由水冰组成(Kieffer and Titus, 2001; Langevin et al., 2005b),而按流变学、热和光谱特性,南极永久极盖在水冰上盖有约 8 米厚的 CO_2

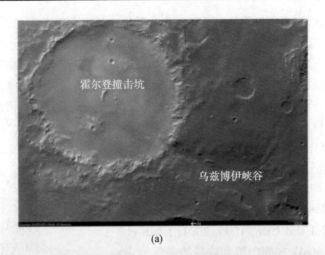

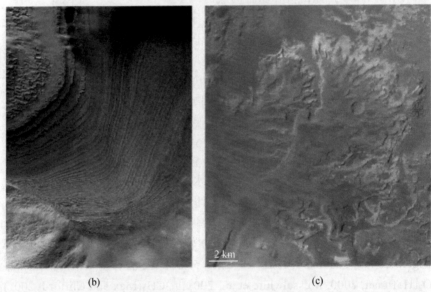

图 5.40　(a) 一些撞击坑边缘被河道侵蚀，撞击坑底部平坦，表明河道中的水淹没了撞击坑的底，短暂形成了湖。乌兹博伊峡谷切断直径为 140km 的霍尔登撞击坑，可能在撞击坑底部形成湖，图像的中心位置为 26°S 325°E(HRSC 图像 SEMSOYXEM4E, ESA/DLR/FU Berlin [G. Neukum])；(b) 厚沉积物地层常见于凹陷中。此厚地层见于伽勒撞击坑，位于 52.3°S 329.9°E，图宽约 4km(MOC 图，编号：MOC2-1494, NASA/JPL/MSSS)；(c) 埃伯斯瓦尔德撞击坑(24.0°S 33.7°W)中的冲积扇，表明撞击坑中有河流沉积物(MOC 图，编号：MOC2-1225a, NASA/JPL/MSSS)；(d) 冲积扇沿撞击坑边缘到底部下降，此撞击坑直径约 60km，位于 23.0°S 74.3°E(THEMIS 图像，编号：I17522002, NASA/JPL/ASU)；(e) 冲沟常见于陡峭的斜坡上，如撞击坑和峡谷壁上。此图，中心位于 38.0°S 192.8°E，图宽 3km(MOC 图，编号：MOC2-1292, NASA/JPL/MSSS)

第五章 地　质

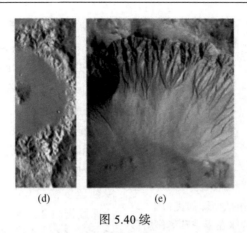

(d)　　　　　　(e)
图 5.40 续

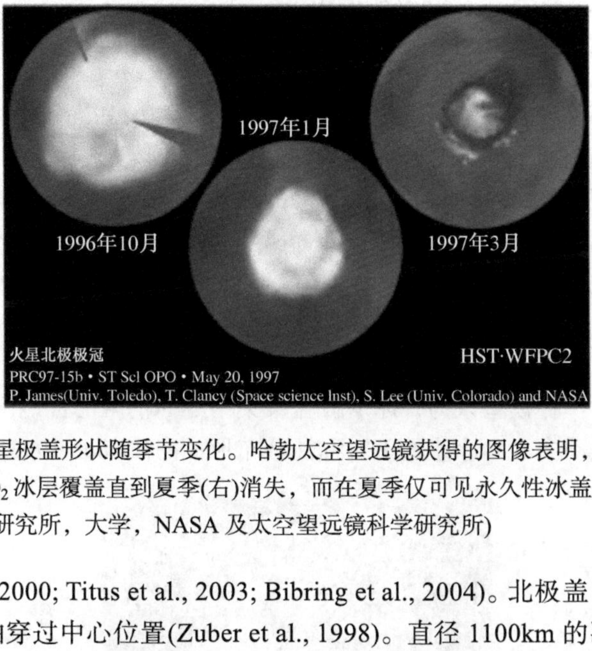

图 5.41　火星极盖形状随季节变化。哈勃太空望远镜获得的图像表明，北极盖在冬季(左)有 CO_2 冰层覆盖直到夏季(右)消失，而在夏季仅可见永久性冰盖。(Toledo 大学空间科学研究所，大学，NASA 及太空望远镜研究所)

冰层(Nye et al., 2000; Titus et al., 2003; Bibring et al., 2004)。北极盖比周围平原要高约 3km，自转轴穿过中心位置(Zuber et al., 1998)。直径 1100km 的冰盖覆盖了北纬 80°以上的大部分区域(Clifford et al., 2000)，体积估计为 $1.1 \sim 2.3 \times 10^6 km^3$ (Zuber et al., 1998; Smith et al., 2001a)。冰盖覆盖了大多数的 PLDs，地质研究表明过去覆盖的区域更广(Zuber et al., 1998; Fishbaugh and Head, 2000; Kolb and Tanaka, 2001)。

　　永久性南极盖比北极盖高约 6km，但和周边的地势差和北极类似。目前体积约为 $1.2 \sim 2.7 \times 10^6 km^3$ (Smith et al., 2001a)。中心点 87°S 315°E(Clifford et al., 2000)，与自转轴有偏差，最高点位于 87°S 10°E(Smith et al., 2001a)。南极盖的直径为 400km，远小于北极盖，没有覆盖整个南 PLD。同北极盖一样，过去覆盖的区域更广(Head and Pratt, 2001; Tanaka and Kolb, 2001)。

图 5.42 南极呈现不同的地形,如类似于"瑞士干酪"地形,由 CO_2 冰在春季升华作用形成。图形宽约 1.5km,位于 86.0°S 9.2°E。(MOC 图,编号:MOC2-780, NASA/JPL/MSSS)

永久性南极盖呈现不同形状的洼地(图 5.42),而北极盖随下垫的 PLD 变化呈现凹陷、裂隙和凸起等特征(Thomas et al., 2000b)。北极盖地形主要受强风作用下的水冰消融、冰的粘性流的作用(Zuber et al., 1998)。永久性南极盖由两个不同时期的沉积层组成,中间隔了一段侵蚀期。两层都在被侵蚀,老地层的侵蚀速度快(3.6m/火星年),年轻单元侵蚀速度慢(2.2m/火星年) (Thomas et al., 2005)。CO_2 冰层的升华和崩塌作用(Byrne and Ingersoll, 2003)形成不同的地形特征。

北极盖有一系列通往 PLD 的螺旋状凹槽,深度达 1km(图 5.32)(Zuber et al., 1998)。南极盖有螺旋状的陡坡(图 5.43)。这些螺旋地形从极区中心向外,并延伸到 PLD 区域。北极的螺旋凹槽间距 20~70km,宽 5~30km,长达几百千米(Howard, 2000)。凹槽略呈顺时针样式,而南极冰盖陡坡呈逆时针样式。关于螺旋样式的形成原因有 2 种主要的模型:一种模型认为,朝向太阳一面的冰先升华,使螺旋起始于极区沉积物的边缘附近,向极区中心移动(Howard et al., 2002)。冰盖升华形成强的下降风,在科里奥利(Coriolis)力的作用下风向偏转,近似垂直地击打陡坡,增加了侵蚀作用。另一种模型认为,冰从极盖聚集中心向消融的极地沉积物边缘流动,螺旋样式是由流动中心和冰速的不对称性分布形成的(Fisher, 1993, 2000)。

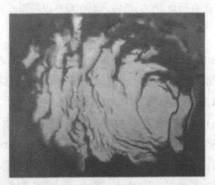

图 5.43 残留的南极盖,冰盖内的螺旋状陡坡,下垫的极区沉积层。(MOC 图,编号:MOC2-225, NASA/JPL/MSSS)

大凹入峡谷(宽约 100km,深 2km)沿极地沉积层边缘向内延伸几百千米,切入两极盖。北极峡谷延伸穿过极盖区一半,形成陡峭的弓形悬崖。南极峡谷起始于近圆形的悬崖，高达 500m，宽 20km(Anguita et al., 2000)。风(Hgoward, 2000; Kolb and Tannaka, 2001)和洪灾(Anguita et al., 2000; Fishbaugh and Head, 2002)的作用形成了这 2 个大峡谷。

永久极盖下的极区层状沉积物的构成是水平的冰和尘埃层（图 5.44），随气候循环（自转轴倾斜引起）沉积形成的(Thomas et al., 1992b)(7.4.2 章节)。北极的 PLDs 因水冰外露，热惯量值高。而南极 PLDs 区域覆盖了细粒的残留沉积物，热惯量值低(Paige and Keegan, 1994; Paige et al., 1994; Vasavada et al., 2000; Putzig et al., 2005)。撞击坑 SFD 分析表明，北极的 PLDs 形成年代晚于十万年，而南极 PLDs 形成年代约为 1000 万年(Herkenhoff and Plaut, 2000)。低撞击坑密度表明，因侵蚀和沉积作用，表面更新的速度为 0.06~0.12mm yr^{-1}。

图 5.44 极地的沉积物呈不同反照率和结构。此图的沉积地层是由气候交替循环形成，地层形成于南极地区的一斜坡。图宽约 3km，位于 86.9°S 179.5°E.(MOC 图，编号：MOC2-1343, NASA/JPL/MSSS)

PLDs 能看到的水平分层，从 300m 下至目前图像分辨率的极限(约 1.5m/像素，MOC) (Clifford et al., 2000)，尽管火星侦查轨道器的高分辨率成像科学实验（HiRISE）的初步结果展示了某些层的极限厚度。层与层的反照率不同，可能与不同的灰尘-冰比例、粒度大小以及物质组成有关。大多数层是由细粒灰尘组成，偶见粗颗粒和矿层(Malin and Edgett, 2001; Byrne and Murrary, 2002)。层间的不一致性和层上撞击坑地形松弛，表明极地区域经历了复杂的演化历史，包括沉积、消融、次表层蠕动及侵蚀(Howard et al., 1982; Kolb and Tanaka, 2001; Murray et al., 2001; Pathare et al., 2005)。波状地层也可看到，原因可能是冰盖的负载产生了应力，引起冰的流动，造成了内部形变(Fisher, 2000)。

季节性的极盖由 CO_2 冰层组成，在冬季时覆盖面最大。北极盖围绕极轴对称分布，在各经线延伸到约 60°N。季节性的南极盖，与残留的极盖不同，以地理轴为中心，延伸到约 65°S。季节性极盖开始形成于晚夏或早秋，先期为薄凝结云层，后期为密云，称为极罩，位于极点上方。北半球极区冰罩形成前期始于 Ls=185°(longitude of the sun, Ls, 经度)，而南半球南极冰罩形成前期始于 Ls=50°(Dollfus et al., 1996; Wang and Ingersoll, 2002)。在这个时间冰盖边缘常见沙尘暴(Benson and James, 2005)。从薄雾到稠密凝结云，冰罩由各种云组成，主要含 CO_2 冰、少量灰尘以及水冰。季节性的冰盖是由极盖冰沉积形成，在春季可以识别到，北极 Ls=10°，南极 Ls=180°。冬季，季节性极盖上反照率和发射率的变化主要与物质组成(CO_2 和 H_2O 含量比)、粒度、尘埃含量、孔隙率有关(Eluszkiewicz et al., 2005; Snyder Hale et al., 2005)。MOLA 分析表明季节性的沉积物厚度在极盖可达 2m (Smith et al., 2001b)。

极盖在春季消退的速度也不一致，在主盖消退后，一些霜冻的外露物仍然存在。这些霜冻的外露物主要位于粗糙地形、沙丘、长久维持低温的撞击坑底部，有的可能是从前更大的永久极盖的残留。早期地基观察表明，在南极点附近有个凸起的霜冻外露物，称为米歇尔山（Mountains of Mitchell）（72°S 40°E）。这个区域撞击程度大，适度高于周边。TES 观察的结果证实了 CO_2 霜是这个区域高反照率的主要原因(Kieffer et al., 2000)。大气循环模型推测，希腊和阿耳古瑞撞击盆地的地形特征增强了此区域的沉降作用，再加上地形的作用，使得霜冻物质在此贮留(Colaprete et al., 2005)。

火星热成像分析表明，低温点常围绕极盖区(Kieffer et al., 2000; Kieffer and Titus, 2001; Titus et al., 2001)。海盗号观察到中心位于 77°S 160°E 的区域，反照率与周围一样，但异常的冷。TES 分析表明，这些异常区主要由细粒、十分纯净的 CO_2 冰层组成，与周围地区比，因为低热惯量、地形，也许还因霜沉降增加，当周围的温度随着日照增加而上升时，这里依然很冷(Kieffer et al., 2000; Colaprete et al., 2005)。暗色特征如点、扇等常见于异常区，代表冰层下 CO_2 升华形成的 CO_2 射流(Kieffer et al., 2006)。在北极盖附近的奥林匹亚平原沙丘地带发现有类似的异常区(Kieffer and Titus, 2001)。也有关于在两极发现小一些的冰层的报道。

与地球冰川类似的各种地形结构特征围绕现代火星极盖均可见到(Kargel and Strom, 1992; Kargel et al., 1995; Head and Pratt, 2001; Ghatan and Head, 2002; Hiesinger and Head, 2002; Milkovich et al., 2002)。这些特征，结合各种河流特征，说明过去极区冰沉积的范围比现在大，经历了大范围的消融作用才缩小到今天的规模。设想的冰川特征包括，蜿蜒的山脊是蛇形丘，是由次表层冰下河流沉积而形成(图 5.45a)，线性的地形是由富冰物质的流动而形成(图 5.45b)，指纹状地体是最终的冰碛沉积物(图 5.45)，冰川切割的峡谷称为圆形谷。所有的这些地形的年龄在西方纪到早亚马孙纪之间(Kargel et al., 1995; Head and Pratt, 2001; Milkovich et al., 2002)。

火星地热模型研究表明，高于南北纬~50°，次表层至表面的冰处于稳定状态(Clifford and Hillel, 1983)，尽管由于表面热物理特性的变化，冰也存在于其他区域的表面。高纬度地区地形特征与地球永久冻土层类似，据 GRS 观测，与次表层水的分布高度相关(Kuzmin et al., 2004; Mangold et al., 2004b)。不规则的凹陷与地球上热喀斯特地形类似(图 5.46a)，由富冰的土壤热降解而形成(Costard and Kargel, 1995)。山顶有大坑的小土堆(图 5.22)，曾经被解释为伪撞击坑，是由熔融岩浆与地下冰相互作用而形成的(Greely and Fagents, 2000); 或者是冰核丘，因水结冰时的流体静压而抬升的冰土圆顶(Soare et al., 2005)。小多边形(直径小于 500m)是由富含挥

第五章　地　质　　　　　　　　　　　　　　　　　　　　　　　　　　　　·123·

发份的土壤热收缩(图 5.46b)，次表层水充填裂隙，在更冷的时期，冰冻后使裂隙

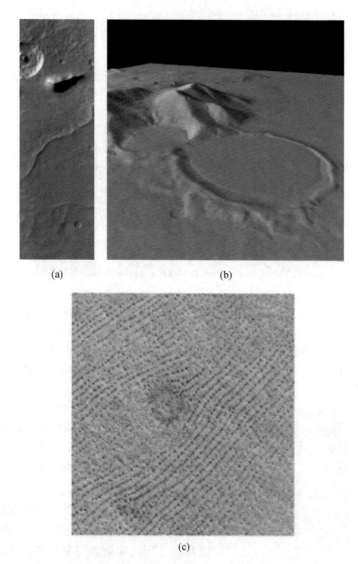

图 5.45　(a) 蜿蜒的山脊，图上显示的是阿耳古瑞盆地南部边缘，一般认为是由大冰川作用形成的蛇形丘，顶部撞击坑直径约为 14.3km，位于 55.1°S 316.7°E(THEMIS 图像，编号：I08553004, NASA/JPL/ASU)；(b) 河道和撞击坑底部有线状地形，一般认为是由富含冰物质滑动形成。HRSC 拍摄的图像表明，线状物质从直径 9km 的撞击坑滑动到直径 16km 的撞击坑中。撞击坑临近希腊盆地，位于 38°S 104°E(图 SEMIZGRMD6E, ESA/DLR/FU Berlin (G. Neukum))；(c) 指纹状地形是由小土堆行组成，一种观点认为是由冰川消退的冰碛物组成，图宽约 3km，位于 72.4°N 107.4°E. (MOC 图，编号：MOC2-513, NASA/JPL/MSSS)

扩张形成多边形地形(Siebert and Kargel, 2001; Kossacki et al., 2003; Mangold, 2005; Van Gasselt et al., 2005)。

较低纬度某些地形特征被解释为湿润气候条件(与自转轴倾角周期有关)下冰川活动的产物。Lucchitta(2001)认为溢流河道上沿经向分布的凹槽和流线型山丘是由因为底部温暖的冰川物质溢流形成。塔尔西斯火山盾翼部或希腊山脉东部山脉底分布的舌状岩屑坡看上去富含冰，被认为是近期(晚亚马孙

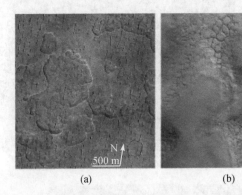

图 5.46 (a) 北部平原的一些区域可见凹陷，表明地下有冰存在。此凹陷与地球上热喀斯特凹陷类似，由次表层冰消失形成。图像凹陷位于乌托邦平原，44.9°N 85.3°E。(MOC 图，编号：MOC2-293, NASA/JPL/MSSS)；(b) 小多边形，位于李奥撞击坑，54.6°N 33.4°E，是由富冰土壤解冻形成，图宽约 3km。(MOC 图，编号：R1001555, NASA/JPL/MSSS)

图 5.47 在火星的多个地方发现有流动冰川地形。此图拍于撞击坑坡壁，位于 38.6°S 112.9°E，图宽约 2.5km。(MOC 图，编号：M1800897, NASA/JPL/MSSS)

纪)冰川活动残留物(Neukum et al., 2004; Head et al., 2005)。舌状岩屑坡也见于沿撞击坑和峡谷壁分布的小冲沟底部。冲沟可能由地下水渗流(Malin and Edgett, 2000b)或上一个高自转轴倾角周期的表面积雪融化形成(Christensen, 2003)。冲沟底部相关的舌状岩屑坡成脊状经向分布(图 5.47)，与地球上冰川流形成的地形特征类似，可代表被岩屑覆盖的活动冰川(Arfstrom and Hartmann, 2005)。

侵蚀地形沿二分边界分布，主要在 0°~70°E 范围内。侵蚀地形由底平、壁陡的河道(侵蚀河道)构成(图 5.38c)，汇聚形成隆起，被来自北部的平原物质淹没。侵蚀地体可能源自与二分边界形成有关的构造活动，随后又经历了河流 (Carr, 1995, 1996; Carruthers and McGill, 1998; McGill, 2000)、风 (Irwin et al., 2004)、体块运动(Carr, 1995)和/

或冰川活动(Lucchitta, 1984; Head et al., 2006 a,b)。舌状岩屑坡、圆形头峡谷和线状河底沉积物在峡谷内顺坡而下形成侵蚀河道（线状峡谷沉积物），表明富冰物质仍然持续改变这些河道地形(Head et al., 2006 a,b)。

5.4 火星地质演化

5.3 节详细讨论了火星历史上不同的地质作用过程。撞击概率最高的时期是诺亚纪，通过撞击成坑、在周边地区放置溅射物覆盖层，是破坏前期已有地形的主要退化过程。南部高地记录了高密集撞击坑时期的历史，最近的研究表明有一些大的撞击坑被掩埋在北部年轻的平原沉积物之下(Frey et al., 2002; Watters et al., 2006)。吸积、分异以及短寿命核素衰变使早期火星内部热量增加，形成了在诺亚纪到西方纪大规模的火山和构造活动。撞击坑间的平原、脊状平原、盘形火山、埃律西昂和塔尔西斯初期火山活动，以及水手谷开始形成都在这一段时间。由于内部热量的减少，亚马孙纪火山和构造活动主要集中在埃律西昂和塔尔西斯地区，而目前活动区域位于两块地体之间。

水在火星地质演化历史中具有重要作用。诺亚纪的火星拥有厚的大气层，使表面更加温暖，形成降雨，液态的水存在于火星表面(Jakosky and Phillips, 2001)(6.4节)。由于液态水存在，这个时期形成大量的峡谷和峡谷网络地形，使诺亚纪的表面地形受侵蚀(Craddock and Howard, 2002)。在大撞击期末，大气大部分逃逸，形成类似于希腊和阿耳古瑞等大的撞击盆地，降水停止，火星表面上的水消失。短期的局地河流活动形成溢流河道(Baker, 2001)，间隔的是长期的类似于今天的干冷条件 (Baker, 2001)。火星自转轴倾角变化影响了近期的气候(亚马孙纪)，在干季和湿季之间变换，而湿季火星表面的温度大小还存在争议(7.4.2节)。如果在温暖的湿季，可能形成降水，液态水可能在火星上形成河流、湖泊或海洋。如果寒冷的湿季，可能形成降雪，在赤道附近也能形成冰川。除在自转轴倾角变化较大的时期外，现代的火星是冷和干燥的环境，地质活动主要有风蚀、块体运动和冰川蠕动。

火星全球勘查者（MGS），奥德赛（Odyssey）和火星开车（Mex）获得的矿物信息对火星地质历史演化提供新的约束(4.3 节)。OMEGA 根据观察到特征矿物时间分布特征，将火星地质历史分为三个火星化学时期(Bibring et al., 2006)。层状硅酸盐纪从早诺亚到中诺亚纪，这个时期火星上富集水，形成的层状硅酸盐岩是这个时期的主要标志。在晚诺亚纪到早西方纪，火山活动增强，大量的去气作用形成硫磺，与液态水发生反应，形成硫化物，这个时期称为硫酸盐纪。在晚西方纪到晚亚马孙纪形成的矿物中铁主要为三价，表明除了局部区域，近代火星缺液态水。在铁纪，蚀变主要局限于霜冻-岩石作用以及风化过程。因此，矿物和地形特征记录了火星表面过去约 45 亿年的地质演化历史。

第六章 大气状态和演化

6.1 今天火星大气的特征

18 世纪的天文学家就观测到了火星的云层,揭示了火星存在大气。地面的反射光谱仪探测到大量在 2~4μm 的吸收线,显示火星大气的主要成份是二氧化碳(CO_2)。水手 4, 6, 7 号(Mariners 4, 6 and 7)证实 CO_2 在火星大气成份中占统治地位(表 6.1),并发现目前火星大气非常稀薄,平均压强只有 700Pa(7mbar)。由于火星大气中 CO_2 和 H_2O 含量的季节变化,表面大气压的变化可以高达 20% (Leovy, 2001)。火星稀薄的大气很难保持太阳的热量,导致火星日侧和夜侧存在巨大的温差。根据 4.4.2 节,一个行星的平衡温度(T_{eq})由入射的太阳辐射(日晒)和行星表面再辐射之间的平衡所决定。 这个平衡温度由下面的表达式给出:

$$T_{eq} = \left[\frac{(1-A_b L_{solar})}{16\pi r^2 \varepsilon \sigma}\right]^{1/4} = \left[\frac{F_{solar}(1-A_b)}{4\varepsilon \sigma r_{AU}^2}\right]^{1/4} \quad (6.1)$$

其中 F_{solar} 是地球轨道的太阳辐射总量(F_{solar} = 太阳常数 = $1.36 \times 10^3 J\ s^{-1} m^{-2}$), r_{AU} 是行星到太阳的距离(以天文单位为单位)。在第四章中,我们知道火星平均 A_b = 0.250. 假设 1 个平均的发射率 ε = 1 (适用于岩石表面),火星的 r_{AU} = 1.52AU,可以得到 T_{eq} = 210K。实际观测到的火星表面平均温度大约是 240K,表明火星大气的大量的 CO_2 捕获了部分从表面辐射的热量,从而导致了一定程度的温室效应。

表 6.1 火星大气组成(体积比)

ppm(Parts per million): 百万分率	
二氧化碳(CO_2)	95.32%
氮(N_2)	2.70%
氩(Ar)	1.60%
氧(O_2)	0.13%
一氧化碳(CO)	0.08%
水(H_2O)	210 ppm
一氧化氮(NO)	100 ppm
氖(Ne)	2.5 ppm
氢-氘-氧(HDO)	0.85 ppm
氪(Kr)	0.3 ppm
氙(Xe)	0.08 ppm

目前火星大气的低压(700Pa)和低温(240K)说明绝大部分火星表面不可能存在液态水。即使在火星表面投放液态水,它要么立即蒸发进入大气,要么在表面结成

冰。火星表面有 5 个地点的压力和温度条件也许容许液态水短时间存在(37~70 个火星日)：北纬 0°~30°N 的亚马孙、阿拉伯、埃律西昂平原(Elysium Planitiae)，和希腊、阿尔古瑞撞击盆地(Haberle et al., 2001)。由于伽马射线谱仪 GRS 分析的近地表 H_2O 的分布和这些区域的相关性很弱，液态水是否真的在这些区域存在还不确定。然而，由火星着陆器和巡视器的分析得到的火星土壤中富含盐，表明盐水也许在火星表面短暂存在过。

对火星大气的理解主要基于我们对地球大气动力学的认识。和地球比较，由于火星表面没有海洋，就简化了大气动力学过程，但有些对地球大气无关紧要的因素却带来了火星大气的复杂性。一个复杂因素就是火星轨道的大偏心率导致太阳辐射的年变化比地球显著得多。火星表面的尘暴很普遍，由于尘埃粒子吸收和再辐射热量导致火星高层大气的加热，而低层大气由于沙尘阻挡了太阳辐射的进入而冷却，削弱了温室效应。低热惯性区产生了火星表面的"热陆"，从而影响大气环流。轨道倾角变化通过气候变化也会影响长期的大气环流。但是火星当前大气环流的主要驱动是大气和季节性极盖之间的 CO_2 和 H_2O 季节性的冷凝和升华。

6.2 大气物理

6.2.1 气压方程和大气标高

根据气体的成分、温度和物理性质，火星大气可以分为多层结构。火星表面以上压强(P)和密度(ρ)随着离地高度(z)的变化满足如下静力平衡方程

$$\frac{dP}{dz} = -g(z)\rho(z) \tag{6.2}$$

其中 $g(z)$ 是离地高度 z 处的重力加速度。大气中的压强和温度的关系由理想气体关系可以得到：

$$P = NkT \tag{6.3}$$

其中 N 是单位体积内的气体粒子数，k 是波尔兹曼常数($k = 1.38 \times 10^{-23} JK^{-1}$)。本质上，$N$ 就是气体密度除以单粒子质量。单粒子质量等于以原子质量(amu)(μ_a)为单位的粒子的分子量与单原子质量($m_{amu}=1.660539\times 10^{-27}kg$)的乘积：

$$N = \frac{\rho}{\mu_a m_{amu}}. \tag{6.4}$$

由式(6.3)和式(6.4)，可以得到密度的表达式：

$$\rho = \frac{P\mu_a m_{amu}}{kT}. \tag{6.5}$$

大气压强随高度的变化可以由气压方程得到：

$$P(z) = P(0)\exp\left(-\int_0^z \frac{dz}{H(z)}\right) \tag{6.6}$$

其中 $P(0)$ 是地表的压强($z=0$；通常对应于行星平均半径或者大地水准面)，而 $P(z)$ 指的是离地高度 z 处的压强。$H(z)$ 是行星大气的标高，与温度(T)，重力加速度(g)，和所关注高度的平均分子量(μ_a)相关：

$$H(z) = \frac{kT(z)}{g(z)\mu_a(z)m_{amu}}. \tag{6.7}$$

大气压强标高 H 是压强减小到原来的 1/e 上升的距离。H 值减小意味着大气压强随高度迅速减小，火星大气的标高约为 10km。

类似地，可以推导得到密度随高度变化的公式：

$$\rho(z) = \rho(0)\exp\left(-\int_0^z \frac{dz}{H^*(z)}\right). \tag{6.8}$$

这里，$H^*(z)$ 为大气密度标高，由如下表达式得到：

$$\frac{1}{H^*(z)} = \left(\frac{1}{T(z)}\right)\frac{dT(z)}{dz} + \frac{g(z)\mu_a(z)m_{amu}}{kT(z)}. \tag{6.9}$$

在大气温度不随高度变化的区域，$H^*(z) = H(z)$。

火星大气中多样的热源驱动了大气的运动。其中太阳加热是大气循环最重要的驱动源，主要通过地表和较大光学厚度的大气层内(例如，近云层)对可见光波长光子的吸收来实现。火星表面和大气尘埃粒子吸收可见光能量后，通常以红外线形式再次对外辐射，进一步加热大气。在离地较远的区域，紫外线和远紫外线辐射能够分裂分子，使原子和分子离子化，提供了另一种大气加热源。在某一特定区域内，热传递的最有效机制驱动了大气运动，这样导致了大气的分层结构。三种热传递的机制分别为传导、对流和辐射。

6.2.2 传导

如 3.4.1 节所述，传导是通过原子和分子间的直接碰撞来传递热量。在行星大气的上层区域热传导是很重要的，有时在近地区域也是如此。同对行星内部的传导分析一样，可以利用傅里叶方程(3.27)和热扩散方程(3.30)来定量化地描述大气热传导。

6.2.3 对流

对流是火星低层大气中的主要物理过程，随着物质的运动，热量可以在不同温度的区域间进行传递。在行星大气中当一个气团内的温度稍高于周围大气温度时，就会发生对流。热气团为了建立新的压力平衡会向四周膨胀，这种膨胀使得气团内的密度降低，当气团内密度低于周围大气密度时，气团就会上升以求达到新的密度平衡。同时，由于大气压强随着高度的升高而降低，所以气团在上升的过程中不断膨胀。气团内的温度随着气团的膨胀而降低，周围大气温度也随着高度的升高而降低，如果大气温度降低得足够快，则气团内的温度在上升过程中会始终高于周围大气温度。因此，热气团将持续上升并向上传输热量。反之，冷气团相对比较稠密将持续下降。当对流在大气层的能量传输中起主导作用时，大气层的温度服从绝热温度递减率分布。在绝热条件下，对流气团和周围大气没有热量交换。

从流体静力学平衡方程(式6.2)和基本热力学关系出发，可以推导出大气层对流区的温度分布。大气层中能量的守恒服从热力学第一定律：

$$dQ = dU + PdV. \tag{6.10}$$

dQ 表示在此过程中系统从外界吸收的热量，应等于系统内能的增量(dU)和系统对外做功(PdV，P 表示压力，dV 表示体积变化)之和。等容热容量(C_V)和等压热容量(C_P)由以下公式给出

$$C_V = \left(\frac{dQ}{dT}\right)_V = \left(\frac{\partial U}{\partial T}\right)$$
$$C_P = \left(\frac{dQ}{dT}\right)_P = \left(\frac{\partial U}{\partial T}\right)_P + P\left(\frac{\partial V}{\partial T}\right)_P \tag{6.11}$$

比容(V)是指单位质量的物质所占的容积，其数值是密度(ρ)的倒数

$$\rho = \left(\frac{1}{V}\right). \tag{6.12}$$

对式(6.3)理想气体定律求微分，并带入式(6.12)替换密度，可以得到

$$dV = \left(\frac{k}{\mu_a m_{amu} P}\right) dT - \left(\frac{kT}{\mu_a m_{amu} P^2}\right) dP \tag{6.13}$$

等压比热(c_P)和等容比热(c_V)表示单位质量(m)物质的热容量：

$$c_P = \frac{C_P}{m} \quad 和 \quad c_V = \frac{C_V}{m} \tag{6.14}$$

在理想气体中，等压热容量和等容热容量之差(或等压比热和等容比热之差)为气体常数($R_{gas} = 8.31 \text{ J Mole}^{-1}\text{K}^{-1}$)：

$$C_P - C_V = m(c_P - c_V) = R_{gas} = N_A k \tag{6.15}$$

其中 N_A 为阿伏加德罗常数，1摩尔粒子所含的粒子数(6.022×10^{23} 个)，k 为波尔兹曼常数。

假设一个由理想气体组成的大气层发生对流。气团在运动过程中是绝热的(即 $dQ = 0$)，则式(6.10)变为

$$dU = -PdV \tag{6.16}$$

利用(6.11)和(6.14)式，可以得到

$$c_V dT = -PdV$$
$$c_P dT = \left(\frac{1}{\rho}\right)dP \quad (6.17)$$

等压比热和等容比热之比(或等压热容量和等容热容量之比)经常应用在一些热力学公式中，可以用参数 γ 表示：

$$\gamma = \frac{c_P}{c_V} = \frac{C_P}{C_V} \quad (6.18)$$

利用等压比热与等容比热之比、热力学方程以及流体静力学平衡方程，可以得到干燥大气的绝热温度递减率：

$$\rho c_P \left(\frac{dT}{dz}\right) = -g\rho \rightarrow \frac{dT}{dz} = \frac{-g}{c_P} \quad (6.19)$$

此公式常写为

$$\frac{dT}{dz} = \frac{-(\gamma-1)}{\gamma}\left(\frac{g\mu_a m_{amu}}{k}\right) \quad (6.20)$$

不同的气体具有不同 γ 值，单原子气体的 $\gamma=5/3$，双原子气体的 $\gamma=7/5$ 而多原子气体的 $\gamma=4/3$。火星大气的干绝热温度递减率为 4.5 Kkm^{-1}。

干绝热温度递减率是大气对流层的最大温度梯度。一些物质(比如水)的挥发性将减小这个温度梯度，从而得到湿绝热温度递减率(6.3.2 节)。

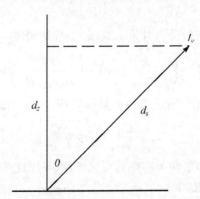

图 6.1　辐射的强度(I_V)与它在大气层中传播的距离(ds)和辐射角度(θ)相关

6.2.4　辐射

原子不但可以吸收热量同时也时刻不停的向外发射热量，这种传送能量的方式称为辐射，这是大气层中能量传输的第三种机制。随着辐射在大气中传播，其强度会发生变化。辐射强度变化(dI)与初始辐射强度(I)，大气密度(ρ)，大气厚度(ds)以及大气吸收和发射辐射的性质有关：

第六章 大气状态和演化

$$dI_v = j_v\rho ds - I_v\alpha_v\rho ds \tag{6.21}$$

下标 v 表示辐射强度，发射系数(j_v)和吸收系数(α_v)都与辐射频率有关。

能量可以以任意角度发射，因此 ds 可以大于最小大气厚度。图 6.1 给出了能量被一个平面反射、散射的示意图，从图中可以看出 $ds = \sec\theta\, dz$。令 $\mu_\theta = \cos\theta$，则(6.21)式可表示为

$$dI_v = j_v\rho\left(\frac{1}{\mu_\theta}\right)dz - I_v\alpha_v\rho\left(\frac{1}{\mu_\theta}\right)dz \tag{6.22}$$

在(6.22)式中，等号右边第一项提供了有关大气能量增加的信息，右边第二项给出了大气吸收能量的过程。吸收系数(α_v)与大气气体的光学厚度(τ_v)有关：

$$d\tau_v = \alpha_v\rho dz \tag{6.23}$$

发射系数和吸收系数的之比被称为源函数(S_v)：

$$S_v = \frac{j_v}{\alpha_v} \tag{6.24}$$

把(6.23)和(6.24)式代入(6.22)式，就可以得到辐射传播方程：

$$\mu_\theta\left(\frac{dI_v}{d\tau_v}\right) = S_v - I_v \tag{6.25}$$

如果 S_v 不随大气的光学厚度而变化，就可以对(6.25)式两边进行积分，得到

$$I_v(\tau_v) = S_v + e^{-\tau}[I_v(0) - S_v] \tag{6.26}$$

对于光学厚的大气 $\tau_v \gg 1$，(6.26)式简化为 $I_v = S_v$，表明辐射的强度完全取决于产生辐射的源函数的能量。对于光学薄的大气 $\tau_v \ll 1$，(6.26)式简化为 $I_v = I_v(0)$。在这种情况下，辐射受到大气的影响最小，其强度主要取决于入射辐射的强度。辐射穿过大气的总量随着天顶角(即入射光线与当地天顶方向的夹角)的变化而改变。因此，辐射强度的变化是由光学厚度(τ_v)和天顶角(z)通过比尔定律(Beer's law)决定的：

$$I = I_0 e^{-\tau/(\cos z)} \tag{6.27}$$

如 6.2.3 节所述，在平衡条件下温度梯度不可能超过干绝热温度递减率，所以通过比较这两个值的大小，可以判断在大气的一个特定区域中究竟是辐射过程起主导作用,还是对流过程起主导作用。当观测到的温度梯度超过干绝热温度递减率时，就可以判定此时处在超绝热条件下。

$$\left(\frac{-dT}{dz}\right)_{obs} > \frac{(\gamma-1)}{\gamma}\left(\frac{g\mu_a m_{amu}}{k}\right) \text{ or } \left(\frac{-dT}{dz}\right)_{obs} > \frac{-g}{c_p} \tag{6.28}$$

在超绝热条件下，对流使温度梯度趋向绝热温度递减率，所以当(6.28)式满足时，可以认为在这部分大气中对流是主要的能量传输机制。

当式(6.29)满足时,辐射将起主导作用:

$$\left(\frac{-\mathrm{d}T}{\mathrm{d}z}\right)_{\mathrm{obs}} > \frac{(\gamma-1)}{\gamma}\left(\frac{g\mu_a m_{\mathrm{amu}}}{k}\right) \tag{6.29}$$

此时,大气处于辐射平衡状态[①]。

6.3 火星大气现状- -

6.3.1 大气结构

按照成分、温度、气体同位素特征以及大气气体的物理性质,火星大气可分为若干层次。这种层状结构曾被飞船探测和地面观测多次证实(图 6.2)。此前的五个着陆计划(海盗 1 号着陆器 VL1,海盗 2 号着陆器 VL2,火星探路者 MPF,和火星探测巡视器 MER)中,着陆器在穿越火星大气过程测量到了压力、密度以及温度。这些资料为火星大气结构的研究提供了最为详细的信息,但这仅仅是单就位置和时间而言的大气分层"快照"。利用无线电掩星和红外探测等技术,在轨飞船对火星大气进行了长期观测,这让我们对大区域和长时段的火星大气结构有了更深入的了解。

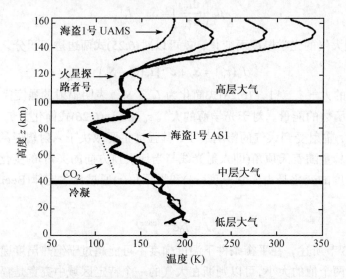

图 6.2 按照温度、压力、密度和成分变化,火星大气分为低层大气,中层大气和高层大气。图中显示的是火星探路者号(Mars Pathfinder)和海盗 1 号着陆器(Viking 1 Landers)在下降着陆过程中测量到的温度剖面。(图片来源:NASA/JPL)

根据这些结果,将火星大气细分为三层:低层大气、中层大气和高层大气。

---

① 6.29 中的 ">" 改为 "<"。

第六章 大气状态和演化

低层大气从火星表面一直延伸到大约40km高度。在整个低层大气中，压力和温度随着高度增加而递减。在火星表面到10km的高度内，对流在能量传输中占主导地位(Leovy，2001)。夜晚时，对流终止，火星表面附近温度"倒置"。低层大气的温度和压力与地球平流层的情况很相似，密度则主要由CO_2和H_2O季节周期变化决定。这种季节周期变化与极盖区的升华和冷凝过程有关，极盖区的升华和冷凝造成了全年的表面压力变化。

火星低层大气有两种加热过程。正如6.1节中提到的，低层大气经历一个轻度的温室变暖过程，大气中的CO_2阻止了火星表面红外辐射向上空逃逸。此外，火星低层大气含大量的尘埃，这些尘埃在吸收光照后向外重新辐射热红外能量。大气尘埃作为低层大气加热过程中的主要贡献者，必须包含在这个区域的环流模型中。

通过吸收太阳紫外辐射以及分解O_3分子而放热，臭氧(O_3)对冬季极区的大气加热也有贡献。由于大气中O_2和O的含量是有限的，再加上与H_2(由水蒸气的光解作用产生)相互作用导致O_3的减少，在火星大部分区域，O_3含量都很少。但冬季极区温度较低，该区域大气中的水蒸气含量较少，为O_3形成创造了条件(Perrier et al., 2006)。在火星的低层大气和中层大气中均探测到了O_3的存在(Blamont and Chassefire, 1993; Novak et al., 2002; Lebonnois et al., 2006)。

中层大气，又称中间层，距离火星表面40~100km。由海盗1号着陆器(VL1)，海盗2号着陆器(VL2)和火星探测巡视器计划(MPF)获得的中层大气剖面图表明其温度随时间的变化非常明显。这些温度变化源于CO_2对太阳辐射近红外波段的吸收和辐射以及大气波动。通常，大气波动在低层大气中产生，日半球和夜半球之间的热潮汐可以加强这些波动。

高层大气，又称热层，高度在110km以上。热层主要由能量为10~100 eV，波长为10~100nm的太阳极紫外辐射加热。太阳极紫外的输出功率随太阳活动周期改变，会导致120km高度以上的热层温度较大的变化。太阳活动低年的温度较低，但随着太阳黑子达到周期最大值，温度也逐渐上升。130km以上的区域中，大气分子可被太阳辐射电离，这一区域又被称为电离层。火星电离层中的电子大部分来自CO_2，光电子密度的峰值出现在日侧(Frahm et al., 2006)。

热层以上区域中的低密度和高温环境会加剧原子的逃逸。如果气体处于热力学平衡态，那么速度在v和$v+dv$之间的粒子数可由麦克斯韦分布函数得到

$$f(v)dv = N\left(\frac{2}{\pi}\right)^{1/2}\left(\frac{m}{kT}\right)^{3/2}v^2 e^{\frac{-mv^2}{2kt}}dv \qquad (6.30)$$

这里，N是粒子数密度，m是粒子质量，k是玻尔兹曼常数，T是气体温度。粒子速度通常为高斯分布，在速度为某一定值时，频率达到极值，然后随着速度的增大而逐渐减少。较低层的行星大气，密度很大，气体粒子之间碰撞频繁，粒子的速度趋向于麦克斯韦分布。然而在低密度区域，碰撞的发生频率很低。在麦克斯韦速

度分布的尾部，粒子可以获得足以逃逸的速度。粒子可以向空间逃逸的临界高度被称为外逸层底，火星的外逸层底大约在 130~150km(Mantas and Hanson, 1979)。

6.3.2 云和尘暴

火星观测者发现火星的反照率标识常常模糊不清,他们认为是火星大气层中的云造成的。火星云可分为黄云、白云和极罩(参看 5.3.7 节)。火星上沿着晨昏线还会经常观测到霾，特别是在日出临边区，而且已经被着陆器证实(图 6.3)。云层较厚，而霾较薄，云和霾都是由较低的夜间温度引起的蒸汽冷凝形成。此外，在水手谷(Valles Marineris)及撞击坑内等低海拔区域还可以观测到晨雾(图 6.4)。

图 6.3　清晨时的云和霾是着陆器可以观测到的常景。这幅照片显示的是火星探路者号(Mars Pathfinder)着陆点上方的薄卷云。(图片来源：NASA/JPL/Image for Mars Pathfinder team)

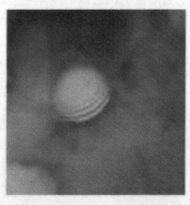

图 6.4　雾经常清晨时出现在地形低陷区。这幅火星轨道器相机(MOC)图片显示的是在 66.4 S, 151.4 E 的一个直径 36km 的撞击坑，坑里充满了雾。(图片来源：MOC image R0700964, NASA/JPL/MSSS)

最早观测到黄云是在 1877 年，现在认为它其实是火星尘暴。由于液态水缺乏，地质活动侵蚀表面岩石，尘埃覆盖了整个火星表面。经向的大气气压和温度的差异可以产生强风，席卷尘埃，形成火星尘暴。尘卷风活动在晚春至早秋盛行于南半球(Fisher et al., 2005; Whelley and Greeley, 2006)，它们可以将浮尘输送至大气层(Basu el al., 2004; Kahre et al., 2006)(图 6.5)。火星尘暴的尺度取决于大气条件，可以是局地的、区域的或者是全球的。全球性的尘暴(图 6.6)通常在火星近日点时的南半球的夏天产生。近日点附近，太阳对向阳面火星的加热增强，产生更强的经向风和尘卷风活动，激发尘暴。尘暴下方的表面冷却会导致更强的温度梯度和风，如此尘暴扩展开来形成全球性尘暴。在适当的情况下，这种机制会持续并使整个星球弥漫于尘埃之中。直到表面温度差异逐渐消失，风减弱，尘暴才会结束。

图 6.5　尘卷风会把火星尘埃从表面输送至火星大气。勇气号(Spirit)的照相机拍摄到了在古谢夫撞击坑底部运动的尘卷风。(图片来源：NASA/ JPL/Texas A&M University)

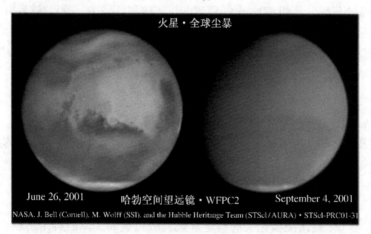

图 6.6　全球性的火星尘暴可以快速生成，图中照片由哈勃空间望远镜(Hubble Space Telescope)在相距两个半月的时间段分别拍摄。火星的反照率特征在 2001 年 6 月 26 日时可以明显区分，但在 2001 年 9 月 4 日时则被尘暴完全覆盖。(图片来源：Image STScI-PRC01-31, NASA/Cornell/SSI/STScI/AURA)

白云和霾在 17 世纪就已有观测，其主要成分是 H_2O，但有时也会发现一些 CO_2

构成的云(图 6.7)。在火星的紫外(UV)和蓝光滤镜成像中,白云非常明显。大部分白云是地形云——大气因地形限制被迫向高纬地区运动时,水蒸气受冷,凝结形成白云。17世纪观测者经常发现在火星西半球存在一种 W 型的云,后来研究得知这种 W 型云是与塔尔西斯(Tharsis) 火山相关的地形云。

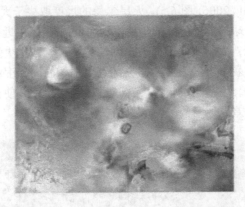

图6.7 在火星轨道器相机(MOC)这张照片中可以看到在塔尔西斯火山上方和水手谷西部的白云。地形云通常出现在高大的火星火山附近(图片来源:MOC image MOC2-144, NASA/JPL/MSSS)

对流气体团会以干绝热递减率上升,直到气体团温度达到其中某一气体成分的凝结温度,这时云就会形成。当可冷凝气体的丰度达到它的饱和蒸气分压(整个大气压是由各种蒸汽分压组成),大气就饱和了。饱和气体中,蒸发(或者升华)由凝结过程来平衡。当越来越多的蒸气加入到饱和气体时,小液滴开始浓缩凝结,便形成了云。大气中的蒸气总量和大气饱和程度体现为相对湿度。相对湿度(RH)是蒸气分压(p_v)和其饱和蒸气分压之比(p_s)

$$RH = 100\left(\frac{p_v}{p_s}\right) \tag{6.31}$$

相对湿度(RH)值在云层中接近于100%。特定温度的饱和蒸气压由克劳休斯-克拉贝尔方程给出:

$$p_s = C_L e^{\frac{-L_s}{R_{\text{gas}}T}} \tag{6.32}$$

式中 C_L 是与气体凝结类型相关的特定常数,L_s 是饱和气体的凝结潜热。潜热的释放会影响温度梯度和相应区域的大气递减率。凝结气体的比热容写作:

$$c_V = -P\frac{dV}{dT} - L_s\frac{dw}{dT} \tag{6.33}$$

$$c_P = \frac{1}{\rho}\frac{dP}{dT} - L_s\frac{dw}{dT} \tag{6.34}$$

每克大气中冷凝下来的水蒸气质量记为 w。干绝热递减率式(6.20)中的 c_p 需要根据式(6.34)进行调整,加入冷凝的热效应:

$$\frac{dT}{dz} = \frac{-g}{c_P + L_s\left(\dfrac{dw}{dT}\right)} \tag{6.35}$$

这个热梯度称为湿绝热递减率。湿绝热递减率一定小于干绝热递减率,因此通常把干绝热递减率当作对流大气中热梯度的上限值。

6.3.3 风

太阳不断加热所引起的压力梯度与温度梯度产生了风,而风的产生又会减缓这些梯度。大气压力与温度梯度主要有三个成因:季节变化、尘暴与日变化。极盖区的水和二氧化碳的冷凝和升华作用导致季节变化。如前所述,尘暴能够增强温度梯度从而引起更强烈的风。日变化则是由行星日侧与夜侧之间的温度差异以及穿过的尘暴引起。一天中风向总在变化(图 6.8)。哈德利环流,热潮汐与冷凝流都是由以上物理过程引起风的例子。

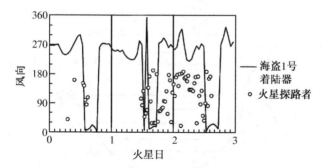

图 6.8　在火星探路者(Mars Pathfinder)与海盗 1 号(Viking 1)的着陆地所观测到的风向角在一个火星日中的相对变化。风向角是以北向为 0°基准的方位角。火星探路者所探测到的风向有一种典型的变化:上午是南向-西南向,下午转为北向-东北向(图片来源:MPF image SS009,NASA/JPL)

行星的自转轴垂直于黄道面时,赤道接收的太阳能最多。大气的对流效应导致暖空气上升并流向低温低压的区域。因此暖空气自赤道升起,冷却,而后下沉到极区的地面。这些气流接着沿地面回流到赤道。对于自转速度缓慢甚至没有自转的行星而言,南半球与北半球各有一个这样的环流圈,这些环流被称为哈德利环流圈。

金星就是南北半球各有一个哈德利环流圈的例子。对于火星而言,较快的自转速度引起南北向风(经向风)的偏转。由于角动量守恒,每个半球的哈德利环流圈分裂为三个(图 6.9)。这就引起了沿行星表面的东西向(纬向)风,其中赤道地区附近的是东风带(从东向西的风)，中纬地区的则是西风带(从西向东的风)。风速梯度可以由热成风方程估算：

$$\frac{du}{dz} \cong \frac{1}{H}\frac{\partial u}{\partial \ln P} = \frac{g}{2R\Omega\theta(\sin\phi)}\frac{\partial \theta}{\partial \phi} \tag{6.36}$$

其中 H 代表海拔为 z 处的压力标高(式6.7)，u 为纬向风速，P 是压力，R 为行星半径。因自转偏向力(科里奥利力)而产生的大气相对于行星的角速度的大小 Ω 由局部大气的纬度 ϕ 决定。位温则由下式给出：

$$\theta = T\left(\frac{P_0}{P}\right)^{R_{gas}/c_P}. \tag{6.37}$$

由式(6.36)可知，纬向风速在哈德利环流的顶部约为 85m/s，在接近地面处约为 10m/s (Read and Lewis, 2004)。

图 6.9 显示的模式只适用于行星自转轴垂直于轨道面的情况。自转轴任一倾斜，哈德利环流圈就会偏离赤道，继而引起天气模式的季节性变化。火星轨道较大的偏心率导致了两极间很大的时均差别。因此，虽然火星风模式主要由哈德利环流圈决定，但火星自转速率，倾角，轨道偏心率以及极盖区与热陆的存在使之更为复杂。

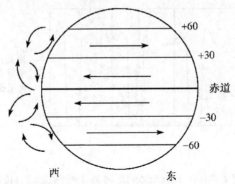

图 6.9　随纬度变化的太阳辐照量与行星自转共同产生了哈德利环流圈，继而驱动整个大气的环流运动。在赤道地区内，哈德利环流圈产生的是自东至西的东向风，在两个半球的 30°~ 60°纬度地区则是西向风。左边的箭头显示了每个纬度带内的垂直环流，暖空气在赤道地区上升，在纬度为 ±30°的地区冷却下沉

火星大气层很薄，不能有效的保持日间的热量，到了夜间温度显著下降。日半球和夜半球之间巨大的温差使气流不断地从温暖的日半球向阴冷的夜半球流动。这种由温度梯度产生的风叫热力潮。热力潮集中在赤道区，并延伸到中纬。热梯度与热力潮的效率可以根据太阳热量输入 F_{in} 和大气的热容的比较来估算。太阳的热量输入与暴露在日光下的表面积，吸收的太阳辐照量以及日长(t_d)有关：

$$F_{in} = \pi R^2 (1-A_0)\left(\frac{F_{solar}}{r_{AU}^2}\right)t_d \tag{6.38}$$

式中 R 为行星半径，A_0 是几何反照率，F_{solar} 是太阳常数，r_{AU} 是行星和太阳之间以天文单位 AU 表示的距离。大气温度变化 ΔT 所需的热量 Q，与单位面积大气的热容和大气的总面积有关：

$$Q = c_P \left(\frac{P_0}{g} \right) (4\pi R^2 \Delta T) \tag{6.39}$$

式中 P_0/g 是单位面积大气的质量。如果所有被大气吸收的太阳热量都用来将大气加热升温 ΔT，则 $F_{\text{in}} = Q$。温度的增长比例变为：

$$\frac{\Delta T}{T} = \frac{[F_{\text{solar}}(1-A_0)gt_d]}{4P_0 c_P r_{\text{AU}}^2 T} \tag{6.40}$$

比起大气层厚密的行星，大气稀薄的行星温度变化比例要大得多，比如火星。对于火星来说，$\Delta T / T$ 的值接近 20%，而对于金星这个值只有 0.4%左右。

冷凝风由 CO_2 在秋/冬极区的凝华和在春/夏极区的升华产生。CO_2 向着秋/冬半球移动时大气压力增加，当夏天临近时，CO_2 又开始反向迁移，气压又随之降低。CO_2 在极区的汇/源结合火星轨道的高偏心率使得行星表面压力一年中存在 20%的涨落。

CO_2 的冷凝与升华是产生火星大气环流的主要驱动源，称为 CO_2 季节循环(James et al., 1992)。它与尘埃循环有一定联系，因为升华所产生的上行风将会把尘埃从冰盖吹向大气层，而因冷凝而产生的下行风则会在极盖区沉积尘埃。(Kahn et al., 1992; James et al., 2005)。

极点在秋季的时候日光量开始减少，到冬季减少到零。由于热辐射，冬季大气层顶损失能量，而大气热对流所带来的热量不能与之平衡。因此温度就会降至二氧化碳的冷凝点(148K)，形成季节性极盖。在夜间的极区，二氧化碳冷凝释放的潜热是主要的大气能量源。

CO_2 季节循环需要火星大气质量的 30%。这些质量春/夏季在极区升华，秋/冬季在极区冷凝，极大影响了大气环流。这种冷凝流可以使火星的哈德利环流产生的纬向风的速度增加约 0.5 ms^{-1}(Read and Lewis, 2004)。

对冷凝流风的另外一个贡献是 H_2O 季节循环(Jakosky and Haberle, 1992; Houben et al., 1997; Richardson and Wilson, 2002)，它需要大气和非大气 H_2O 储层之间的交换。非大气 H_2O 储层包含了季节和永久极盖区，风化层、地表或近地表的冰中吸收水分。大部分大气输运过程都离不开水蒸气，但有时白凝结云也对大气运输有贡献。和 CO_2 一样，大气中水蒸气的丰度随着高度和季节变化很大，变化幅度超过两倍以上。

在大气层中，影响水蒸气丰度的主要过程有：季节/永久极盖区水的升华，秋/冬季极盖区水的冷凝，季节温度变化引起的风化层颗粒中的水分解，以及从风化层到大气层的水蒸气扩散。永久极盖区是大气中 H_2O 的主要贡献者，它在春夏的时

候将 H_2O 送入大气，秋冬的时候又使之返回极盖区。这就导致了 H_2O 在不同半球中含量的不平衡，然后再通过从风化层吸收或释放 H_2O 来使其达到平衡状态。要达到这样一个大气和风化层间的平衡需要几年时间。

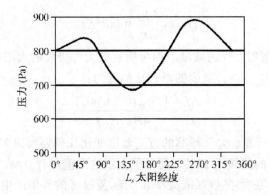

图 6.10 极盖区之间的冷凝流产生了大气压的周年变化。这幅图展示了海盗一号在北纬 22.5°所观测到的三年中的压力变化过程。大气压的最高值发生在北半球（L_s=270°）的冬天，最低的气压值则发生在北半球的夏末

6.3.4 大气环流

火星大气的整体环流由纬向风和经向风，科里奥利力，行星波和季节冷凝流驱动。纬向风和经向环流由日照通过哈德里环流产生。此外，季节冷凝流也对经向分量有贡献。

由于行星的旋转，从高压区到低压区的风沿曲线运动。对于像火星这样顺向自转的星球，北半球的风向右偏，南半球的向左偏。这种由于星球旋转而产生的风向偏转叫做科里奥利效应，引起风的弯曲的虚拟力叫做科里奥利力。科里奥利力（F_C）是角动量守恒的表现

$$F_C = 2\Omega \times v \tag{6.41}$$

式中，Ω 是星体的角速度，v 是大气的速度。F_C 的大小依赖于纬度 ϕ，在极区附近最大，赤道附近可以忽略：

$$F_C = 2\Omega v(\sin\phi) \tag{6.42}$$

引起火星大气环流的另一个主要因素是大气波动。定常波也叫做罗斯贝波，在行星旋转坐标系中固定不动，并与强东向喷流(急流就是一个熟悉的例子)有关。定常波随着地形的变化或者热大陆上方的加热垂直传播。高纬度地区科里奥利力较大，大气波动容易出现。任何季节都会出现大气波动，但在冬季半球最强。它们影响火星大气稳定性并且对赤道到极区的热量分配起主要作用。火星全球勘察者(MGS)的热辐射光谱仪(TES)和无线电掩星研究首次在火星大气中明确地探测到定

常波(Banfield et al., 2000, 2003; Hinson et al., 2001, 2003; Fukuhara and Imamura, 2005)。无线电掩星的结果表明定常波主要在75km以下的高度(Cahoy et al., 2006)。

行进行星波由温度和压强(气压)的变化产生，一般都与气象锋面有关。水手9号和海盗号探测到了与行进波相关的云(Conrath, 1981;Murphy et al., 1990)，后来通过火星全球勘察者的观测结果分析，对行进波进行了更详尽的考察(Hinson and Wilson, 2002; Wilson et al., 2002)。Banfield et al. (2004) 通过分析火星全球勘察者上热辐射光谱仪(TES)的两年数据发现，行进波在北半球的晚秋和初冬时节最强，南半球的秋冬季节较弱，并且具有较强的年周期性。

大气环流可以用火星全球环流模型(MGCMs)进行模拟，该模型是由始于1969年的地球全球环流模型(GCMs)发展而来的。MGCMs 主要用来模拟火星低层大气内产生的环流，其中也有一些可以拓展至中高层大气。MGCMs 将影响大气环流的物理过程参数化，考虑了哈德利环流，科里奥利效应，大气尘埃，辐射加热与冷却，云，对流，湍流，波动，与地表起伏(即行星边界层)相作用而产生的拖曳力，以及季节冷凝/升华流(Read and Lewis, 2004)的贡献。四个主要的 MGCMs 分别由NASA 的艾姆斯研究中心(Ames Research Center)(Pollack et al., 1990, 1993; Barnes et al., 1993, 1996; Haberle et al., 1993; Murphy et al., 1995; Joshi et al., 1997)，法国动力气象实验室(Laboratoire de Météorologie Dynamique)(Hourdin et al., 1995; Forget et al., 1999)，牛津大学(Joshi et al., 1995; Collins et al., 1996; Lewis et al., 1997; Newman et al., 2002a, b)和普林斯顿大学(Wilson, 1997; Richardson and Wilson, 2002; Richardson et al., 2002)研究发展得到。这些 MGCMs 在模拟观测的火星大气环流方面，得到很大发展、日趋准确和成功。

地球全球环流模型(GCMs)有助于认识全球环流模式，但因计算限制很多细节难以体现。近几年，可以研究局域性小尺度过程的中尺度模型得到发展(Rafkin et al., 2001; Toigo and Richardson, 2002)。在研究扬尘(Toigo et al., 2003)和着陆点情况(Tyler et al., 2002; Kass et al., 2003; Toigo and Richardson, 2003)等过程时，中尺度模型非常有效。

6.3.5 火星气候现状

人造卫星、地表着陆器观测，加上火星全球环流模型(MGCMs)的数值模拟等一系列手段帮助我们较好地了解了目前火星大气。日间加热会引发对流，春末夏初的尘卷风活动中对流可以把尘埃带离火星表面 (Hinson et al., 1999)，这样的对流能够延伸到10km 的高度范围内。对流区温度梯度可以达到干绝热递减率约 $4.3 \mathrm{Kkm}^{-1}$。晚上，对流活动停止，出现较强的逆温现象。夜间的火星温度会低至大气中水汽的凝结温度以下，为形成第二天晨雾和霾创造了条件。75km 左右的高度上，热力潮对大气环流起主导作用，尤其是在热带地区，而较低高度的环流则由行星波主导(Cahoy et al., 2006)。

中纬度地区，仲夏盛行西向风，其他季节都以东向纬向风为主。30km 内东向纬向风随高度增加而增强。低纬度地区则全年盛行西向纬向风。

哈德利环流是经向风的主要贡献者，但火星两极之间的季节性冷凝流的作用也不能忽视。二分点时，哈德利环流形成于赤道两侧为对称模式。到达二至点时，上升支流移动到夏季半球的 30°处，下降支流出现在冬季半球则在 60°附近(Haberle et al., 1993)。火星轨道的偏心率较大引起的表面受热不均又增强了上述模式，从而增强了北半球冬季哈德利环流。

中高纬度的哈德利环流会受到行星波的干扰。东向行进行星波是由大气的温度和/或者压力变化(斜压和/或正压不稳定性)引起的。行星波的波数定义为特定纬度上波瓣的个数——火星行星波冬春季的纬向波数一般为 1~3 个(Hollingsworth et al., 1996)。天气系统一般会在极盖区边缘见到(图 6.11)。

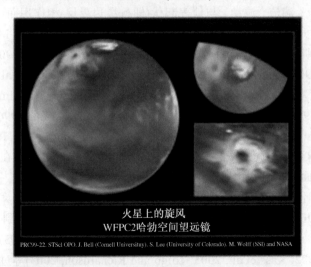

图 6.11 风暴经常发生在极盖区附近。这幅哈勃望远镜图像展示了发生在火星北极盖区的一个风暴(图片来源：Image PRC99-22, 康奈尔大学/科罗拉多大学 CO/SSI/NASA/STScI)

行进行星波与地形和热陆相互作用产生定常波。定常波的典型纬向波数为 1 个或 2 个(Conrath,1981)。大气经过火星地表大块的地形特征时形成重力内波。重力内波会影响大气层的稳定性和加热。大气沿大型火山攀升过程中，随高度增加，温度下降，发生凝结，形成地形云。

冷凝流的强度及哈德利环流的季节漂移会影响风向。热带哈德利环流在北半球生成东北风，南半球生成东南风。但由于哈德利环流的上升支流和下降支流位置的季节变化,冬季中纬区两种信风都会出现。这一点与风迹分析所得风向结果一致。

第六章 大气状态和演化

冬至或夏至时节,越赤道的哈德利环流会在亚热带地区(约 15°~30°)的地表附近产生一个西风急流。该急流在 2km 高度处的风速为 33ms^{-1} (Hinson et al., 1995)。这一速度远大于着陆器所观测的地表风速 5~10ms^{-1} (e.g., Smith et al.,1997)。还有速度更大的风预期会出现在地形坡度处。

日间对流以及相应的尘卷风活动携带地表尘埃进入大气(Basu et al., 2004; Kahre et al., 2006),促使尘暴发生。分析火星轨道器相机(MOC)图像发现,尺度为 10^4~10^6km^2 的尘暴一般发生在季节性极盖区边缘的中纬度区域(Wang et al., 2005),及火星处于近日点、北半球冬季时的低纬度区域(Cantor et al., 2001; James and Cantor, 2002)。哈德利环流的上升支流携带尘埃,分布广,同时加热大气,连带的风也会被增强,将带起更多尘埃。该过程在条件合适的情况下会引发全球性的尘暴(Zurek and Martin, 1993)。

6.4 火星大气的演化

现在火星大气非常稀薄,这种低压条件下不可能存在液态水,但是地质学和矿物学的证据表明火星表面并非一直如此。纵横交错的峡谷群体系、高度退化的撞击坑现象等地质特征和层状硅酸盐的存在都表明火星在诺亚纪曾经很湿润。火星大气中氘和氢元素的比例是地球的五倍,这也表明火星过去曾有过较厚的大气层(Owen et al., 1988; Krasnopolsky, 2000; Jakosky and Phillips, 2001)。火山作用,包括高地盘状火山和塔尔西斯(Tharsis)的形成,可能是火星大气中 CO_2 的来源,同时火山喷发会释放大量的水蒸气。诺亚纪,吸积、分异和短寿命放射性元素的衰减增强了火星大地热流,增加了火山作用,这样由火山释放出的 CO_2 和 H_2O 气体便形成了一个早期的厚大气层。

CO_2 和 H_2O 都是温室气体,会增加火星表面温度,加上厚大气层施加的表面压力增大,可能会形成降雨,出现液态水。但恒星模型表明,40 亿年前太阳的亮度只有现在的 25%~30%(Newman and Rood, 1977)。这样小的亮度在火星上仅可以转化产生约 196K 的温度,同时还需要有 77K 的温室加热(Haberle, 1998)。数值模拟结果表明富含 CO_2 的大气,可以产生 5bars(5×10^5Pa)的表面压强,在太阳低亮度的情况下,将会使火星表面温度增加到 273K(Pollack et al., 1987)。但 CO_2 在这种高压环境中将凝结,在大气中形成云并且释放更多潜热(kasting, 1991),而这两种机制都会使得火星表面温度降至水的凝固点以下。这个问题可能的解决途径有:CO_2 冰云的散射温室效应(Forget and Pierrehumbert, 1997),其他气体的温室加热效应(Kasting, 1991; Squyres and Kasting, 1994; Sagan and Chyba, 1997; Yung et al., 1997),更大、更亮的早期太阳(Whitmire et al., 1995),以及撞击产生的湿润的小气候(Segura et al., 2002)。

根据地质特征，峡谷网的形成和快速退化在约 39 亿年前停止了，这表明厚大气层消失于诺亚纪末，可能是三种机制的结合使得火星大气受到侵蚀。40 亿年前，火星存在磁场，磁场的保护使得火星免于太阳风的侵蚀。一旦火星磁场停止运行并消失，太阳风粒子便会撞击火星大气，溅射和碰撞剥离火星大气(Jakosky et al., 1994)。磁场消失的时间也与发生于整个内太阳系的晚期重大撞击事件假说的(Late Heavy Bombardment) 时间相符合(Gomes et al., 2005)。晚期重大撞击形成了大量的撞击坑，火流星穿入火星大气产生的摩擦加热大气气体，使得大部分气体逃逸出火星。加上火星较小的体积和引力，这种撞击对火星的侵蚀更加严重(Melosh and Vickery, 1989)。太阳风的剥离、撞击侵蚀以及外逸层较轻原子的正常的金斯逃逸(Jean's escape)，三者共同作用使得火星大气层在相对较短的时间段里变薄到现在的厚度(Brain and Jakosky, 1998; Jakosky and Phillips, 2001)。

在诺亚纪末的大事件后，火星气候相对于当前状态曾发生多次短暂的变动。这些变动可以由从晚于诺亚纪的火星表面液态水的地质证据(e.g., Baker, 2001) 和地化证据(Romanek et al., 1994; Waston et al., 1994; Jakosky and Jones, 1997; Squyres et al., 2004c)中看出。这些近期的气候变动可能源于火星自转轴倾角的变化（见 7.4.2 节）。

第七章 火星上水的历史

在过去的 40 年间，对于水在火星历史上所起的作用，我们的认识发生了很大的变化(Carr, 1996)。早期的航天器探测展示了一个寒冷、干燥的世界，似乎液态水从来没有起过大的作用。水手 9 号和海盗号通过对地表地质学的探测，得出了一个结论：在诺亚纪的末期，潮湿、温暖的火星就已经变成了现在寒冷、干燥的星球。火星全球勘察者(MGS)、奥德赛(Odyssey)和火星快车(MEx)的数据则显示，尽管水到底主要是液态还是固态仍然有争议，但直到近期，水还在扮演重要的角色(图 7.1)。虽然大气层和极盖是目前水最多的地方，但火星的水主要还是以冰的形式分布在地下。目前，这些地下水的分布只有通过仪器才能探测到，如奥德赛(Odyssey)的伽马射线谱仪(GRS)，以及火星快车(MEx)和火星勘察轨道器(MRO)上的测地雷达。

7.1 火星上水的来源

火星大气、极盖和次表层的水主要来自火山和撞击坑形成时的放气(Pepin,1991; McSween et al., 2001)，这说明火星的地壳和内部含水。有 2 种机制可以使行星内部含水，一是富含挥发份的星子被吸积到了火星内，二是后期的彗星、小行星撞击带来了富含挥发份的夹层。

按照太阳星云凝结模式，在约 2.5~3AU 以内，由于温度太高，水是无法存在的(Cassen,1994; Drouart et al.,1999)。除了少量的含水矿物质，在这个区域内形成的星子应该是贫挥发份的(Drake and Righter, 2002)。木星和土星的形成扰动了附近的星子，这些星子进入到内太阳系，在形成类地行星的物质中添加了某些挥发性成分(Morbidelli et al., 2000)。然而，根据对 SNC 型陨石的分析，火星的地幔非常干燥，因此，吸积过程中进入火星的水应该是相对较少的(2.3 节)。

如果火星是由贫挥发份的星子合成的，而后来才获取了富含挥发份的夹层(Carr and Wanke, 1992)，那么火星地幔内缺水和存在地下水就不矛盾了。陆地存储的水可能是在吸积的后期，通过与富挥发份的大星子碰撞而获得的(Morbidelli et al, 2000; Robert, 2001)。然后，火星的小尺度却又说明它并未经历过太多星子的撞击(Chambers and Wetherill, 1998; Chambers, 2004)。因此，火星的水只能是来自较小的彗星和小行星的撞击(Lunine et al., 2003)。

氘(D)和氢(H)的比例限定了地球和火星水的来源。氘是氢的同位素，有 1 个中子。氘比氢稀少，但由于质量大，在分馏过程中总是比氢逃逸得慢。地球 D/H 的比值是 149×10^{-6}，比太阳的比值(20×10^{-6})高不少(太阳的比值是根据注入月壤里的太阳风推算出来的，Geiss and Gloeckler, 1998)，同样也高出原太阳星云的估算值

(约 80×10^{-6}) (Robert et al., 2000)。地球的高比值说明地球上的水不是来自太阳星云或太阳风。碳质球粒陨石中黏土矿物的 D/H 值与地球的值相近, 而这些陨石中有机物的 D/H 要高很多。太阳系中 D/H 值的不均一, 说明太阳系的水是在太阳星云与富氘的星际冰的相互作用过程中形成的。太阳星云内部的激烈混合使得水在不同的位置、不同的时间凝结, 形成同位素的不均一。

地质年代	矿物年代	地质过程	矿物学	大气层	其他
诺亚纪早期	层状硅酸盐纪	网状峡谷高侵蚀率冲击扇堰塞湖分流扇	层状硅酸盐	稠密、潮湿	磁场发电机高撞击率（LHB）塔尔西斯形成火山作用分布广泛
诺亚纪中期					
诺亚纪晚期	硫酸盐纪		硫酸盐		
西方纪早期	铁纪	低侵蚀率溢流河道北方海洋?冷床冰川冲沟	无水氧化铁	稀薄、干燥, 中间某些时期潮湿	无磁场地质活动率低自转轴倾角周期变化
西方纪晚期					
亚马孙纪早期					
亚马孙纪中期					
亚马孙纪晚期					

图 7.1 地质过程、主要的矿物质、大气条件在火星历史上的变化。图中归纳了从诺亚纪早期到现在(亚马孙纪晚期)火星的主要过程及其特征

人们曾经测量过哈雷(Harley)彗星(Balsiger et al., 1995)、海雅库泰克(Hyakutake)彗星(Bockelee-Movan et al., 1998)和哈利-堡普(Hale-Bopp)彗星(Meier et al., 1998)的 D/H 值。三者的 D/H 值都远高于地球上的水, 说明彗星撞击对地球富挥发份层内水的贡献不会高于约 10%。彗星撞击的动力学模式同样说明, 彗星撞击对内太阳系水的蕴藏量贡献较小(Morbidelli et al., 2000).

太阳系形成后约 7 亿年, 巨行星的迁移扰动了外小行星带上富挥发份的天体, 成为向内太阳系输送水的一条途径(Petit et al., 2001; Gomes et al., 2005; Strom et al. 2005)。碳质球粒陨石和地球有相近的 D/H 值, 进一步支持了小行星是地球水来源的论点。火星比地球更靠近小行星带, 通过小行星撞击应该可以获得更多的水。分析火星陨石的 D/H 发现, 火星上的氘比地球丰富, 这可能是岩浆水与富氘大气成分混合的结果(Watson et al., 1994; Leshin 2000; Lunine et al., 2003)。如果火星的原始大气层大部分逃逸了的话, 火星大气里氘的浓度就可能比较高(Donahue, 1995) (6.4 节)。

由小行星撞击运送来的水足以在火星形成 600~2700m 深的全球性海洋(Lunine et al., 2003)。在火星上形成所有的河流和冰川特征的水量可以形成约 400~500m 深的海洋(Carrr, 1996)。通过对火星陨石中不相容微量元素的分析表明, 大约只有 50% 的水从火星内部释放出来了(Norman, 1999; Lunine et al., 2003)。把释放和未释放的

水量加起来，火星水的蕴藏量相当于一个 1000m 深的全球性海洋。这样，小行星碰撞可以很容易地给火星输送估算的水量。

7.2 水与其他挥发物

按照目前的气候条件，火星表面不可能有大量液态的水。可是，火星上地质年代不长的河道和冲沟，又说明不久前某种物质曾经流过。水是可能性较大的流体，因为水是太阳系最普通的分子之一，而且估计火星的水量完全可以形成这些河道和冲沟的观测特征。然而，也有人提出，其他的挥发物也可以解释西方纪和亚马孙纪的河道和冲沟。

Hoffman(2000)提出，溢流河道可能是由二氧化碳异重流，而非水流形成的。根据地热模型给出的火星近地表区的温度、压力条件，二氧化碳干冰可以在中纬度地区地下约 100m 深处保持稳定，而赤道上基层内可以有液态二氧化碳存在。Hoffman 的模式提出，次表层二氧化碳以包合物的形式广泛存在。山体滑坡、地热对饱含二氧化碳的风化层的加热都会使气体释放出来，形成异重流，冲蚀出河道。Max 和 Clifford(2001)则提出了另外一种观点：河道是由次表层甲烷的包合物离解造成的。然而，形成这样的泥石流所需要的甲烷量远高于风化层内甲烷的估算量。

液态二氧化碳也用来解释陡坡上的小冲沟，例如，中纬度地区撞击坑内壁上的小沟(Musselwhite et al., 2001)。Musselwhite (2001)指出，二氧化碳的三相点是在火星风化层内约 100m 深处，对应就是冲沟渗流的位置。按照他们的模式，大气层内的二氧化碳扩散到风化层内 100m 深处。在寒冷的冬季，悬崖的表面形成一截二氧化碳冰塞，向内冰的厚度增加。随着塞子变大，温度和压力增高，冰塞的内部就出现液态二氧化碳。夏季来临，温度升高，冰塞开始变细，液态二氧化碳最终破口而出，从悬崖表面流出来。液态二氧化碳气化，形成泥石流，岩石和冰的包合物冲蚀出冲沟。

Stewart 和 Nimmo(2002) 模拟了大气层二氧化碳扩散进入火星风化层的时间尺度和深度。他们发现，二氧化碳只能扩散到风化层内几米，需要比一个冬天都长的时间才能充满风化层的气孔。他们还考虑了火星历史上大气密度较高时，二氧化碳干冰、液态以及包合物的形成。结果表明，这样的沉积过程不可能持续到今天。能够形成泥石流并冲出一条溢流河道的二氧化碳量要比目前风化层内可能的含量高很多。

Stewart 和 Nimmo(2002)的模拟说明，冲沟和河道可能是由迅速融化、流动的液态水形成的。伽马射线谱仪(GRS)在地下 1 米以内的土壤里探测到了水，矿物、水、冰川及其活动观测台(OMEGA)、热辐射成像系统(THEMIS)、热辐射谱仪(TES)、以及火星探测巡视器(MER)在火星表面找到了含水矿物质的矿物学证据，说明在火星的历史上，水是影响地表地质情况和矿物结构的主要挥发物。

7.3 早期火星上的水

水手 9 号和海盗号的图像展示了纵横交错的峡谷、河道，人们认为，这是液态水留下的特征。峡谷主要集中在古老的诺亚高地上，少数出现在年轻的火山两翼(Baker,1982;Gulick and Baker,1990)(图 7.2)。地形分析表明，诺亚纪的峡谷是由降水和地下水掏蚀两个因素造成的 (5.3.6 节)。

从水手 9 号(Mariner 9)和海盗号(Viking) 的图像还可以看到，诺亚高地上较古老的撞击坑比新的撞击坑退化更严重(图 7.3)。这说明，诺亚纪的冲蚀速度高于西方纪和亚马孙纪。退化的撞击坑的地形断面与液态水的冲蚀断面相似，说明早期的火星降水充沛 (Graddock and Howard, 2002; Forsberg-Taylor et al., 2004)。火星全球勘察者(MGS)和奥德赛(Odyssy)拍摄到了冲积扇(Moore and Howard, 2005)、沉积物(Malin and Edgett, 2000a)、分流扇(Malin and Edgett, 2003; Bhattacharya et al., 2005; Lewis and Aharonson, 2006)和古湖沉积物(Cabrol and Grin, 2001; Irwin et al., 2005)的图像，进一步说明诺亚纪火星表面广泛存在液态水。

图 7.2 峡谷主要集中在古老的诺亚高地上，年轻火山的侧翼也有分布。这些峡谷位于阿尔巴盘形火山的两侧。图像的中心位于46°N 247°E 附近，宽约 19km (热辐射成像系统(THEMIS)图像 V11912007, 图片来源：NASA/JPL/ASU)

图 7.3 诺亚纪的撞击坑看上去退化严重，说明火星历史上早期的冲蚀速度较高。退化的撞击坑的边缘已经被削去了，侧壁也被冲蚀得很严重。坑底平坦，通常是被沉积物填平的。如图像上部的撞击坑，地质过程有时会削去撞击坑的部分边缘。下面的撞击坑直径约 13.5km，位于 31°S 0.5°E (热辐射成像系统 (THEMIS) 图像 I08951002, 图片来源：NASA/JPL/ASU)

河流源头的地质特征从一个方面说明，诺亚纪的火星大气比较稠密，相应地面

第七章 火星上水的历史

也比较温暖潮湿。火星大气里重惰性气体的同位素比值，包括D/H，说明大气比现在稠密(Owen and Bar-Nun, 1995)。小行星撞击带来的水经过分异作用后，被火星的岩石圈吸收，随后在诺亚纪塔尔西斯火山群形成时期由于撞击或者火山活动被释放出来(Pepin,1991)。LHB撞击造成的撞击侵蚀、磁发电机停止后太阳风对大气的侵蚀，夺走了大气层内99%的气体，使得火星的大气层变得如今这般的稀薄(Jakosky and Philipps, 2001)。

矿物、水、冰川及其活动观测台 (OMEGA) 在诺亚纪物质(Bibring et al., 2005; Poulet et al., 2005) 中发现了含水矿物质，为有关早期火星上水的论点提供了与地质学、同位素分析一致的矿物学证据。在被剥蚀的露头岩层、深色的沉积物(可能是由古代黏土风化后形成)中发现了层状硅酸盐，说明在火星早期的历史上，层状硅酸盐是在地表水的作用下形成的，随后就被埋了起来，躲过了火星历史上大部分时间都在起作用的风化过程，直到最近才暴露出来。层状硅酸盐的发现，使得Bibring 等 (2006) 把诺亚纪的早中期定义为层状硅酸盐纪，这是一个地表液态水很丰富的时期。

暴露出来的是大部分时间都埋藏在地下的古代物质，这点不仅有矿物学的证据，而且也得到了地质分析的证实。覆盖层去除后，火星上好几处都露出了撞击坑(图 7.4)。机遇号找到了相对新鲜的西方纪沉积物，说明子午高原是近期从后来的沉积物下暴露出来的。这意味着未来的探测任务可以分析古代的沉积物，这些沉积物在近期的地质过程中还没有发生实质性的变化。

图 7.4 阿拉伯高地，覆盖的后期物质去除后，埋藏的撞击坑又露了出来。这样的撞击坑原先看上去像是填满的圆环，例如，28.6°N 42.5°E 的撞击坑。最大的撞击坑(右上)直径大约 1.4km。(火星轨道器相机(MOC)图像 R0901004，图片来源：NASA/JPL/MSSS)

从矿物学的角度，诺亚纪晚期是个转化时期。火山活动的增加，不仅在塔西斯和埃律西昂地区形成火山地貌，而且在脊状平原地区形成溢流玄武岩，向大气层释放了相当多的硫。硫和水作用，形成硫化矿物质。这个铁纪(Bibring et al., 2006) 一直延伸到西方纪的早期。机遇号(Opportunity)在子午高原发现的高酸高盐的水条件就可以追溯到那个时期(Squyres et al., 2004c)，可能代表了诺亚纪晚期到西方纪早期的水环境。到了西方纪早期结束时，随着火星大气变得稀薄，气候条件转冷，地表水越来越少。除了局部地区外，近期火星都是缺水的。

7.4 诺亚纪后的水

海盗号着陆后，人们开始认识到，在火星早期历史上，液态水是很丰富的，但诺亚纪末期大气层变得稀薄，火星就变成了持续至今的干冷世界。尽管在西方纪的河道里可以看到近期水活动留下的明显痕迹，但有人认为这些特征是由火山或撞击过程中释放出来的地下水形成的。大气的任何变化都是短暂的、局部的，不会从根本上改变火星的气候。

7.4.1 火星的海洋

1990年左右，有几个科学家提出，北方平原上许多令人费解的特征是北方低地内过去存在海洋的证据(图 7.5)。从此，有关火星海洋的观点就开始发生变化。Parker 等(1989)认为德尤特罗尼鲁斯台地西部两分边界的层次特征是沉积物的证据，提出这种沉积是在海里发生的，而海是在河道涨水淹没北方平原时形成的。此后的工作确定了 2 条可能的海岸线。在整个北部平原上，海岸线基本上是连续的。这就让人想到，从西方纪到亚马孙纪，这个地区形成了一个或更多的海洋(Parker et al., 1993)。Baker 等(1991)和 Kargel 及 Strom(1992)绘制了整个火星可能的洪水、永

图 7.5 根据地质分析和火星轨道器激光高度计(MOLA)的地形图和等高图，可以做这样一个假设，即在西方纪到亚马孙纪，一个大的海洋覆盖了火星北方平原。北方海的范围，在图上用较浅的颜色叠加在火星轨道器激光高度计(MOLA)获取的有明暗的地形图上来表示。塔尔西斯火山和水手谷在图的底部附近(图片来源：NASA/JPL/GSFC/MOLA 团队/布朗大学)

冻土、冰川边缘的分布，认为直到亚马孙纪，形成河道的水文循环可以形成短期存在的北方海洋和南方冰川。

在北方平原形成海洋的水文循环模式需要有高的内部热流来释放埋藏在地下的冰或水。Clifford 和 Parker (2001)提出，在两分边界形成后不久，这个过程就形成了北方平原的海洋。极区基层融化后，又给地下深处的蓄水层补充了水，使得后期河道里还可能有洪水爆发，一次一次地淹没北部低地。随着地热通量的下降，永冻土层变厚。洪水爆发的次数越来越少，短寿命的海洋消失了。另一种模式(Baker et al., 1991; Gulick et al., 1997; Baker, 2001) 也需要通过内部热流溶化次表层的冰和二氧化碳包合物(图 7.6)，触发河道里的洪水。包合物中二氧化碳的释放、以及火山活动，导致了温室效应和降水。溢流河道洪水泛滥形成的北方海洋开始蒸发，水汽输送到南半球，凝结成雪降落到地面形成冰川。由于硅的风化，或在海水里溶解，大气中的二氧化碳逐渐减少。在 1000 年到 10 万年内，低温又回来了。通过海水的渗透，二氧化碳又隐退成了地下冰之下的二氧化碳包合物。另一个热流脉冲可以使上述循环重复。

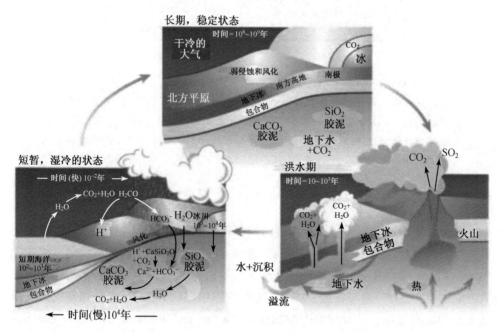

图 7.6 一种可能形成火星上北方海洋的场景。按照这种模式(Baker, 2001)，长期的寒冷条件穿插着短期的挥发物释放。(经 MacMillan 出版有限公司同意转载：Nature, Baker(2001), 2001 年版权)

分析火星轨道器激光高度计 (MOLA)的数据发现，Parker 等人(1993)提出的海岸线对应于北方平原上的一个绵延不断的等高面(Head et al., 1998, 1999)。研究北方平原的等高图可以看到，这些平原特别平坦，类似于地球上被沉积物覆盖的海底(图 4.3)(Kreslasky and Head, 2000; Smith et al., 2001a)。然而，火星轨道器相机(MOC)的图像并没有展现一般海岸线的特征(图 7.7)(Malin and Edgett, 1999)。在可能是海洋的地方，矿物学的数据中也没有水合矿物质的证据(Bibring et al., 2005, 2006)。由于在外露的西方纪岩石内探测到了橄榄石(这是一种有水就会很快变化的矿石)，就引起了对涉及地表水的近期水文循环的质疑。海洋被冰覆盖可以解释一些疑点，但是，在西方纪到亚马孙纪是否存在火星海洋，目前还是有相当多的争议。

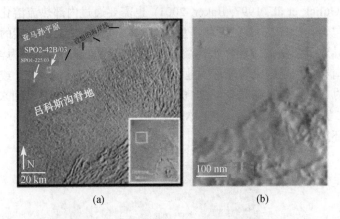

图 7.7 火星轨道器相机 (MOC)对设想的北方海洋海岸线的位置进行了成像。(a) 这个背景图像显示了奥林波斯山西北方向，设想中海岸线的位置。(b) 这个火星轨道器相机 (MOC)的图像对应于背景图像上标有 SPO2-428/03 的方块。尽管这个图像位于设想的海岸线的位置，但看不到海岸线的特征。(火星轨道器相机 (MOC)图像 MOC2-180a 和 MOC2-180c，图片来源： NASA/JPL/MSSS)

7.4.2 自转轴倾角的变化周期和气候变迁

行星和太阳的非圆形状引起的摄动，可能会导致长期的气候变化。这种摄动使得火星的轨道参数(包括偏心率、倾角、近日点的时间)以及自转轴的倾角发生变化(Ward,1992)，类似于造成地球冰川纪的米兰科维奇循环。尽管由于倾角的变化和轨道运动非常无序，只有在过去的 6 千万年内数值解较为精确，但数值解仍被外延到更长的时间周期，估计这些参数的范围(Laskar and Robutel, 1993; Touma and Widson, 1993; Laskar et al, 2004)。根据模式，偏心率大约在 0~0.12 变化，最可几值是 0.068。倾角从 0°左右变化到 80°以上，最可几值是 41.8°。这些范围比地球的变化范围大很多，这主要是因为火卫一和火卫二太小了，没法为火星提供一个稳定的影响。倾角和轨道变化可以引起日照的变化，影响火星的气候(图 7.8)。

当倾角增大时，两极的日照增加，温度上升，这些地区的二氧化碳和水冰升

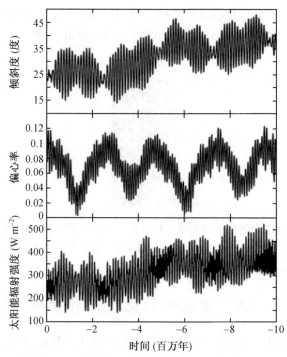

图 7.8 来自其他行星的引力摄动使火星的倾角(上图)和偏心率(中图)以及日照(下图)发生变化。数值模拟显示了这些参数在过去 1000 万年内的变化(Nature, Laskar et al. (2002), 经 Macmillan 出版公司 2002 允许转载)

华,由此提高了大气密度以及相应的地面压力。因为水和二氧化碳是温室气体,地表温度就可能上升,地面上就会有液态水。根据轨道和倾角参数的不同组合,就可能在非常有限的范围内有液态水(比如今天的状态)(Hecht, 2002)也可能在整个行星的大部分区域内有液态水(Richardson and Mischna, 2005)。倾角较大时,地面上出现冰的可能性比液态水大,因为稠密的大气中二氧化碳凝结会形成隔热层,冬季极盖的范围也较大(Haberle et al., 2003; Mischna et al, 2003)。倾角增加时,水冰的稳定区向着赤道移动,容易出现在较高处以及热惯量较大的地方。

倾角的周期大约为 250 万年,而偏心率变化的时间尺度是 170 万年。目前,火星的倾角正从高向低变化,而偏心率在变高(图 7.8)。人们分析火星轨道器相机(MOC)、热辐射成像系统(THEMIS)、高分辨率立体相机(HRSC)的图像,在赤道区附近发现一些特征,认为是上一个高倾角时期形成的冷床冰川(Head and Marchant, 2003; Neukum et al., 2004; Head et al., 2005, 2006a)(图 7.9)。高纬度地区撞击坑壁上舌状的沉积物(图 5.47),产生冲沟的水的源头(Christensen, 2003),都可能是被碎石覆盖的上一个高倾角时期的冰川(Arfstrom and Hartmann, 2005)。在南北半球,富含冰的覆盖沉积物出现在纬度 30°~60°的地区,可能是在倾角达到 30°~35°时沉积下来的

(Head et al, 2003a)。极区层状沉积物的分层(图 5.44)可以记录下与倾角的周期有关的冰和尘埃的沉积周期(Jakosky et al., 1993; Laskar et al., 2002)。

图 7.9　有人把这个沉积区的流线解释为上一个高倾角周期出现的冷床冰川。这个沉积区位于奥林波斯山的西北翼，在 22.5°N, 222.0°E 附近。图像宽约 33km (热辐射成像系统(THEMIS) 图像 I16967012, 图片来源：NASA/JPL/ASU)

7.5　当前水的稳定性和分布

按目前火星的大气状态，水三相点的压力要比水蒸气的分压高几个量级。这就使得地表的液态水不能长期稳定。在刻耳柏洛斯堑沟群，与火山活动有关的短期洪水留下了痕迹(Burr et al, 2002; Head et al, 2003b)，还有人把附近的另一个特征解释为冻结的海洋(Murray et al, 2005)(图 7.10)，尽管一般都认为那是玄武熔岩流。在当前条件下，如果冰有足够的光照，局部地区就可能形成液态水并有短期的水流(Haberle et al., 2001; Hecht 2002)。不过，如今火星上的水主要是冰或蒸汽。火星大气层内的水蒸气凝结的话，可以在全球形成一层 10^{-5}m 的水。极盖的水和 PLD（极区层状沉积物，5.3.7 节）可以在全球

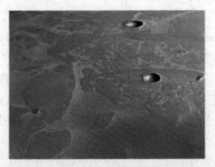

图 7.10　这个特殊的地域位于刻耳柏洛斯堑沟群附近，类似于浮冰，有人说可能是个冰冻的海。其他人根据撞击坑的边缘锐度和数量判断这是玄武熔岩流动形成的特征。(SEMYVLYEM4E 图像，图片来源：ESA/DLR/FU Berlin (G. Neukum))

形成深 29.6m 的水。然而，要在火星上留下河流的地貌特征，估计水量需要覆盖全球深 400m (Carr, 1996)。显然，必须有另外一个水源，这个水源可能在地下。

7.5.1 地下水分布的模式

年轻的撞击坑周围层状溅射物的形态、中央坑的结构、溢流河道的源区、河网的基蚀特性，各种永久冻土型的特点(5.3 节)都意味着火星水大部分都存在于地下水库里。当前火星的水文模型说明，由于温度低，表面水冰在纬度大于 40°的区域可以在与大气有接触的条件下稳定存在，而低纬度地区的冰在 1~2m 的深度可以稳定(Clifford and Hillel, 1983; Mellon and Jakosky, 1993, 1995)。模式说明，含冰的冻结层的厚度在赤道地区为约 2.5m，两极则为 6.5m(Clifford,1993)。预计 30mWm^{-2} 的地热通量可以在冻结层下面形成液态地下水的蓄水层。

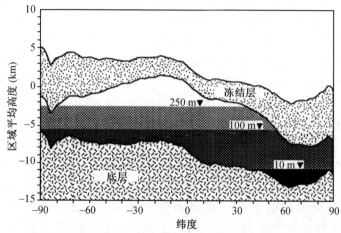

图 7.11 火星基层的水文模型，采用估计的内部热通量值和材料物理特性，说明富含冰(冻结层)和富含水的区域可以在火星地面以下存在。按地形和日照，这些区域的厚度和纬度有关

蓄水层的水可以向着更冷的冻结层迁移，冻结层的底部冻结成冰。因此，冻结层就会随着时间增厚。当压力超过覆盖物的液压头，液体沿着溢流河道释放出去，蓄水层进一步枯竭。然而，由于压力原因极盖底部融化，可以补充到蓄水层内。融化形成的液体渗透到下面的物质，再注入蓄水层(Clifford, 1987, 1993; Clifford and Parker, 2001)。这样，在火星地表以下几千米，大的水库可能一直存在。

7.5.2 地下水的直接探测

直到最近，地下水量完全是依据地质学的间接证据做出的假设。奥德赛(Odyssey)的伽马射线谱仪(GRS)仪器包中的中子探测器(中子质谱和高能中子探测器)首次在地下 1m 内找到了水冰的直接信息(Boynton et al., 2002; Feldman et al., 2002, 2004a; Mitrofanov et al., 2002)。这台仪器能够探测宇宙线与地面物质相互作用产生的中子。这些中子在逃逸到空间前需要经过地表。H(类地行星的 H 通常束缚在水中)对超热中子(能量在 0.4eV~0.7MeV) 和快中子(能量 0.7~1.6MeV) 有强的吸收，而二氧化碳对超热和热中子(<0.4eV)则吸收较差(Feldman et al., 2002, 2004a)。比较热、超热和快中子的通量就可以得到水的分布。

  图 4.10 是分析超热中子通量得到的火星土壤中 H(等价于水)的含量(Feldman et al., 2004a)。水的高丰度可以从极区延伸至纬度约±60°，这和地下冰稳定模式的预测相同(Mellon et al., 2004)，和永久冻土的地质特征分布也吻合(Kuzmin et al., 2004)。2 个赤道地区，阿拉伯和埃律西昂与塔尔西斯之间的两分边界线以南的高地区域,包含大约 8%的氢(等价于水)，可能是来自含水矿物质(Feldman et al., 2004b; Fialips et al., 2005)，或者是由大气过程留下的残余冰(Jakosky et al., 2005)。

  超热中子分析得到了近地表物质内水的分布,为近地表冰的稳定模式提供了基本的依据。冰稳定的区域是由冰的蒸发扩散与大气水蒸汽的凝结之间的平衡决定的。这种平衡是由日照对地面的加热决定的。高温造成的土壤干燥层的深度与日、季节、长期(如与倾角有关的)循环有关，对于长期循环，最深可达 1~2m(Mellon and Jakosky, 1995)。在干燥层之下，可以永久存积冰。这和撞击坑显示的结构相一致，撞击坑的层状溅射构造和中央凹陷的形成时期至少是在西方纪到亚马孙纪(Barlow, 2004, 2006)。一个考虑了上面是干燥的土壤层、下面是冰层的双层模型可以准确地再现极区超热中子观测数据的大部分分布特征(Boynton et al., 2002; Feldman et al., 2004a)。冰稳定区的模式与超热中子对地下冰的观测结果能够对应起来(Mellon et al., 2004)。经度方向的变化主要是由热惯量的不同造成的(Schorghofer and Aharonson, 2005) 其他观测和模式之间的微小区别则是由于岩石和尘埃。水的观测结果和冰稳定模式之间的相关性表明，当前地下冰和火星大气之间处于平衡状态。

  伽马射线谱仪(GRS)仪器只能探测距地表 1 米以内的水，而水文模式(Clifford, 1993)以及撞击坑的构造(Barlow and Perez, 2003, Barlow, 2005) 则表明，挥发物可以扩展到几千米的深度。火星快车(MEx)、火星勘察轨道器(MRO)上的测地雷达对深处的挥发份成分进行了直接探测(MARSIS: Picardi et al. 2005；SHARAD：Seu et al., 2004)。有关结果将为研究火星的水文循环、当前挥发份的垂直分布、地下挥发份在特定的地质特征形成过程中所起的作用提供重要的约束。

第八章 寻找生命

火星上是否有过生命？火星上现在是否仍有生命？几个世纪以来这一直是让人感兴趣的问题。早期在劳威尔·珀西瓦尔(Percival Lowell)的幻想中修造了复杂的运河系统的智慧生命已经被否定了,但是,火星上是否存在微生物仍然是一个有激烈争议的问题。有关火星生命的问题一直是人们探索火星的驱动力之一。

8.1 与生物有关的火星条件

目前火星的地表条件极其不适合地球生命形式(Clark,1998)。由于稀薄的二氧化碳大气留不住白天太阳的热量,温度只有 130~250K,平均温度是 240K。目前还没有发现地球生物在低于 253K 的温度下进行生物复制的事例(Beaty et al, 2006)。液态水在地表的低温、低气压条件下不能长期存在。地球生命形式需要水才能生存,因此火星上缺水是生命难以存在的一个主要因素。

由于大气稀薄再加上现在没有磁场,有害的射线可以穿透到地表(除了那些岩石仍然有较强剩磁的地区(Alves and Baptista, 2004))。2003 年 10 月以前,奥德赛(Odyssey)的火星辐射实验(MARIE)(Badhwar, 2004)一直在测量大气层上的辐射环境,直到一次大的太阳耀斑爆发使其终止工作。尽管只工作了 19 个月,火星辐射实验 (MARIE)测定银河宇宙线的日辐照计量在 18~24mrad 之间($1rad = 0.01J\ kg^{-1}$),记录到太阳耀斑事件期间质子的典型计量是 1~2rad,最大事件的计量 $\geq$ 7rad(Cleghorn et al., 2004)。虽然这些计量并不大(地球上的宇宙线计量是 30~45mrad/a),但较高计量的太阳粒子事件时,仍需要有屏蔽层来保护细胞免受损害。

火星地表的紫外辐射是另外一个主要的问题。除了极区的冬季,火星大气中的的臭氧很少,因此紫外线就能够达到地表。按模式计算,火星表面紫外通量对脱氧核糖核酸(DNA)的破坏程度比地球上高 3 个量级(Cockell et al., 2000),在火星紫外条件下进行的实验中, 7 种细菌很快就失去了活性(Schuerger et al., 2006)。然而,目前火星上的紫外条件和太古代的地球并没有太大的差别,而那个时代地球上存在原始生命(Cockell et al., 2000)。单是紫外辐射尚不能消灭火星的生命。

然而, 高的紫外等级加上火星土壤里具有强氧化性的化学物质,对生命形式来说是极具破坏性的组合(Biemann et al., 1977)。海盗号(Viking)着陆器在火星的表土层内发现了很低级的有机物,说明火星上有机物的生成速度和毁灭速度差不多,甚至还不如毁灭速度快。高酸性的条件(比如机遇号(Opportunity)在梅里迪亚尼平原上探测到的)也许可以蕴育特殊的生命形式,但是还不清楚生命起源前的化学反应在这样的条件下能否发生(Squyres et al., 2004c)。

低温、低压、缺水、强紫外线、以及氧化性的土壤条件，综合起来使得火星表面对类似于地球的生命形式来说，非常不利。然而，地下可能可以为生物活动提供适合的条件(Clark, 1998; Farmer and Des Marais, 1999; Cockell and Barlow, 2002; Diaz and Schulze-Makuch, 2006)。覆盖的地表物质可以防辐射。在火星的基层里，温度随着深度提高，如果地热遇到富水层，就可能有液态水的绿洲。与火山活动或者大的撞击坑有关的长期水热活动，就可能造就长期可居住的绿洲(Newsom et al., 2001; Varnes et al., 2003; Abramov and Kring, 2005)。这样的地区，目前可能仍然存在火星生命。

8.2 海盗号的生物实验

水手4，6，7号(Mariner 4, 6, 7)让科学家们看到火星是个干燥、没有生命的世界，生命可能永远也没有机会萌生。水手9号(Mariner 9)发现了流水形成的河道后，这一观点有了变化——如果火星过去有过水流，生命可能已经出现了。因此，1976年的海盗号(Viking)着陆器就开展了实验，目的是确定火星表面是否有生命。着陆器利用机械臂抓取土壤样本，并将其放入实验装置内(图 8.1) 3个特定的生物实验仓，气体交换(GEx)，热解释出(PR)、显踪释出(LR)(图8.2)。此外，气相色谱-质谱仪(GCMS)用来在表土中寻找有机物。

图 8.1 两个海盗号着陆器都配备了采样臂，可以获取土壤样本，用以分析可能存在的微生物。这一系列4张图片显示了正在获取土壤样本的海盗2号(Viking 2)着陆器的采样臂，小的沟是样本采取的地方(图片 PIA00145，图片来源：NASA/JPL)

气体交换实验(GEx)测试火星表土在加水后释放的生物衍生气体(Klein, 1977)。实验有两种模式，一个是潮湿模式，一个是加营养液的潮湿模式。要测试的是水或者水和营养物是否能够刺激土壤中蛰伏的生物产生新陈代谢活动。在潮湿无营养物模式下，大气压增高到200毫巴(2×10^4 Pa)，饱含水蒸汽。在温度281~288K、黑暗

第八章 寻找生命

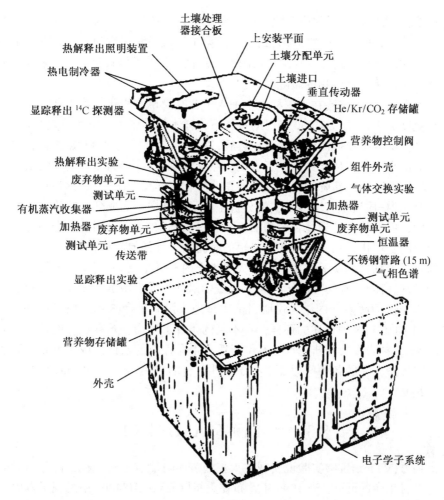

图 8.2 海盗号生物实验的布局。分析火星土壤样本寻找生命证据的实验包括显踪释出(LR)、热解释出(PR)、气体交换(GEx)、气相色谱-质谱仪(GCMS)

的条件下，样本培养了 7 天。在潮湿有营养物模式下，有机和无机物的浓缩溶液加到了土壤样本中，同样在压力 200 毫巴(2×10^4Pa)、温度 281~288K 的条件下培养。后一个实验进行了三次，每次时间长度不同，最短为 31 个火星日，最长为 200 个火星日。两种模式下，土壤解吸附都释放了气体，生成了氧气。然而，这些气体可能是由氧化的火星土壤与水和营养物的化学反应产生的，而不是来自生物活动。

热解释出(PR)实验(也称为碳同化实验)的条件与火星上的条件接近，分别在黑暗和光照条件下培养样品(Horowitz et al., 1977; Klein, 1977)。光照条件下的实验去除了波长短于 320nm 的光。两种模式都没有加营养物，但其中一个添加了少量的水。测试的目的是要确定土壤里的微生物是否能够从大气中(一氧化碳和/或二氧化碳)直接合成碳，并释放废产物气体。测试中有气体释放出来。但是，将样本加热到913K，这个温度应该已经是给土壤灭菌了，重新测试发现，仍然有几乎同量的气体释放出来。根据这些实验结果的热稳定性，几乎可以肯定，气体来自非生物的化学反应，而不是生物的新陈代谢。

显踪释出 (LR)实验在土壤样本中加入了含有简单有机化合物稀释溶液的水，然后在温度283K、压力约60毫巴的条件下将样本培养了13~90个火星日。同样，在培养的土壤样本中探测到了气体。然后，将样本的温度升至433K杀菌，重新测试。释放出来的气体量比先前少了，但仍然有气体释放出来。LR实验的结果既可能是土壤中有机物的新陈代谢，也可能是非生物化学反应(Klein, 1977)。

气相色谱-质谱仪 (GCMS)实验分析了火星表土样本的成分。实验在样本中寻找有机物，但得到的结果是否定的(Biemann et al., 1977)。太阳紫外光的暴晒，再加上氧化的土壤化学物，可以在相对短的时间内毁灭任何有机物。

海盗号着陆器的实验结果否定了火星表土内有微生物。所有实验的结果都与土壤里的大气气体解吸附，或者(和)由于土壤的氧化性质造成的化学反应一致。绝大部分科学家认为海盗号的结果说明目前火星地表没有生命(Space Studies Board, 1977)，正如8.1节中论述的那样，在不利的条件下生命很难存在。但是，两个海盗号(Viking)着陆器的着陆地点并不位于适合生命存在的最佳区域。因此，最近确定是否有生命存在的各种努力都集中于条件适合的"特殊地区"(Klein, 1998; Beaty et al., 2006)。

8.3 火星陨石 ALH84001

海盗号(Viking)生物实验说明现在火星地表不可能有生命存在，但并不能解决古代有没有生命的问题。当1996年宣布在火星陨石 ALH84001 中发现了古代细菌的化学证据时，再一次引起了人们对已灭绝的火星生命的兴趣(McKay et al., 1996)。ALH84001(图8.3)呈斜方辉岩结构特征，45亿年的结晶年龄(Mttlefehldt, 1994)，含有39亿年前形成的碳酸盐球粒(图4.11)(Romanet et al., 1994) (Borg et al., 1999)。在碳酸盐中，Mckay et al(1996)发现了多环芳香烃(PAHs)、磁石、硫化铁，认为是由火星的细菌形成的。他们还发现一些小的特征，认为是微细菌的化石。

ALH84001的证据自公布之日起，就成为科学家激烈争论的话题。目前，大部分科学家认为PAHs和硫化铁或者源自非生物，或者来自地球的污染(Scott,1999; Zolotov and Shock,2000)，并确信"微化石"或者是在准备电子显微镜扫描样品时人为因素造成的，或者是由地球上的风化过程造成的(Sears and Kral, 1998)。剩下最有力的、能证明ALH84001的矿物质来自生物的是磁石，其形状与细菌成因的磁石一样(Thomas-Keprta et al., 2000)。但是，大部分科学家认为，ALH84001的证据太弱了，无法确定它包含了古代火星生物活动的证据。

图 8.3 ALH84001 是我们收藏的唯一一块包含了火星古代堆晶地壳样本的火星陨石。根据陨石内的矿物学证据，科学家们提出，这块陨石中有火星古代细菌的证据

图 8.4 ALH84001 碳酸盐的电子显微镜图像显示了一些小的细长的特征，Mckay et al.(1996)认为是微细菌的化石。这个特征的直径大约是人发直径的 1/100。(图片来源：NASA/JSC)

8.4 大气里的甲烷

地面观测(Krasnopolsky et al., 2004)和火星快车行星傅里叶光谱仪(PFS) (Formisano et al., 2004)都探测到火星大气层内的甲烷，全球平均值为十亿分之 10 (10ppb)。PFS 探测到甲烷浓度的区域变化在 0~35ppb，说明有区域性的气源或汇(Formisano et al., 2004)。在火星的大气层中，甲烷会有光化学损失,平均的损失率为 $2.2\times 10^5 cm^{-2}s^{-1}$,平均寿命大约 340 年(Krasnoposly et al., 2004; Krasnoposly, 2006)，必须得到持续的补充。另外，甲烷全球性混合的时间尺度大约为 0.5 年，因此，区域性的浓度变化也说明了存在这种连续的补充(Krasnoposly et al., 2004)。

地球大气层内 1700ppb 的甲烷主要是生物活动产生的，喜欢甲烷的生物(产甲烷生物)似乎是火星微生物的适当候选对象(如果存在的话)(Max and Clifford, 2000;

Jakosky et al., 2003; Varnes et al., 2003)如果火星大气的甲烷来自地下生物活动，那么微生物的数量应该远小于地球上的数量，因为甲烷的浓度较低。Krasnoposly et al. (2004)估计由产甲烷生物产生的干生物质的量在 4×10^{-14}~15×10^{-13}kgm^{-3}，远低于海盗号(Viking)气相色谱-质谱仪(GCMS)的探测阈值 10^{-8}kgm^{-3}。

生物活动并非是火星大气甲烷的唯一来源。尘埃和彗星撞击引起的化学变化也能产生甲烷(Kress and McKay, 2004)，但量太少，达不到 10ppb 的全球平均浓度(Krasnoposky, 2006)。火山放气可能是另外一个来源，甲烷是地球火山放气中的微量成分(Ryan et al., 2006)，但是在火星上无论是可见或红外的分析都没有发现活动的火山。像有一氧化碳时水的光解作用，富含碳的热流体对玄武岩的低温改性是另一个可能的甲烷非生物来源(Lyons et al., 2005)，(Bar-Nun and Dimitrov, 2006)。只有通过碳同位素分析才能确定甲烷是来自生物或非生物过程。

8.5 未来的任务

海盗号(Viking)的实验说明火星表面上没有广泛分布的生命。然而，某些局部的区域可能更适合于生命形式。此外，过去的条件可能更有利于生命，在火星的某些地方可能还保留着已灭绝的生物的痕迹。因此，火星有无生命(尚存的或灭绝的)的问题仍有待回答。正在酝酿中的未来探测任务，将有助于回答这些问题。

海盗号之后第一个专门寻找火星生命证据的任务是猎兔犬 2 号(Beagle 2)着陆器(图 8.5)。猎兔犬 2 号携带了确定土壤、岩石和大气水分的仪器，通过测量碳化合物确定生命踪迹的仪器(Chicarro, 2002)。2003 年 12 月猎兔犬 2 号与火星快车(MEx)轨道器分离，着陆在伊希斯盆地，但着陆后就没有再返回任何信号。

图 8.5 猎兔犬 2 号着陆器在伊西底斯平原着陆点展开后的艺术表现图。不幸的是，没有从猎兔犬 2 号接收到信号(图片 ESA20MGBCLC, 图片来源：ESA/Denman)

接下来 NASA 的凤凰号(Pheonix)将是寻找生命的任务(图 8.6)，已于 2007 年 8 月 4 日发射。凤凰号任务的目的是：(1) 研究水的历史；(2) 寻找可居住区域的证据，评估冰-土壤交界处的生物存在的可能性(Smith and the Pheonix Science Team, 2004)。为了实现其目标，凤凰号将于 2008 年 5 月在北纬 65°到 70°的区域着陆，伽马射线谱仪(GRS)已经测定这个地区近地表有较多的冰。凤凰号(Pheonix)的仪器将探测地下水，及其与大气的相互作用，并确定 0.5m 以上火星表土的成分。热与析出气体分析仪(TEGA)将确定土壤中氢、氧、碳、氮的同位素比例，为生物在同位素形成中所起的作用提供约束。

图 8.6 凤凰号计划于 2008 年在火星上着陆，将探测火星的土壤，土壤容纳生物物质的能力。这个艺术表现图展现了在北方平原上着陆后的凤凰号(Pheonix)(图片来源：NASA/JPL)

NASA 的火星科学实验室(MSL) 计划于 2009 年秋天发射(图 8.7)，2010 年 10 月到达火星。火星科学实验室比目前正在火星上工作的火星勘测巡视器更大更坚固耐用。MSL 将确定着陆地的生物、地质、地化和辐射环境(Vasavada and MSL Science Team, 2006)。与生物有关的目标包括确定有机碳化合物的性质和含量，列出构建生命的化学物质的清单，确定可以代表生物过程的特征。为了实现这些目标，MSL 将采集岩石和土壤样本，并分发到着陆器上的各测试单元。这些实验将确定样本的基本构成，包括有机化合物，例如，可能是由生命产生的蛋白质、氨基酸。

ESA 最近选定了 ExoMars 任务作为月球、火星探测极光计划的旗舰任务(图 8.8)。ExoMar 将于 2013 年发射，2015 年到达火星。它包括一个火星巡视器和一个小型的固定地面站(Vago et al., 2006)。巡视器将携带巴斯德(Pasteur)科学探测包，用于探测火星的地质和外空生物学特性。可能携带的仪器包括相机、光谱仪(红外谱仪、穆斯堡尔谱仪、拉曼谱仪)、测地雷达、X 射线衍射仪、火星有机物和氧化剂探测器、气相色谱-质谱仪、辐射探测器和气象包。巡视器一个重要的部分是钻头，可以钻至地下 2m，探测地下生物绿洲。地面站将包括地球物理/环境包(GEP)，但是具体的仪器还待定。

图 8.7　火星科学实验室预计于 2010 年到达火星，将带有寻找现在和过去生命迹象的仪器(图像 PIA04892，图片来源：NASA/JPL)

图 8.8　ESA 的 ExoMars 任务将由一个巡视器和一个固定的地面站组成。如这张艺术表现图所示，巡视器将能够钻入地下 2m，以确定是否存在地下生命。(图片来源：ESA/AOES Mdialab)

其他以寻找火星生物为重点的任务还在讨论中，包括更多的着陆器和采样返回任务。此外，在地球的偏远地区正在开展多项研究，确定地球生命形式可以生存和繁衍的极端条件，包括：干冷环境，如南极州干谷地区(Doran et al., 1998; Wentworth et al., 2005; Abyzov et al., 2006)，喜温生物能够繁衍的火山地区(Farmer, 1998; Bishop et al., 2004)，富硫的火山环境(Fernandez-Remolar et al., 2005; Knoll et al.,

2005)，富盐环境(Mancinelli et al.，2004；Reid et al.，2006)。这些研究帮助我们更好地理解地球生物繁衍的环境条件，认识火星上可能存在的适合天体生物的地方。

8.6 行星保护问题

目前火星可能有生命形式存在，或者至少可能可以为生命形式提供复制的环境，这就导致了行星保护的问题。行星保护的基本宗旨是：探索不能危害整个太阳系内的可能生命形式。国际空间研究委员会(COSPAR)是一个担负着制定和维护行星保护政策的国际组织(Rummel et al.，2002)。污染可能来自送往其他世界的地基生命("前向污染")，也可能来自运回地球的地外生物("后向污染")。国际空间研究委员会(COSPAR)定义了行星保护的5个类别。第一类包括去往生命存在可能性低的星体(例如，金星和月球)的任何任务。第二类是可以帮助认识生命起源的星体，但航天器的污染基本不可能危害今后的探索，如彗星和类木行星。火星探索被列入了第三和第四类，因为前向污染可能危害未来的生物探索。第三类是飞越和轨道器任务，第四类包括着陆器和大气探测器。第五类和后向污染有关，包括从任何星体采样返回的任务。

考虑到航天器可能会在行星上撞毁，要求火星轨道器达到海盗号(Viking)着陆器消毒前的孢子等级(Rmmmel and Meyer，1996)。海盗号是在十万级的洁净室内组装的，每平方米的平均孢子负荷量不高于300，总孢子负荷量不高于$3×10^5$(DeVincenzi et al.，1996)。这是第三类航天器必须达到的生物负荷的水平。

第四类航天器包括着陆器、巡视器、穿透器以及大气探测器。根据任务是否包括生命探测实验，又进一步分成4a和4b(DeVincenzi et al.，1996)。没有生命探测实验的着陆器要求达到海盗号消毒前的生物负荷等级，与第三类航天器类似。包含生命探测实验的4b类着陆器必须达到海盗号的消毒水平。海盗号的着陆器在385K的高温下加热消毒了30个小时。

2005年COSPAR行星保护政策定义了5c类任务，是针对探测火星特殊区域的着陆器。所谓的特殊区域是指地球生物能够繁殖，或者目前很有可能有火星生命的区域(见COSPAR，2005)。火星特殊区域科学分析小组(SR-SAG)(Beaty et al.，2006)评估可能存在生命条件是：在距离地表约5m，任务到达后100年内，条件超过微生物繁殖必须的阈值，温度253K和水活动性0.5。这个小组同时考虑了自然和撞击着陆。通过研究，他们发现，与现代的液态水很有可能相关的是南北纬度约30°~80°地区的冲沟以及覆盖的地幔物质。最近火星全球勘察者(MGS)探测到冲沟外貌的变化，说明最近的水流增强了这些地貌的特殊区域特性(Malin et al.，2006)(图8.9)。

具有现代液态水的可能性小但并非为零的区域包括低纬度斜坡条状区，可能是冰川的地貌，可能是大量地下冰积存的地貌。和现代液态水有密切关系但目前还不确定有水的地貌,包括年轻的火山环境、新的大型撞击坑内可能的地热系统,以及现代溢流河道。总之,火星特殊区域科学分析小组(SR-SAG)发现,虽然可能存在短期内能够支撑生命的条件,火星上的条件太不利于生命繁衍,不可能有大规模的生物污染。

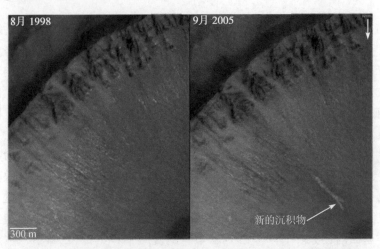

图 8.9　如这 2 张拍自半人马山脉某个撞击坑的图像所显示,冲沟的形成一直持续到今天。在 1999 年 8 月(左图拍摄时间)到 2005 年 9 月(右图拍摄时间)之间的 6 年期间,形成的一个浅颜色的堆积物,尽管这个堆积可能是由尘埃的崩塌造成的,但水流似乎是个更合适的解释(火星轨道器相机(MOC) 图像 MOC2-1619,NASA/JPL/MSSS)

未来的任务包括采样返回计划。火星的微生物可能被带到地球上,对地球生命构成威胁,这种可能性虽小但并非为零(Race,1996;Trofimov et al.,1996)。2005 COPSAR 行星保护政策指出,不做生命探测研究的样本在返回地球前必须消毒。

图 8.10　建于 NASA 约翰逊空间中心(Johnson Space Center) 的月球接收实验室是一个防范设施,用来在无交叉污染的情况下存储和分析月球样本。为火星样本做的类似的实验室设计方案正在评估中。(图片来源:NASA/JSC)

没有消毒的样本必须密封放置于另外一个容器内，返回地球前必须确认这个容器的完整性。这个容器必须没有和火星直接或间接接触过，这样才能切断火星和地球之间的"联络线"。任何没有密封的硬件，或者与火星接触过的样本在没有消毒之前都不能返回地球。一旦到达地球后，所有的样本将送往专门设计用来储存物质并分发进行科学研究的接收设备，类似于 NASA 约翰逊空间中心(Johnson Space Center)接收、编目并分发阿波罗(Appolo)任务月球样本的过程(Mangus and Larsen，2004)(图 8.10)。

第九章 展　　望

　　我们关于火星的认识已经经历了几次变化,特别是在航天器能够飞往火星进行探测的这40多年里。劳维尔(Lowell)令全世界都惊奇的关于过去存在火星人并开凿水渠的火星观,在60年代被水手探测器的新观点所代替。火星实际上是一个地质上死亡了的星球,只有稀薄的大气,根本无法支持液态水的存在。水手9号对沟槽和火山的发现再次改变了我们对火星的认识,认为它是一个过去曾存在水的行星。这再次引起了人们讨论关于在我们这个邻居星球上是否存在生命的兴趣。海盗号着陆器的探测结果,又一次浇灭了人们在火星的土壤中发现生命痕迹的希望。但是将研究热点再次聚焦在就地寻找适于生命活动(无论是过去还是现在)的条件上面。通过对火星地壳陨石的研究,曾极大地影响了我们对这个行星整体化学和热特性演化的认识。火星在我们头脑中的形象最近一次发生的改变,是发现了水,无论是液态的水还是固态的冰,在火星历史演变中所扮演的角色比我们原先想象的要重要得多。海盗号之后对火星的认识曾经是,火星在历史上的早期,其大气比现在要厚,温度比现在要高,表面湿润。但是实际上自太古期之后,火星就如同我们现在看到的一样是寒冷的,干燥的。更深刻的认识来自于火星全球勘察者(MGS),奥德赛(Odyssey),火星探测巡视器(MER,机遇号和勇气号),火星快车（MEx）以及日益增加的计算机计算能力,它们所揭示的是,火星的气候就在近期曾经历了一段短暂的变迁,这是由于其轨道参数和轨道的斜交角引起的。赤道区冷床冰川和中纬度的峡谷,可能是由于大量的水渗入地下时而形成的。这揭示了水是形成现在火星表面形貌的重要动因。

　　我们正在步入火星探测的一个新的纪元。由勇气号和机遇号,以及轨道器上搭载的微型热辐射仪(TES),热辐射成像系统(THEMIS)和可见光和红外矿物学成像谱仪(OMEGA)探测到的矿物信息已经证明这颗行星有与其地质阶段相吻合的矿物期。这些结果进一步表明它的地质和气候变化贯穿了这颗行星自生成以来的45亿年中。伴随着光谱仪的分辨率越来越高,比如火星资源勘探轨道器上的紧凑型资源勘探成像谱仪(CRISM),将会在未来的几年中支持更精细的研究,使我们开始明白这颗行星更小尺度上的地质变化。

　　更高的分辨率不仅限于在光谱方面。火星轨道相机(MOC),热辐射成像系统(THEMIS),以及高分辨率立体相机(HRSC)已经将早期轨道器千米数量级的分辨率提高到了米级的分辨率,局部区域的地质过程开始在我们眼前展现。这些提高了分辨率的图像,将使我们对这颗行星在不同地区发生的过程的变化范围缩窄。在火星勘探轨道器携带着高分辨率成像科学实验(HiRISE)相机到达后,就将我们下阶段对火星表面特征的研究尺度提升到了厘米数量级。我们也第一次可以从轨道器上看到我们的着陆器和巡视器(图9.1),展示出我们在研究火星表面方面的能力将有新的提升。

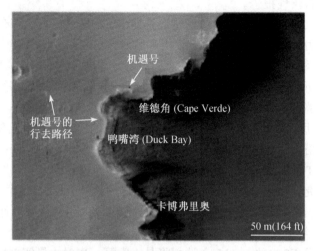

图9.1 机遇号巡视器刚刚到达维多利亚撞击坑边缘时,火星勘察轨道器(MRO)上的 HiRISE 相机正好从轨道上拍到了它。这时人类第一次从火星轨道器上拍摄表面巡视计划的照片。(PIA08817,NASA/JPL/University of Arizona)

火星轨道激光高度计(MOLA)和高分辨率立体相机(HRSC)第一次为我们提供了火星表面的三维立体特征。深度、高度、坡度以及粗糙度帮助我们确定观测到的地质现象的形成和变化的过程。我们现在还可以通过火星快车上的次表层和电离层探测先进雷达(MARSIS)和火星资源勘探轨道器上的浅次表层雷达(SHARAD)探测次表层的结构和组成,特别是次表层的冰和液态水的分布,以及它们是如何影响火星表面特征的。

用微型热辐射仪(TES),行星傅里叶光谱仪(PFS)和紫外与红外大气谱仪(SPICAM)对火星大气的长期联合监测,以及着陆器和巡视器在火星表面的监测,帮助我们了解大气的结构以及驱动其循环的过程。从前建立起的基本循环模型现在通过这些仪器的观测已经被证实了。计算机能力的提高和地球大气模型的改进也加强了对火星大气的建模。中尺度的大气模型使我们第一次能够详细了解火星表面特定地区的天气和气候。对火星勘察轨道器(MRO)上搭载的火星气候相机(MARCI)以及火星气候探空仪(MCS)的数据进行分析后,我们已经能够对火星天气和大气结构中更详细的信息进行预测。

接下来的计划将聚焦在关于火星的特殊问题上。凤凰号将第一次提供对表面水冰的详细分析。它上面搭载的显微镜、电化学分析仪和导电率分析仪(MECA)将分析着陆地点的矿物组成,pH值,水和冰的含量,以及土壤和冰的导电率。作为MECA的补充,热挥发气体分析仪(TEGA)将确定冰和土壤样品中物质的化学成分,并寻找生命分子活动所产生的迹象。表面立体相机(SSI)和机械臂相机(RAC)将探测样品的地质成分以及观测周围环境。气象观测站(MET)在着陆器工作的整个生命周期中将提供每日天气报告。

火星科学实验室(MSL)比火星探测巡视器(MER)更大更重，具有更强的对表面物质的分析能力。它携带一个激光器，用来照射火星表面并使其表面浅层的物质挥发，然后用化学分析仪器了解岩石的内部物质。分析测试箱将对土壤和岩石碎末样品进行化学分析，包括探测表明生命活动的生物分子。中子谱仪将用来发现水。气象探测包将在巡视车移动时监测大气条件和每日的天气。

2007 年 1 月宣布了两个计划作为 2011 年火星侦察计划的候选项目。它们是火星大气和挥发份演化(MAVEN，Mars Atmosphere and Volatile Evolution)计划，以及大逃逸(TGE，The Great Escape)计划。两计划旨在通过分析火星高层大气的结构和动力学过程研究其演化。两个计划的研究重点之一就是上层大气和太阳风的相互作用带来的大气损失。美国航空航天局(NASA)将在 2008 年初从两个计划中最后确定一项作为 2011 年的火星侦察计划。

欧洲空间局(ESA)的 ExoMars 计划将是人类第一次对火星实施钻探的计划。尽管早期的宣传说这个计划是一个探测地外生命的计划(见 8.5 节)，但它还将对着陆区的地质化学和物理特征开展探测。巴氏实验仪器包(Pasteur Experiment Package)将研究巡视器路途中遇到的岩石的内部成分，并可以钻取深达 2 米处的土壤样品对其进行就地分析。着陆器上的物理和环境分析仪器包(Geophysics/Environmental Package)将对其他着陆器和巡视器关于表面物质特性和天气的探测数据提供补充。

这些接下来的探测计划将针对火星上层大气、表面地质化学和物理特性，以及这颗行星能否存在或曾经存在过生命的问题开展研究。然而，许多其他问题的答案还需耐心的等候那些还未提出的计划来回答。火星内部的结构是最大的未定问题之一，需要在火星全球布置地震网来寻求解答。在不同的地点探测热流，可以将目前对火星地热的流量进一步定量，对近表层的冰和热演化的稳定性也可以提供更深入的认识。虽然对火星气象的分析已经让我们对火星大气的整体化学性质有了初步的了解，但它还只局限于主要由年轻的玄武岩的溢出气体的范畴。如果能够对火星不同地点更多的岩石样品进行研究，就可以更好地确定火星地质化学的演化过程。对火星表面地貌形成的历史年代进行断定也是需要的。因为，这样可以确定表面撞击坑形成的年代史，并找到它们与地月系统中的撞击坑所形成的年代的相同性和差异性。一个坚实的火星年代史的建立，有助于进一步认清火星的地质、地质化学、热和气候的历史。

对未来火星探测常问的一个问题是载人探测和无人探测各自的角色是什么？无人探测计划比载人探测计划花费少，且运行的时间长，特别是当其一直运行至设计寿命终了。技术的进步使得着陆器和巡视器的技术能力大大提升，这在海盗号时代只能是梦想。然而，阿波罗计划曾经告诉我们，经过训练的宇航员能够非常容易

第九章 展望

的实现无人探测计划的内容。勇气号从古谢夫平原的着陆点到哥伦比亚山用了 5 个月的时间只走了大约 3 千米远。这 5 个月里的大部分的时间用在了行走上,如果巡视器在自动行走模式下遇到了一个没有预料到的岩石,这个石头就成为障碍。人不但可以在短时间中行走更远的距离,还可以爬较陡的坡以及停下来研究和在沿途中做出意想不到的发现。载人计划同时也会更加吸引留在地球上的人类的关注。在火星探路者(MPF)和火星探测巡视器(MER)执行时,公众对互联网站的访问量就已经无法抵挡了。然而,载人计划需要强大的生命支持系统(空气、食物、水、居所),以及无法将计划延长,因为宇航员需要返回地球。如果像美国航空航天局在空间探测远景提出的那样,将宇航员送上火星,将需要巨大的资源和极大的努力才能实现。通过国际合作,并分担所需费用,看来是人类迈出这一步所必需的。然而不能为了给载人腾出经费而牺牲无人的机器人探测计划,一个载人与非载人同时发展的平衡探测计划将会对经费投入得到最好的回报。

　　我经常问自己的一个问题是,当地球上还有如此多的问题需要面对的时候,我们为什么还要探测火星呢?我的答复是,我们在探测火星过程中研发的技术,以及我们从研究这个邻居中得到的知识,都可以反过来用于解决我们在地球上的问题。火星探测激励着人们,特别是年轻人。这样的激励在太空探索的早期曾经引导过我们,这些正在从事火星探测中科学和工程工作的人。我们现在做出的发现,将激励新一代的科学家和工程师,在寻求人类面临的众多问题的答案时获得创新的突破和发明。火星目前的环境,与温暖、具有丰富水资源的地球的环境之间存在如此大的差距,使我们对保护我们这个星球的脆弱的环境(图 9.2)更加警觉。随着我们逐步认识到火星曾经象地球一样充满水、具有很厚的大气层以及温暖表面,我本人和许多同事都在研究,到底是什么原因,使得火星变成了现在这样一个寒冷、干燥的星球。这些知识将帮助我们更好地保护我们称之为的家园的这个蓝色星球。

图 9.2　与火星干燥环境与稀薄大气层形成鲜明反差的,由水和云覆盖其表面的地球。(图片来源:海盗号轨道器拍摄的火星照片,NASA SP-441,月球与行星学院)

参 考 文 献

[1] Abe, Y. (1997). Thermal and chemical evolution of the terrestrial magma ocean. *Physics of the Earth and Planetary Interiors*, **100**, 27–39.

[2] Abramov, O. and Kring, D. A. (2005). Impace-induced hydrothermal activity on early Mars. *Journal of Geophysical Research*, **100**, E12S09, doi: 10, 1029/2005JE002453.

[3] Abyzov, S. S., Duxbury, N. S., Bobin, N. E., et al. (2006). Super-long anabiosis of ancient microorganisms in ice and terrestrial models for development of methods to search for life on Mars, Europa, and other planetary bodies. *Advances in Space Research*, **38**, 1191–1197.

[4] Acuña, M. H., Connerney, J. E. P., Wasilewski, P., et al. (1998). Magnetic field and plasma observations at Mars: initial results of the Mars Global Surveyor Mission. *Science*, **279**, 1676–1680.

[5] Acuña, M. H., Connerney, J. E. P., Ness, N. F., et al. 1999. Global distribution of crustal magnetization discovered by the Mars Global Surveyor MAG/ER Experiment. *Science*, **284**, 790–793.

[6] Acuña, M. H., Connerney, J. E. P., Wasilewski, P., et al. (2001). Magnetic field of Mars: summary of results from the aerobraking and mapping orbits. *Journal of Geophysiucal Research*, **106**, 23403–23417.

[7] Agee, C. B. and Draper, D. S. (2004). Experimental constraints on the origin of martian meteorites and the composition of the martial mantle. *Earth and Planetary Science Letters*, **224**, 415–429.

[8] Agnor, C. B., Canup, R. M., and Levison, H. (1999). On the character and consequences of large impacts in the late stage of terrestrial planet formation. *Icarus*, **142**, 219–237.

[9] Albee, A. L., Arvidson, R. E., and Palluconi, F. D. (1992). Mars Observer Mission. *Journal of Geophysical Research*, **97**, 7665–7680.

[10] Albee, A. L., Arvidson, R. E., Palluconi, F., and Thorpe, T. (2001). Overview of the Mars Global Surveyor mission. *Journal of Geophysical Research*, **106**, 23291–23316.

[11] Alves, E. I. and Baptista, A. R. (2004). Rock magnetic fields shield the surface of Mars from harmful radiation. In *Lunar and Planetary Science XXXV*, Abstract #1540. Houston, TX: Lunar and Planetary Institute.

[12] Anderson, D. L., Miller, W. F., Latham, G. V., et al, (1977). Seismology on Mars. *Journal of Geophysical Research*, **82**, 4524–4546.

[13] Anderson, R. C., Dohm, J. M., Golombek, M. P., et al. (2001). Primary centers and secondary concentrations of tectonic activity through time in the western hemisphere of Mars. *Journal of Geophysical Research*, **106**, 20563–20586.

[14] Anderson, R. C., Dohm, J. M., Haldemann, A. F. C., Pounders, E., and Golombek, M. P. (2006). Tectonic evolution of Mars. In *Lunar and Planetary Science XXXVII*, Abstract #1883. Houston, TX: lunar and Planetary Institute.

[15] Auguita, F., Anguita, J., Castilla, G., et al. (1998). Arabia Terra, Mars: tectonic and paleoclimatic evolution of a remarkable sector of martian lithosphere. *Earth, Moon and Planets*, **77**, 55–72.

[16] Anguita, F., Babin, R., Benito, G., et al. (2000). Chasma Australe, Mars: structural

framework for a catastrophic outflow origin. *Icarus*, **144**, 302–312.
[17] Arfstrom, J. and Hartmann, W. K. (2005). Martian flow features, moraine-like ridges, and gullies: terrestrial analogs and interrelationships. *Icarus*, **174**, 321–335.
[18] Arkani-Hamed, J. (2001). Paleomagnetic pole positions and pole reversals of Mars. *Geophysical Research Letters*, **28**, 3409–3412.
[19] Arvidson, R. E., Anderson, R. C., Bartlett, P., et al. (2004a). Localization and physical properties experiments conducted by Spirit at Gusev Crater. *Science*, **305**, 821–824.
[20] Arvidson, R. E., Anderson, R. C., Bartlett, P. et al. (2004b). Localization and physical properties experiments conducted by Opportunity at Meridiani Planum. *Science*, **306**, 1730–1733.
[21] Badhwar, G. D. (2004). Martian Radiation Environment Experiment(MARIE). *Space Science Reviews*, **110**: 131–142.
[22] Baker, V. R. (1978). The Spokane flood controversy and the martian outflow channels. *Science*, **202**, 1249–1256.
[23] Baker, V. R. (1982). *The Channels of Mars*. Austin, TX: University of Texas Press.
[24] Baker, V. R. (2001). Water and the martian landscape. *Nature*, **412**, 228–236.
[25] Baker, V. R., Strom. R. G., Gulick, V. C., et al. (1991). Ancient oceans, ice sheets, and the hydrological cycle on Mars. *Nature*, **352**, 589–594.
[26] Balsiger, H., Altwegg, K., and Geiss, J. (1995). D/H and $^{18}O/^{16}O$ ratio in the hydronium ion and in neutral water from in situ ion measurements in Comet P/Halley. *Journal of Geophysical Research*, **100**, 5827–5834.
[27] Bandfield, J. L. (2002). Global mineral distributions on Mars. *Journal of Geophysical Research*, **107**, 5042, doi: 10.1029/2001JE001510.
[28] Bandfield, J. L., Hamilton, V. E., and Christensen, P. R. (2000). A global view of martian volcanic compositions. *Science*, **287**, 1626–1630.
[29] Bandfield, J. L., Hamilton, V. E., Christensen, P. R., and McSween, H. Y. (2004). Identification of quartzofeldspathic materials on Mars. *Journal of Geophysical Research*, **109**, E10009, doi: 10.1029/2004JE002290.
[30] Banerdt, W. B., Golombek, M. P., and Tanaka, K. L. (1992). Stress and tectonics on Mars. In *Mars*, ed. H. H. Kieffer, B. M. Jakosky, C. W. Snyder, and M. S. Matthews. Tucson, AZ: University of Arizona Press, pp. 249–297.
[31] Banfield, D., Conrath, B., Pearl. J. C., Smith, M. D., and Christensen, P. (2000). Thermal tides and Stationary waves on Mars as revealed by Mars Global Surveyor Thermal Emission Spectrometer. *Journal of Geophysical Research*, **105**, 9521–9537.
[32] Banfield, D., Conrath, B. J., Smith, M. D., Christensen, P. R., and Wilson, R. J. (2003). Forced waves in the martian atmosphere from MGS TES nadir data. *Icarus*, **161**, 319–345.
[33] Banfield, D., Conrath, B. J., Gierasch, P. J., Wilson, R. J., and Smith, M. D. (2004). Traveling waves in the martian atmosphere from MGS TES nadir data. *Icarus*, **170**, 365–403.
[34] Barlow, N. G. (1988). Crater size-frequency distributions and a revised martian relative chronology. *Icarus*, **75**, 285–305.
[35] Barlow, N. G. (1990). Constraints on early events in Martian history as derived from the cratering record. *Journal of Geophysical Research*, **95**, 14191–14201.
[36] Barlow, N. G. (1997). Identification of possible source craters for Martian meteorite ALH840001. In *Instruments, Methods, and Missions for the Investigation of*

Extraterrestrial Microorganisms, ed. R. B. Hoover. Bellingham, WA: SPIE Proceedings vol. 3111, pp. 26–35.

[37] Barlow, N. G. (2004). Martian subsurface volatile concentrations as a function of time: clues from layered ejecta craters. *Geophysical Research Letters*, **31**, L05703, doi: 10.1029/ 2003GL019075.

[38] Barlow, N. G. (2005). A review of martian impact crater ejecta structures and their implications for target properties. In *Large Meteorite Impacts III*, ed. T. Kenkmann, F. Hörz, and A. Deutsch. Boulder, CO: Geological Society of America Special Paper **384**, pp. 433–442.

[39] Barlow, N. G. (2006). Impact craters in the northern hemisphere of Mars: layered ejecta and central pit characteristics. *Meteoritics and Planetary Science*, **41**, 1425–1436.

[40] Barlow, N. G. and Perez, C. B. (2003). Martian impact crater ejecta morphologies as indicators of the distribution of subsurface volatiles. *Journal of Geophysical Research*, **108**, 5085, doi: 10.1029/2002JE002036.

[41] Barlow, N. G., Boyce, J. E., Costard, F. M., et al. (2000). Standardizing the nomenclature of martian impact crater ejecta morphologies. *Journal of Geophysical Research*, **105**, 26733-26738.

[42] Barnes, J. R., Pollack, J. B., Haberle, R. M., et al. (1993). Mars atmospheric dynamics as simulated by the NASA/Ames general circulation model. 2. Transient baroclinic eddies. *Journal of Geophysical Research*, **98**, 3125–3148.

[43] Barnes, J. R., Haberle, R. M., Pollack, J. B., Lee, H., and Schaeffer, J. (1996). Mars atmospheric dynamics as simulated by the NASA/Ames general circulation model. 3. Winter quasistationary eddies. *Journal of Geophysical Research*, **101**, 12753–12776.

[44] Barnouin-Jha, O. S., Schultz, P. H., and Lever, J. H. (1999a). Investigating the interactions between an atmosphere and an ejecta curtain. 1. Wind tunnel tests. *Journal of Geophysical Research*, **104**, 27105–27115.

[45] Barnouin-Jha, O. S., Schultz, P. H., and Lever, J. H. (1999b), Investigating the interactions between an atmosphere and an ejecta curtain. 2. Numerical experiments. *Journal of Geophysical Research*, **104**, 27117–27131.

[46] Bar-Nun, A. and Dimitrov, V. (2006). Methane on Mars: a product of H_2O photolysis in the presence of CO. *Icarus*, **181**, 320–322.

[47] Basu, S., Richardson, M. I., and Wilson, R. J. (2004), Simulation of the martian dust cycle with the DFDL Mars GCM. *Journal of Geophysical Research*, **109**, E11006, doi: 10.1029/2004JE002243.

[48] Batson, R. M., Edwards, K., and Duxbury, T. C. (1992). Geodesy and cartography of the Martian satellites. In *Mars*, ed. H. H. Kieffer, B. M. Jokosky, C. W. Snyder, and M. S. Matthews. Tucson, AZ: University of Arizona Press, pp. 1249–1256.

[49] Beaty, D., Buxbaum, K., Meyer, M., et al. (2006). Findings of the Mars Special Regions Science Analysis Group. *Astrobiology*, **6**, 677–732.

[50] Bell, J. F., Pollack, J. B., Geballe, T. R., Cruikshank, D. P., and Freedman, R. (1994). Spectroscopy of Mars from 2.04 to 2.44 μm during the 1993 opposition: absolute calibration and atmospheric vs. mineralogic origin of narrow absorption features. *Icarus*, **111**, 106–123.

[51] Bell, J. F., Wolff, M. J., James, P. B., et al. (1997). Mars surface mineralogy form Hubble Space Telescope imaging during 1994–1995: observations, calibration, and initial results. *Journal of Geophysical Research*, **102**, 9109–9123.

[52] Bell, J. F., McSween, H. Y., Crisp, J. A., et al. (2000). Mineralogic and compositional properties of martian soil and dust: results form Mars Pathfinder. *Journal of Geophysical Research*, **105**, 1721–1755.

[53] Belleguic, V., Lognonné, P., and Wieczorek, M. (2005). Constraints on the martian lithosphere from gravity and topography data. *Journal of Geophysical Research*, **110**, E11005, doi: 10.1029/2005JE002437.

[54] Benson, J. L. and James, P. B. (2005). Yearly comparisons of the martian polar caps: 1999–2003 Mars Orbiter Camera observations. *Icarus*, **174**, 513–523.

[55] Benz, W. and Cameron, A. G. W. (1990). Terrestrial effects of the giant impact. In *Origin of the Earth*, ed. H. E. Newsom and J. H. Jones. Oxford, UK: Oxford University Press, pp. 61–67.

[56] Benz, W., Cameron, A. G. W., and Melosh, H. J. (1989). The origin of the Moon and the single-impact hypothesis III. *Icarus*, **81**, 113–131.

[57] Berman, D. C. and Hartmann, W. K. (2002). Recent fluvial, volcanic, and tectonic activity on the Cerberus Plains of Mars. *Icarus*, **159**, 1–17.

[58] Berman, D. C., Crown, D. A., and Hartmann, W. K. (2005). Tyrrhena Patera, Mars: insights into volcanic and erosional history from high-resolution images and impact crater populations. *American Geophysical Union Fall Meeting*, Abstract #P23A-0177.

[59] Bertelsen, P., Goetz, W., Madsen, M. B., et al. (2004). Magnetic properties experiments on the Mars Exploration Rover Spirit at Gusev Crater. *Science*, **305**. 827–829.

[60] Bertka, C. M. and Fei, Y. J. (1997). Mineralogy of the martian interior up to core-mantle boundary pressures. *Journal of Geophysical Research*, **102**, 5251–5264.

[61] Beyer, R. A. and McEwen, A. S. (2005). Layering stratigraphy of eastern Coprates and northern Capri Chasmata, Mars. *Icarus*, **179**, 1–23.

[62] Bhattacharya, J. P., Payenberg, T. H. D., Lang, S. C., and Bourke, M. (2005). Dynamic river channels suggest a long-lived Noachian crater lake on Mars. *Geophysical Research Letters*. **32**, L10201, doi: 10.1029/2005GL022747.

[63] Bibring, J. -P., Langevin, Y., Poulet, F., et al. (2004). Perennial water ice identified in the south polar cap or Mars. *Nature*, **428**, 627–630.

[64] Bibring, J. -P., Langevin, Y., Gendrin, A., et al. (2005). Mars surface diversity as revealed by the OMEGA/Mars Express observations. *Science*, **307**, 1576–1581.

[65] Bibring, J. -P., Langevin, Y., Mustard, J. F., et al. (2006). Global mineralogical and aqueous Mars history derived from OMEGA/Mars Express data. *Science*, **312**, 400–404.

[66] Biemann, K., Oro, J., Toulmin, P., et al. (1977). The search for organic substances and inorganic volatile compounds in the surface of Mars. *Journal of Geophysical Research*, **82**, 4641–4658.

[67] Bierhaus, E. B., Chapman, C. R., and Merline, W. J. (2005). Secondary craters on Europa and implications for cratered surfaces. *Nature*, **437**, 1125–1127.

[68] Birck, J. L. and Allègre, C. J. (1978). Chronology and chemical history of the parent body of basaltic achondrites studied by the ^{87}Rb-^{87}Sr method. *Earth and Planetary Science Letters*, **39**, 37–51.

[69] Bishop, J. L., Murad, E., Lane, M. D., and Mancinelli, R. L. (2004). Multiple techniques for mineral identification on Mars: a study of hydrothermal rocks as potential analogs for astrobiology sites on Mars. *Icarus*, **169**, 311–323.

[70] Blamont, J. E. and Chassfère, E. (1993). First detection of ozone in the middle atmosphere of Mars from solar occultation measurements. *Icarus*, **104**, 324–336.

[71] Blichert-Toft, J., Gleason, J. D., Tèlouk, P., and Albarède, F. (1999). The Lu-Hf isotope geochemistry of shergottites and the evolution of the martian mantle-crust system. *Earth and Planetary Science Letters*, **173**, 25–39.

[72] Bockelée-Moravan, D., Gautier, D., Lis, D. C., et al. (1998). Deuterated water in Comet C/1996 B2(Hyakutake) and its implications for the origin of comets. *Icarus*, **133**, 147–162.

[73] Bogard, D. D. and Johnson, P. (1983). Martian gased in an Antarctic meteorite? *Science*, **221**, 651–654.

[74] Borg, L. E. and Draper, D. S. (2003). A petrogenetic model for the origin and compositional variation of the martian basaltic meteorites. *Meteoritics and Planetary Science*, **38**, 1713–1731.

[75] Borg, L. E., Nyquist, L. E., Taylor, L. A., Wiesmann, H., and Shih, C. -Y. (1997). Constraints on martian differentiation process from Rb-Sr and Sm-Nd isotopic analysed of the basaltic shergottite QUE94201. *Geochimica et Cosmochimica Acta*, **61**, 4915–4931.

[76] Borg, L. E., Connelly, J. N., Nyquist, L. E. et al. (1999). The age of the carbonates in martian meteorite ALH84001. *Science*, **268**, 90–94.

[77] Boss, A. P. (1990). 3D solar nebula models: implications for Earth origin. In *Origin of the Earth*, ed. H. E. Newsom and J. H. Jones. Oxford, UK: Oxford University Press, pp. 3–15.

[78] Bottke, W. F., Love, S. G., Tytell, D., and Glotch, T. (2000). Interpreting the elliptical crater populations on Mars, Venus, and the Moon. *Icarus*, **145**, 108–121.

[79] Bottke, W. F., Morbidelli, A., Jedicke, R., et al. (2002). Debiased orbital and absolute magnitude distribution of the Near-Earth Objects. *Icarus*, **156**, 399–433.

[80] Bottke, W. F., Durda, D. D., Nesvorný, D., et al. (2005). The fossilized size distribution of the main asteroid belt. *Icarus*, **175**, 111–140.

[81] Boynton, W. V., Feldman, W. C., Squyres, S. W., et al, (2002). Distribution of hydrogen in the near surface of Mars: evidence for subsurface ice deposits. *Science*, **297**, 81–85.

[82] Boynton, W. V., Feldman, W. C., Mitrofanov, I. G., et al. (2004). The Mars Odyssey Gamma-Ray Spectrometer instrument suite. *Space Science Reviews*, **110**, 37–83.

[83] Bradley, B. A., Sakimoto, S. E. H., Frey, H., and Zimbelman, J. R. (2002). Medusae Fossae Formation: new perspectives from Mars Global Surveyor. *Journal of Geophysical Research*, **107**, 5058, doi: 10.1029/2001JE001537.

[84] Brain, D. A. and Jakosky, B. M. (1998). Atmospheric loss since the onset of the martian geologic record: combined role of impact erosion and sputtering. *Journal of Geophysical Research*, **103**, 22689–22694.

[85] Brandon, A. D., Walker, R. J., Morgan, J. M., and Goles, G. G. (2000). Re-Os isotopic evidence for early differentiation of the martian mantle. *Geochimica et Cosmochimica Acta*, **64**, 4083–4095.

[86] Breuer, D. and Spohn, T. (2003). Early plate tectonics versus single-plate tectonics on Mars: evidence from magnetic field history and crust evolution. *Journal of Geophysical Research*, **108**, E75072, doi: 10.1029/2002JE001999.

[87] Breuer, D., Spohn, T., and Wüllner, U. (1993). Mantle differentiation and the crustal dichotomy of Mars. *Planetary and Space Science*, **41**, 269–283.

[88] Breuer, D., Yuen, D. A., and Spohn, T. (1997). Phase transitions in the martian mantle: implications for partially layered convection. *Earth and Planetary Science Letters*, **148**,

457–469.

[89] Bridges, J. C. and Grady, M. M. (2000). Evaporite mineral assemblages in the nakhlite (martian) meteorites. *Earth and Planetary Science Letters*, **176**, 267–279.

[90] Bridges, N. T., Phoreman, J., White, B. R., et al. (2005). Trajectories and energy transfer of saltating particles onto rock surfaces: application to abrasion and ventifact formation on Earth and Mars. *Journal of Geophysical Research*, **110**, E12004, doi: 10.1029/2004JE002388.

[91] Buczkowski, D. L. and McGill, G. E. (2002). Topography within circular grabens: implications for polygon origin, Utopia Planitia, Mars. *Geophysical Research Letters*, **29**, 1155, doi: 10.1029/2001GL014100.

[92] Burns, J. A. (1977). Orbital evolution. In *Planetary Satellites*, ed. J. A Burns. Tucson, AZ: University of Arizona Press, pp. 113–156.

[93] Burr, D. M., Grier, J. A., McEwen, A. S., and Keszthelyi, L. P. (2002). Repeated aqueous flooding from the Cerberus Fossae: evidence for very recently extant, deep groundwater on Mars. *Icarus*, **159**, 53–73.

[94] Byrne, S. and Ingersoll, A. P. (2003). A sublimation model for martian south polar ice features, *Science*, **299**, 1051–1053.

[95] Byrne, S. and Murray, B. C. (2002), North polar stratigraphy and the paleo-erg of Mars. *Journal of Geophysical Research*, **107**, 5044, doi: 10.1029/2001JE001615.

[96] Cabrol, N. A and Grin, E. A. (1999). Distribution, classification, and ages of martian impact crater lakes. *Icarus*, **142**, 160–172.

[97] Cobrol, N. A. and Grin, E. A. (2001). The evolution of lacustrine environments on early Mars: is Mars only hydrologically dormant? *Icarus*, **149**, 291–328.

[98] Cahoy, K. L., Hinson, D. P., and Tyler, G. L. (2006). Radio science measurements of atmospheric refractivity with Mars Global Surveyor. *Journal of Geophysical Research*, **111**, E05003, doi: 10.1029/2005JE002634.

[99] Cameron, A. G. W. (1997). The origin of the Moon and the single impact hypothesis V. *Icarus*, **126**, 126–137.

[100] Cameron, A. G. W. (2000). Higher-resolution simulations of the giant impact. In *Origin of the Earth and Moon*, ed. R. M. Canup and K. Righter. Tucson, AZ: University of Arizona Press, pp. 133–143.

[101] Cantor, B. A., James, P. B., Caplinger, M., and Wolff, M. J. (2001). Martian dust storms: 1999 Mars Orbiter Camera observations. *Journal of Geophysical Research*, **106**, 23653–23687.

[102] Canup, R. M. and Agnor, C. B. (2000). Accretion of the terrestrial planets and the Earth-Moon system. In *Origin of the Earth and Moon*, ed. R. M. Canup and K. Righter. Tucson, AZ: University of Arizona Press, pp. 113–129.

[103] Carr, M. H. (1981). *The Surface of Mars*. New Haven, CY: Yale University Press.

[104] Carr, M. H. (1955). The martian drainage system and the origin of valley networks and fretted channels. *Journal of Geophysical Research*, **100**, 7479–7507.

[105] Carr, M. H. (1996). *Water on Mars*. New York: Oxford University Press.

[106] Carr, M. H. and Wänke, H. (1992). Earth and Mars: water inventories as clues to accretional histories. *Icarus*, **98**, 61–71.

[107] Carr, M. H., Crumpler, L. S., Cutts, J. A., et al. (1977). Martian impact craters and emplacement of ejecta by surface flow. *Journal of Geophysical Research*, **82**, 4055–4065.

[108] Carruthers, M. W. and McGill, G. E. (1988). Evidence for igneous activity and implications for the origin of a fretted channel in southern Ismenius Lacus, Mars. *Journal of Geophysical Research*, **103**, 31433–31443.

[109] Cassen, P. (1994). Utilitarian models of the solar nebula. *Icarus*, **112**, 405–429.

[110] Chambers, J. E. (2001). Making more terrestrial planets. *Icarus*, **152**, 205–224.

[111] Chambers, J. E. (2004). Planetary accretion in the inner solar system. *Earth and Planetary Science Letters*, **223**, 241–252.

[112] Chambers, J. E. and Wetherill, G. W. (1998). Making the terrestrial planets: N-body integrations of planetary embryos in three dimensions. *Icarus*, **136**, 304–327.

[113] Chan, M. A., Beitler, B., Parry, W. T., Ormö, J., and Komatsu, G. (2004). A possible terrestrial analogue for haematite concretions on Mars. *Nature*, **429**, 731–734.

[114] Chen, J. H. and Wasserburg, G. J. (1986). Formation ages and evolution of Shergotty and its parent planet from U-Th-Pb systematics. *Geochimica et Cosmochimica Acta*, **50**, 955–967.

[115] Chicarro, A. (2002). Mars Express mission and astrobiology. *Solar System Research*, **36**, 487–491.

[116] Christensen, P. R. (1986). The spatial distribution of rocks on Mars. *Icarus*, **68**, 217–238.

[117] Christensen, P. R. (2003). Formation of recent martian gullies through melting of extensive water-rich snow deposits. *Nature*, **422**, 45–47.

[118] Christensen, P. R. and Moore, H. J. (1992). The martian surface layer. In *Mars*, ed. H. H. Kieffer, B. M. Jakosky, C. W. Snyder, and M. S. Matthews. Tucson, AZ: University of Arizona Press, pp. 686–729.

[119] Christensen, P. R., Bandfield, J. L., Smith, M. D., Hamilton, V. E., and Clark, R. N. (2000a). Identification of a basaltic component on the martian surface from Thermal Emission Spectrometer data. *Journal of Geophysical Research*, **105**, 9609–9621.

[120] Christensen, P. R., Bandfield, J. L., Hamilton, V. E., et al. (2000b). A thermal emission spectral library of rock-forming minerals. *Journal of Geophysical Research*, **105**, 9735–9739.

[121] Christensen, P. R., Bandfield, J. L., Hamilton, V. E., et al. (2001a). Mars Global Surveyor Thermal Emission Spectrometer experiment: investigation description and surface science results. *Journal of Geophysical Research*, **106**, 23823–23871.

[122] Christensen, P. R., Morris, R. V., Lane, M. D., Bandfield, J. L., and Malin, M. C. (2001b).Global mapping of martian hematite mineral deposits: remnants of water-driven processes on early Mars. *Journal of Geophysical Research*, **106**, 23873–23885.

[123] Christensen, P. R., Jakosky, B. M., Kieffer, H. H., et al. (2004a). The Thermal Emission Imaging System (THEMIS) for the Mars 2001 Odyssey Mission. *Space Science Reviews*, **110**, 85–130.

[124] Christensen, P. R., Ruff, S. W., Fergason, R. L., et al. (2004b). Initial results from the Mini-TES experiment in Gusev Crater form the Spirit rover. *Science*, **305**, 837–842.

[125] Christensen, P. R., McSween, H. Y., Bandfield, J. L., et al. (2005). Evidence for magmatic evolution and diversity on Mars from infrared observations. *Nature*, **436**, 504–509.

[126] Clark, B. C. (1998). Surviving the limits to life at the surface of Mars. *Journal of Geophysical Research*, **103**, 28545–28555.

[127] Clark, B. C., Baird, A. K., Rose, H. J., et al. (1977). The Viking X-ray Fluorescence

experiment: analytical methods and early results. *Journal of Geophysical Research*, **82**, 4577-4594.

[128] Clark, B. C., Baird, A. K., Weldon, R. J., et al. (1982). Chemical composition of martian fines. *Journal of Geophysical Research*, **87**, 10059-10067.

[129] Clark, R. N. and Roush, T. L. (1984). Reflectance spectroscopy: quantitative analysis techniques for remote sensing applications. *Journal of Geophysical Research*, **89**, 6329-6340.

[130] Clayton, R. N. (1993). Oxygen isotopes in meteorites. *Annual Reviews of Earth and Planetary Science*, **21**, 115-149.

[131] Clayton, R. N. and Mayeda, T. K. (1996). Oxygen isotope studies of achondrites. *Geochimica et Cosmochimica Acta*, **60**, 1999-2017.

[132] Cleghorn, T. F., Saganti, P. B., Zeitlin, C., and Cucinotta, F. A. (2004). Charged particle dose measurements by the Obyssey/MARIE instrument in Mars orbit and model calculations. In *Lunar and Planetary Science XXXV*, Abstract #1321. Houston, TX: Lunar and Planetary Institute.

[133] Clifford, S. M. (1987). Polar basal melting on Mars. *Journal of Geophysical Research*, **92**, 9135-9152.

[134] Clifford, S. M. (1987). A model for the hydrologic and climatic behavior of water on Mars. *Journal of Geophysical Research*, **98**, 10973-11016.

[135] Clifford, S. M. and Hillel, D. (1983). The stability of ground ice in the equatorial region of Mars. *Journal of Geophysical Research*, **88**, 2456-2474.

[136] Clifford, S. M. and Parker, T. J. (2001). The evolution of the martian hydrosphere: implications for the fate of a primordial ocean and the current state of the northern plains. *Icarus*, **154**, 40-79.

[137] Clifford, S. M., Crisp, D., Fisher, D. A., et al. (2000). The state and future of Mars polar science and exploration. *Icarus*, **144**, 210-242.

[138] Cockell, C. S. and Barlow, N. G. (2002). Impact excavation and the search for subsurface lift on Mars. *Icarus*, **155**, 340-349.

[139] Cockell, C. S., Catling, D. C., Davis, W. L., et al. (2000). The ultraviolet environment of Mars: biological implications past, present, and future. *Icarus*, **146**, 343-359.

[140] Cohen, B. A., Swindle, T. D., and Kring, D. A. (2000). Support for the lunar cataclysm hypothesis from lunar meteorite impact melt ages. *Science*, **290**, 1754-1756.

[141] Colaprete, A., Barnes, J. R., Haberle, R. M., et al. (2005). Albedo of the south pole of Mars determined by topographic forcing of atmospheric dynamics. *Nature*, **435**, 184-188.

[142] Coleman, N. M. (2005). Martian megaflood triggered chaos formation, revealing groundwater depth, cryosphere thickness, and crustal heat flux. *Journal of Geophysical Research*, **110**, E12S20, doi: 10.1029/2005JE002419.

[143] Collins, M., Lewis, S. R., Read, P. L., and Hourdin, F. (1996). Baroclinic wave transitions in the martian atmosphere. *Icarus*, **120**, 344-357.

[144] Comer, R. P., Solomon, S. C., and Head, J. W. (1985). Thickness of the lithosphere from the tectonic response to volcanic loads. *Reviews of Geophysics*, **34**, 143-151.

[145] Connerney, J. E. P., Acuña, M. H., Wasilewski, P. J., et al. (1999). Magnetic lineations in the ancient crust of Mars. *Science*, **284**, 794-798.

[146] Connerney, J. E. P., Acuña, M. H., Ness, N. F., Spohn, T., and Schubert, G. (2004). Mars crustal magnetism. *Space Science Reviews*, **111**, 1-32.

[147] Connerney, J. E. P., Acuña, M. H., Ness, N. F., et al. (2005). Tectonic implications of Mars crustal magnetism. *Proceedings of the National Academy of Sciences of the USA*, **102**, 14970–14975.

[148] Conrath, B. J. (1981). Planetary-scale wave structure in the martian atmosphere. *Icarus*, **48**, 246–255.

[149] COSPAR (2005). *COSPAR Planetary Protection Policy*. Available online at www.cosparhq. org/Scistr/PPPolicy. Htm

[150] Costard, F. M. and Kargel, J. S. (1995). Outwash plains and thermokarst on Mars. *Icarus*, **114**, 93–112.

[151] Craddock, R. A. and Howard, A. D. (2002). The case for rainfall on a warm, wet early Mars. *Journal of Geophysical Research*, **107**, 5111, doi: 10.1029/2001JE001505.

[152] Crater Analysis Techniques Working Group (1979). Standard techniques for presentation and analysis of crater size-frequency data. *Icarus*, **37**, 467–474.

[153] Crown, D. A. and Greeley, R. (1993). Volcanic geology of Hadriaca Patera and the eastern Hellas region of Mars. *Journal of Geophysical Research*, **98**, 3431–3451.

[154] Culler, T. S., Becker, T. A., Muller, R. A., and Renne, P. R. (2000), Lunar impact history form $^{40}Ar/^{39}Ar$ dating of glass spherules. *Science*, **287**, 1785–1788.

[155] Dalrymple, G. B. and Ryder, G. (1993). $^{40}Ar/^{39}Ar$ age spectra of Apollo 15 impact melt rocks by laser step-heating and their bearing on the history of lunar basin formation. *Journal of Geophysical Research*, **98**, 13085–13095.

[156] Dalrymple, G. B. and Ryder, G. (1996). Argon-40/argon-39 age spectra of Apollo 17 highlands breccia samples by laser step heating and the age of the Serenitatis basin. *Journal of Geophysical Research*, **101**, 26069–26084.

[157] Davis, P. M. (1993). Meteoroid impacts as seismic sources on Mars. *Icarus*, **105**, 469–478.

[158] DeVaucouleurs, G., Davies, M. E., and Sturms, F. M. (1973). Mariner 9 aerographic coordinate system. *Journal of Geophysical Research*, **78**, 4395–4404.

[159] DeVincenzi, D. L., Stabekis, P., and Barengoltz, J. (1996). Refinement of planetary protection policy for Mars missions. *Advances in Space Research*, **18**, 311–316.

[160] Diaz, B. and Schulze-Makuch, D. (2006). Microbial survival rates of *Escherichia coli* and *Deinococcus radiodurans* under low temperature, low pressure, and UV-irradiation conditions, and their relevance to possible martian life. Astrobiology, 6, 332–347.

[161] Dohm, J. M. and Tanaka, K. L. (1999). Geology of the Thaumasia region, Mars: plateau development, valley origins, and magmatic evolution. *Planetary and Space Science*, **47**, 411–431.

[162] Dollfus, A., Ebisawa, S., and Crussaire, D. (1996). Hoods, mists, frosts, and ice caps at the poles of Mars. *Journal of Geophysical Research*, **101**, 9207–9225.

[163] Donahue, T. M. (1995). Evolution of water reservoirs on Mars form D/H ratios in the atmosphere and crust. *Nature*, **374**, 432–434.

[164] Doran, P. T., Wharton, R. A., Des Marais, D. J., and McKay, C. P. (1998). Antarctic paleolake sediments and the search for extinct life on Mars. *Journal of Geophysical Research*, **103**, 28481–28493.

[165] Drake, M. J. and Righter, K. (2002). Determining the composition of the Earth. *Nature*, **416**, 39–44.

[166] Dreibus, G. and Wänke, H. (1985). Mars: a volatile-rich planet. *Meteoritics*, **20**, 367–382.

[167] Dreibus, G. and Wänke, H. (1987). Volatiles on Earth and Mars: a comparison. *Icarus*, **71**, 225–240.

[168] Drouart, A., Dubrulle, B., Gautier, D., and Robert, F. (1999). Structure and transport in the solar nebula from constraints on deuterium enrichment and giant planets formation. *Icarus*, **140**, 129–155.

[169] Edgett, K. S. and Malin, M. C. (2000), New views of Mars eolian activity, materials, and surface properties: three vignettes from the Mars Global Surveyor Mars Orbiter Camera. *Journal of Geophysical Research*, **105**, 1623–1650.

[170] Edgett, K. S., Butler, B. J., Zimbelman, J. R., and Hamilton, V. E. (1997). Geologic context of the Mars radar"Stealth"region in southwestern Tharsis. *Journal of Geophysical Research*, **102**, 21545–21567.

[171] Elkins-Tanton, L. T. and Parmentier, E. M. (2006). Water and carbon dioxide in the martian magma ocean: early atmospheric growth, subsequent mantle compositions, and planetary cooling rates. *Lunar and Planetary Science XXXVII*, Abstract #2007 (CD-ROM). Houston, TX: Lunar and Planetary Institute.

[172] Elkins-Tanton, L. T., Zaranek, S. E., Parmentier, E. M., and Hess, P. C. (2003). Early magnetic field and magmatic activity on Mars from magma ocean cumulate overturn. *Earth and Planetary Science Letters*, **236**, 1–12.

[173] Elkin-Tanton, L. T., Hess, P. C., and Parmentier, E. M. (2005). Possible formation of ancient crust on Mars through magma ocean processes. *Journal of Geophysical Research*, **110**, E12S01, doi: 10.1029/2005JE002480.

[174] Eluszkiewicz, J., Moncet, J. -L., Titus, T. N., and Hansen, G. B. (2005). A microphysically-based approach to modeling emissivity and albedo of the martian seasonal caps. *Icarus*, **174**, 524–534.

[175] Erard, S. (2000). The 1994–1995 apparition of Mars observed from Pic-du-Midi. *Planetary and Space Science*, **48**, 1271–1287.

[176] Fairén, A. G., Ruiz, J., and Anguita, F. (2002). An origin for the linear magnetic anomalies on Mars through accretion of terranes: implications for dynamo timing. *Icarus*, **160**, 220–223.

[177] Farmer, J. (1998). Thermophiles, early biosphere evolution, and the origin of life on Earth: implications for the exobiological exploration of Mars. *Journal of Geophysical Research*, **103**, 28457–28461.

[178] Farmer, J. D. and Des Marais, D. J. (1999). Exploring for a record of ancient martian lite. *Journal of Geophysical Research*, **104**, 26977–26995.

[179] Fasset, C. I. and Head, J. W. (2005). Fluvial sedimentary deposits on Mars: ancient deltas in a crater lake in the Nili Fossae region. *Geophysical Research Letters*, **32**, L14201, doi: 10.1029/2005GL023456.

[180] Fasset, C. I. and Head, J. W. (2006). Valleys on Hecates Tholus, Mars: origin by basal melting of summit snowpack. *Planetary and Space Science*, **54**, 370–378.

[181] Feldman, W. C., Boyunton, W. V., Tokar, R. L., *et al.* (2002). Global distribution of neutrons from Mars: results from Mars Odyssey. *Science*, **297**, 75–78.

[182] Feldman, W. C., Prettyman, T. H., Maurice, S., *et al.* (2004a). Global distribution of near-surface hydrogen on Mars. *Journal of Geophysical Research*, **109**, E09006, doi: 10.1029/2003JE002160.

[183] Feldman, W. C., Mellon, M. T., Maurice, S., *et al.* (2004b). Hydrated states of $MgSO_4$ at equatorial latitudes on Mars. *Geophysical Research Letters*, **31**, L16702, doi: 10.1029/

2004GL020181.

[184] Ferguson, D. C., Kolecki, J. C., Siebert, M. W., Wilt, D. M., and Matijevic, J. R. (1999). Evidence for martian electrostatic charging and abrasive wheel wear from the Wheel Abrasion Experiment on the Pathfinder Sojourner rover. *Journal of Geophysical Research*, **104**, 8747–8789.

[185] Fernández-Remolar, D. C., Morris, R. V., Gruener, J. E., Amils, R. and Knoll, A. H. (2005). The Rio Tinto Basin, Spain: mineralogy, sedimentary geobiology, and implications for interpretation of outcrop rocks at Meridiani Planum, Mars. *Earth and Planetary Science Letters*, **240**, 149–167.

[186] Fialips, C. I., Carey, J. W., Vaniman, D. T., *et al.* (2005). Hydration states of zeolites, clays, and hydrated salts under present-day martian surface conditions: can hydrous minerals account for Mars Odyssey observations of near-equatorial water-equivalent hydrogen? *Icarus*, **178**, 74–83.

[187] Fishbaugh, K. E. and Head, J. W. (2000). North polar region of Mars: topography of circumpolar deposits from Mars Orbiter Laser Altimeter (MOLA) data and evidence for asymmetric retreat of the polar cap. *Journal of Geophysical Research*, **105**, 22433–22486.

[188] Fishbaugh, K. E. and Head, J. W. (2002). Chasma Boreale, Mars: topoographic characterization from Mars Orbiter Laser Altimeter date and implications for mechanisms of formation. *Journal of Geophysical Research*, **107**, 5013, doi: 10.1029/2000JE001351.

[189] Fisher, D. A. (1993). If martian ice caps flow: ablation mechanisms and appearance. *Icarus*, **105**, 501–511.

[190] Fisher, D. A. (2000). Internal layers in an "accublation"ice cap: a test for flow. *Icarus*, **144**, 289–294.

[191] Fisher, J. A., Richardson, M. I., Newman, C. E., *et al.* (2005). A survey of martian dust devil activity using Mars Global Surveyor Mars Orbiter Camera images. *Journal of Geophysical Research*, **110**, E03004, doi: 10.1029/2003JE002165.

[192] Folkner, W. M., Yoder, C. F., Yuan, D. N., Standish, E. N., and Preston, R. A. (1997). Interior structure and seasonal mass redistribution of Mars from radio tracking of Mars Pathfinder. *Science*, **278**, 1749–1752.

[193] Forget, F. and Pierrehumbert, R. T. (1997). Warming early Mars with carbon dioxide clouds that scatter infrared radiation. *Science*, **278**, 1273–1276.

[194] Forge, F., Hourdin, F., Fournier, R., *et al.* (1999). Improved general circulation models of the martian atmosphere from the surface to above 80 km. *Journal of Geophysical Research*, **104**, 24155–24176.

[195] Formisano, V., Atreya, S., Encrenaz, T., Ignatiev, N., and Giuranna, M. (2004). Detection of methane in the atmosphere of Mars. *Science*, **306**, 1758–1761.

[196] Forsberg-Taylor, N. K., Howard, A. D., and Craddock, R. A. (2004). Crater degradation in the martian highlands: morphometric analysis of the Sinus Sabaeus region and simulation modeling suggest fluvial processes. *Journal of Geophysical Research*, **109**, E05002, doi: 10.1029/2004JE002242.

[197] Frahm, R. A., Winningham, J. D., Sharber, J. R., *et al.* (2006). Carbon dioxide photoelectron energy peaks at Mars. *Icarus*, **182**, 371–382.

[198] French, B. M. (1998). *Traces of Catastrophe: A Handbook of Shock-Metamorphic Effects in Terrestrial Meteorite Impact Structures*, Contribution No. 954. Houston, TX:

Lunar and Planetary Institute.
[199] Frey, H. and Schultz, R. A. (1988). Large impact basins and the mega-impact origin for the crustal dichotomy on Mars. *Geophysical Research Letters*, **15**, 229–232.
[200] Frey, H. V., Roark, J. H., Shockey, K. M., Frey, E. L., and Sakimoto, S. E. H. (2002). Ancient lowlands on Mars. *Geophysical Research Letters*, **29**, 1384, doi: 10.1029/2001GL013832.
[201] Fukuhara, T. and Imamura, T. (2005). Waves encircling the summer southern pole of Mars observed by MGS TES. *Geophysical Research Letters*, **32**, L18811, doi: 10.1029/2005GL023819.
[202] Garvin, J. B. and Frawlay, J. J. (1998). Geometric properties of martian impact craters: preliminary results from the Mars Orbiter Laser Altimeter. *Geophysical Research Letters*, **25**, 4405–4408.
[203] Gervin, J. B., Sakimoto, S. E. H., Frawley, J. J., and Schnetzler, C. (2000a), North polar region craterforms on Mars: geometric characteristics from the Mars Orbiter Laser Altimeter. *Icarus*, **144**, 329–352.
[204] Garvin, J. B., Sakimoto, S. E. H., Frawley, J. J., Schnetzler, C. C., and Wright, H. M. (2002b). Topographic evidence for gelologically recent near-polar volcanism on Mars. *Icarus*, **145**, 648–652.
[205] Garvin, J. B., Sakimoto, S. E. H., and Frawley, J. J. (2003). Craters on Mars: global geometric properties from gridded MOLA topography. In *6th International Conference on Mars*, Abstract #3277. Houston, TX: Lunar and Planetary Institute.
[206] Gault, D. E., Quaide, W. L., and Oberbeck, V. R. (1968). Impact cratering mechanics and structures. In *Shock Metamorphism of Natural Materials*, ed. B. M. French and N. M. Short. Baltimore, MD: Mono Book Corporation, pp. 87–99.
[207] Geiss, J. and Gloeckler, G. (1998). Abundances of deuterium and helium-3 in the protosolar cloud. *Space Science Reviews*, **84**, 239–250.
[208] Gellert, R., Rieder, R., Anderson, R. C., et al. (2004). Chemistry of rocks and soils in Gusev Crater from the alpha particle X-ray spectrometer. *Science*, **305**, 829–836.
[209] Gellert, R., Rieder, R., Brückner, J., et al. (2006). Alpha Particle X-Ray Spectrometer (APSX): results from Gusev Crater and calibration report. *Journal of Geophysical Research*, **111**, E02S05, doi: 10.1029/2005JE002555.
[210] Gendrin, A., Mangold, N., Bibring, J. -P., et al. (2005). Sulfates in martian layered terrains: the OMEGA/Mars Express view. *Science*, **307**, 1587–1591.
[211] Ghatan, G. J. and Head, J. W. (2002). Candidate subglacial volcanoes in the south polar region of Mars: morphology, morphometry, and eruption conditions. *Journal of Geophysical Research*, **107**, 5048, doi: 10.1029/2001JE001519.
[212] Glaze, L. S., Baloga, S. M., and Stofan, E. R. (2003). A methodology for constraining lave flow rheologies with MOLA. Icarus, **165**, 26–33.
[213] Golden, D. C., Ming, D. W., Morris, R. V., and Mertzman, S. A. (2005). Laboratory-simulated acid-sulfate weathering of basaltic materials: implications for formation of sulfates at Meridiani Planum and Gusev Crater, Mars. *Journal of Geophysical Research*, **110**, E12S07, doi: 10.1029/2005JE002451.
[214] Golombek, M. P. and Rapp, D. (1997). Size-frequency distributions of rocks on Mars and Earth analog sites: implications for future landed missions. *Journal of Geophysical Research*, **102**, 4117–4129.
[215] Golombek, M. P., Banerdt, W. B., Tanaka, K. L., and Tralli, D. M. (1992). A prediction

of Mars seismicity from surface faulting. *Science*, **258**, 979–981.
[216] Golombek, M. P., Anderson, R. C., Barnes, J. R., et al. (1999a). Overview of the Mars Pathfinder Mission: launch through landing, surface operations, data sets, and science results. *Journal of Geophysical Research*, **104**, 8523–8553.
[217] Golombek, M. P., Moore, H. J., Haldemann, A. F. C., Parker, T. J., and Schofield, J. T. (1999b). Assessment of Mars Pathfinder landing site predictions. *Journal of Geophysical Research*, **104**, 8585–8594.
[218] Golombek, M. P., Anderson, F. S., and Zuber, M. T. (2001). Martian wrinkle ridge topography: evidence for subsurface faults from MOLA. *Journal of Geophysical Research*, **106**, 23811–23821.
[219] Golombek, M. P., Grant, J. A., Parker, T. J., et al. (2003). Selection of the Mars Exploration Rover landing sites. *Journal of Geophysical Research*, **108**, 8072, doi: 10.1029/ 2003JE002074.
[220] Golombek, M. P., Arvidson, R. E., Bell, J. F., et al, (2005). Assessment of Mars Exploration Rover landing site predictions, *Nature*, **436**, 44–38.
[221] Golombek, M. P., Crumpler, L. S., Grant, J. A., et al. (2006). Geology of the Gusev cratered plains from the Spirit rover traverse. *Journal of Geophysical Research*, **111**, E02S07, doi: 10.1029/2005JE002503.
[222] Gomes, R., Levison, H. F., Tsiganis, K., and Morbidelli, A. (2005). Origin of the cataclysmic Late Heavy Bombardment period of the terrestrial planets. *Nature*, **435**, 466–469.
[223] Goudy, C. L., Schultz, R. A., and Gregg, T. K. P. (2005). Coulomb stress changes in Hesperia Planum, Mars, reveal regional thrust fault reactivation. *Journal of Geophysical Research*, **110**, E10005, doi: 10.1029/2004JE02293.
[224] Grant, J. A. and Parker, T. J. (2002). Drainage evolution in the Margaritifer Sinus region, Mars. *Journal of Geophysical Research*, **107**, 5066, doi: 10.1029/2001JE001678.
[225] Greeley, R. and Fagents, S. A. (2001). Icelandic pseudocraters as analogs to some volcanic cones on Mars. *Journal of Geophysical Research*, **106**, 20527–20546.
[226] Greeley, R. and Iverson, J. D. (1985). *Wind as a Geological Process on Earth, Mars, Venus, and Titan*. Cambridge, UK: Cambridge University Press.
[227] Greeley, R., Kraft, M., Sullivan, R., et al. (1999). Aeolian features and processes at the Mars Pathfinder landing site. *Journal of Geophysical Research*, **104**, 8573–8584.
[228] Greeley, R., Arvidson, R. E., Barlett, P. W., et al. (2006). Gusev Crater: wind-related features and processes observed by the Mars Exploration Rover Spirit. *Journal of Geophysical Research*, **111**, E02S09, doi: 10.1029/2005JE002491.
[229] Gregg, T. K. P. and Williams, S. N. (1996). Explosive mafic volcanoes on Mars and Earth: deep magma sources and rapid rise rate. *Icarus*, **122**, 397–405.
[230] Grossman, L. (1972). Condensation in the primitive solar nebula. *Geochimica et Cosmochimica Acta*, **36**, 597–619.
[231] Grott, M., Hauber, E., Werner, S. C., Kronberg, P., and Neukum, G. (2005). High heat flux on ancient Mars: evidence from rift flank uplift at Coracis Fossae. *Geophysical Research Letters*, **32**, L21201, doi: 10.1029/2005GL023894.
[232] Gulick, V. C. (1998). Magmatic intrusions and a hydrothermal origin for fluvial valleys on Mars. *Journal of Geophysical Research*, **103**, 19365–19388.
[233] Gulick, V. C. and Baker, V. R. (1990). Origin and evolution of valleys on martian volcanoes. *Journal of Geophysical Research*, **95**, 14325–14344.

[234] Gulick, V. C., Tyler, D., McKay, C. P., and Haberle, R. M. (1997). Episodic ocean-induced CO_2 greenhouse on Mars: implications for fluvial valley formation. *Icarus*, **130**, 68–86.

[235] Haberle, R. M. (1998). Early Mars climate models. *Journal of Geophysical Research*, **103**, 28467–28479.

[236] Haberle, R. M., Pollack, J. B., Barnes, J. R., et al. (1993). Mars atmospheric dynamics as simulated by the NASA/Ames general circulation model. 1. The zonal-mean circulation. *Journal of Geophysical Research*, **98**, 3093–3123.

[237] Haberle, R. M., Mckay, C. P., Schaeffer, J., et al. (2001). On the possibility of liquid water on pressent-day Mars. *Journal of Geophysical Research*, **106**, 23317–23326.

[238] Haberle, R. M., Murphy, J. R., and Schaeffer, J. (2003). Orbital change experiments with a Mars general circulation model. *Icarus*, **161**, 66–89.

[239] Halliday, A. N., Wänke, H., Birck, J. -L., and Clayton, R. N. (2001). The accretion, composition, and early differentiation of Mars. *Space Science Reviews*, **96**, 197–230.

[240] Hamilton, V. E., Christensen, P. R., McSween, H. Y., and Bandfield, J. L. (2003). Searching for the source regions of martian meteorites using MGS TES: integrating martian meteorites into the global distribution of igneous materials on Mars. *Meteoritics and Planetary Science*, **38**, 871–885.

[241] Hane. R. A., Conrath, B. J., Jennings, D. E., and Samuelson, R. E. (2003), *Exploration of the Solar System by Infrared Remote Sensing*, 2nd edn. Cambridge, UK: Cambridge University Press.

[242] Hargraves, R. B., Collinson, D. W., Arvidson, R. E., and Spitzer, C. R., (1997). The Viking magnetic properties experiment: primary mission results. *Journal of Geophysical Research*, **82**, 4547–4558.

[243] Hargraves, R. B., Collinson, D. W., Arvidson, R. E., and Cates, P. M. (1979). The Viking magnetic properties experiment: extended mission results. *Journal of Geophysical Research*, **84**, 8379–8384.

[244] Harmon, J. K., Arvidson, R. E., Guinness, E. A., Campbell, B. A., and Slade, M. A. (1999). Mars mapping with delay-Doppler radar. *Journal of Geophysical Research*, **104**, 14065–14089.

[245] Harper, C. L., Nyquist, L. E., Bansal, B., Weismann, H., and Shih, C. -Y. (1995). Rapid accretion and early differentiation of Mars indicated by $^{142}Nd/^{144}Nd$ in SNC meteorites. *Science*, **267**, 213–217.

[246] Harrison, K. P. and Grimm, R. E. (2003). Rheological constraints on martian landslides. *Icarus*, **163**, 347–362.

[247] Hartmann, W. K. (1984). Does crater"saturation equilibrium" occur in the solar system? *Icarus*, **60**, 56–74.

[248] Hartmann, W. K. (1990). Additional evidence about an early intense flux of asteroids and the origin of Phobos. *Icarus*, **87**, 236–240.

[249] Hartmann, W. K. (1997). Planetary cratering. 2. Studies of saturation equilibrium. *Meteoritics*, **32**, 109–121.

[250] Hartmann, W. K. (2003). Megaregolith evolution and cratering cataclysm models: lunar cataclysm as a misconception (28 years later). *Meteoritics and Planetary Science*, **38**, 579–593.

[251] Hartmann, W. K. (2005). Martian cratering. 8. Isochron refinement and the chronology of Mars. *Icarus*, **174**, 294–320.

[252] Hartmann, W. K. and Barlow, N. G. (2006). Nature of the martian uplands: effects on martian meteorite age distribution and secondary cratering. *Meteoritics and Planetary Science*, **41**, 1453–1467.

[253] Hartmann, W. K. and Berman, D. C. (2000). Elysium Planitia lave flows: crater count chronology and geological implications. *Journal of Geophysical Research*, **105**, 15011–15025.

[254] Hartmann, W. K. and Davis, D. R. (1975). Satellite-sized planetesimals and lunar origin. *Icarus*, **24**, 504–515.

[255] Hartmann, W. K. and Neukum, G. (2001). Cratering chronology and the evolution of Mars. *Space Science Reviews*, **96**. 165–194.

[256] Hartmann, W. K., Malin, M., McEwen, A., *et al*. (1999). Evidence for recent volcanism on Mars from crater counts. *Nature*, **397**, 586–589.

[257] Harvey, R. P. and Hamilton, V. E. (2005). Syrtis Major as the source region of the Nakhlite/Chassigny group of martian meteorites: implications for the geological history of Mars. *Lunar and Planetary Science XXXVI*, Abstract #1019(CD-ROM). Houston, TX: Lunar and Planetary Institute.

[258] Hauber, E., van Gasselt, S., Ivanov, B., *et al*. (2005). Discovery of a flank caldera and very young glacial activity at Hecates Tholus, Mars. *Nature*, **434**, 356–361.

[259] Head, J. N., Melosh, H. J., and Ivanov, B. A. (2002). Martian meteorite launch: high-speed ejecta from small craters. *Science*, **298**, 1752–1756.

[260] Head, J. W. and Marchant, D. R. (2003). Cold-based mountain glaciers on Mars: western Arsia Mons. *Geology*, **31**, 641–644.

[261] Head, J. W. and Pratt, S. (2001). Extensive Hesperian-aged south polar ice cap on Mars: evidence for massive melting and retreat, and lateral flow and ponding of meltwater. *Journal of Geophysical Research*, **106**, 12275–12299.

[262] Head, J. W., Kreslavsky, M., Hiesinger, H., *et al*. (1998). Oceans in the past history of Mars: tests for their presence using Mars Orbiter Laser Altimeter (MOLA) data. *Geophysical Research Letters*, **25**, 4401–4404.

[263] Head, J. W., Hiesinger, H., Ivanov, M. A., *et al*. (1999). Possible ancient oceans on Mars: evidence from Mars Orbiter Laser Altimeter data. *Science*, **286**. 2134–2137.

[264] Head, J. W., Kreslavsky, M. A., and Pratt, S. (2002). Northern lowlands of Mars: evidence for widespread volcanic flooding and tectonic deformation in the Hesperian Period. *Journal of Geophysical Research*, **107**, 5003, doi: 10.1029/2000JE001445.

[265] Head, J. W., Mustard, J. F., Kreslavsky, M. A., Milliken, R. E., and Marchant, D. R. (2003a). Recent ice ages on Mars, *Nature*, **426**, 797–802.

[266] Head, J. W., Wilson, L., and Mitchell, K. L. (2003b). Generation of recent massive water floods at Cerberus Fossae, Mars by dike emplacement, cryospheric cracking, and confined aquifer groundwater release. *Geophysical Research Letters*. **30**, 1577, doi: 10.1029/2003GL017135.

[267] Head, J. W., Neukum, G., Jaumann, R., *et al*. (2005). Tropical to mid-latitude snow and ice accumulation, flow and glaciation on Mars. *Nature*, **434**, 346–351.

[268] Head, J. W., Marchant, D. R., Agnew, M. C., Fassett, C. I., and Kreslavsky, M. A. (2006a). Extensive valley glacier deposits in the northern mid-latitudes of Mars: evidence for Late Amazonian obliquity-driven climate change. *Earth and Planetary Science Letters*, **241**, 663–671.

[269] Head, J. W., Nahm, A. L., Marchant, D. R., and Neukum, G. (2006b). Modification of

the dichotomy boundary on Mars by Amazonian mid-latitude regional glaciation. *Geophysical Research Letters*, **33**, L08S03, doi: 10.1029/2005GL024360.

[270] Hecht, M. H. (2002). Metastability of liquid water on Mars. *Icarus*, **156**, 373–386.

[271] Heiken, G. H., Vaniman, D. T., and French, B. M. (1991). *Lunar Sourcebook: A User's Guide to the Moon*. Cambridge, UK: Cambridge University Press.

[272] Heldmann, J. L., Toon, O. B., Pollard, W. H., et al. (2005). Formation of martian gullies by the actions of liquid water flowing under current martian environmental conditions. *Journal of Geophysical Research*, **110**, E05004, doi: 10.1029/2004JE002261.

[273] Herkenhoff, K. E. and Plaut, J. J. (2000). Surface ages and resurfacing rates of the polar layered deposits, Mars. *Icarus*, **144**, 243–253.

[274] Herkenhoff, K. E. and Vasavada, A. R. (1999). Dark material in the polar layered deposits and dunes on Mars. *Journal of Geophysical Research*, **104**, 16487–16500.

[275] Herkenhoff, K. E., Squyres, S. W., Arvidson, R., et al. (2004). Evidence from Opportunity's Microscopic Imager for water on Meridiani Planum. *Science*, **306**, 1727–1730.

[276] Hiesinger, H. and Head, J. W. (2000). Characteristics and origin of polygonal terrain in southern Utopia Planitia, Mars: results from Mars Orbiter Laser Altimeter and Mars Orbiter Camera data. *Journal of Geophysical Research*, **105**, 11999–12022.

[277] Hiesinger, H. and Head, J. W. (2002). Topography and morphology of the Argyre Basin, Mars: implications for its geologic and hydrologic history. *Planetary and Space Science*, **50**, 939–981.

[278] Hiesinger, H. and Head, J. W. (2004). The Syrtis Major volcanic province, Mars: synthesis from Mars Global Surveyor data. *Journal of Geophysical Research*, **109**, E01004, doi: 10.1029/2003JE002143.

[279] Hinson, D. P. and Wilson, R. J. (2002). Transient eddies in the southern hemisphere of Mars. *Geophysical Research Letters*, **29**, 1154, doi: 10.1029/2001GL014103.

[280] Hinson, D. P., Simpson, R. A., Twicken, J. D., Tyler, G. L., and Flasar, F. M. (1999). Initial results from radio occultation measurements with Mars Global Surveyor. *Journal of Geophysical Research*, **104**, 26997–27012.

[281] Hinson, D. P., Tyler, G. L., Hollingsworth, J. L., and Wilson, R. J. (2001). Radio occultation measurements of forced atmospheric waves on Mars. *Journal of Geophysical Research*, **106**, 1463–1480.

[282] Hinson, D. P., Wilson, R. J., Smith, M. D., and Conrath, B. J. (2003). Stationary planetary waves in the atmosphere of Mars during southern winter. *Journal of Geophysical Research*, **108**, 5004, doi: 10.1029/2002JE001949.

[283] Hodges, C. A. and Moore, H. J. (1994). *Atlas of Volcanic Landforms on Mars*, Professional Paper No. 1534. Washington, DC: US Geological Survey.

[284] Hoefen, T. M., Clark, R. N., Bandfield, J. L., et al. (2003). Discovery of olivine in the Nili Fossae region of Mars. *Science*, **302**. 627–630.

[285] Hoffman, N. (2000). White Mars: a new model for Mars' surface and atmosphere based on CO_2. *Icarus*, **146**, 326–342.

[286] Hollingsworth, J. L., Haberle, R. M., Bridger, A. F. C., et al. (1996). Winter storm zones on Mars. *Nature*, **380**, 413–416.

[287] Hood, L. L. and Zakharian, A. (2001). Mapping and modeling of magnetic anomalies in the northern polar region of Mars. *Journal of Geophysical Research*, **106**, 14601–14619.

[288] Hood, L. L., Richmond, N. C., Pierazzo, E., and Rochette, P. (2003). Distribution of

crustal magnetic fields on Mars: shock effects of basin-forming impacts. *Geophysical Research Letters*, **30**, 1281, doi: 10.1029/2002GL016657.

[289] Horowitz, N. H., Hobby, G. L., and Hubbard, J. S. (1977). Viking on Mars: the carbon assimilation experiments. *Journal of Geophysical Research*, **82**, 4659–4662.

[290] Houben, H., Haberle, R. M., Young, R. E., and Zent, A. P. (1997). Modeling the martian seasonal water cycle. *Journal of Geophysical Research*, **102**, 9069–9083.

[291] Hourdin, F., Forget, F., and Talagrand, O. (1995). The sensitivity of the martian surface pressure to various parameters: a comparison between numerical simulationns and Viking observations. *Journal of Geophysical Research*, **100**, 5501–5523.

[292] Howard, A. D. (2000). The role of eolian processes in forming surface features of the martian polar layered deposits. *Icarus*, **144**, 267–288.

[293] Howard, A. D., Cutts, J. A., and Blasius, K. P. (1982). Stratigraphic relationships within martian polar cap deposits. *Icarus*, **50**, 161–215.

[294] Howard, A. D., Moore, J. M., and Irwin, R. P. (2005). An intense terminal epoch of widespread fluvial activity on early Mars. 1. Valley network incision and associated deposits. *Journal of Geophysical Research*, **110**, E12S14, doi: 10.1029/2005JE002459.

[295] Hubbard, W. B. (1984). *Planetary Interiors*. New York: Van Nostrand Reinhold.

[296] Hunten, D. M., Pepin, R. O., and Walker, J. G. C. (1987). Mass fractionation in hydrodynamic escape. *Icarus*, **69**, 532–549.

[297] Hviid, S. F., Madsen, M. B., Gunnlaugsson, H. P., et al. (1997). Magnetic properties experiments on the Mars Pathfinder Lander: preliminary results. *Science*, **278**, 1997.

[298] Hynek, B. M., Phillips, R. J., and Arvidson, R. E. (2003). Explosive volcanism in the Tharsis region: global evidence in the martian geologic record. *Journal of Geophysical Research*, **108**, 5111, doi: 10.1029/2003JE002062.

[299] Irwin, R. P. and Howard, A. D. (2002). Drainage basin evolution in Noachian Terra Cimmeria, Mars. *Journal of Geophysical Research*, **107**, 5056, doi: 10.1029/2001JE001818.

[300] Irwin, R. P., Watters, T. R., Howard, A. D., and Zimbelman, J. R. (2004). Sedimentary, resurfacing and fretted terrain development along the crustal dichotomy boundary, Aeolis Mensae, Mars. *Journal of Geophysical Research*, **109**, E09011, doi: 10.1029/2004JE002248.

[301] Irwin, R. P., Craddock, R. A., and Howard, A. D. (2005). Interior channels in martian valley networks: discharge and runoff production. *Geology*, **33**, 489–492.

[302] Ivanov, B. A. (2001). Mars/Moon cratering rate ratio estimates. *Space Science Reviews*, **96**, 87–104.

[303] Ivanov, B. A. (2006). Cratering rate comparisons between terrestrial planets. In *Workshop on Surface Ages and Histories: Issues in Planetary Chronology*, Contribution No.1320. Houston, TX: Lunar and Planetary Institute, pp. 26–27.

[304] Ives, H. E. (1919). Some large-scale experiments imitating the craters of the Moon. *Astrophysical Journal*, **50**, 245.

[305] Jagoutz, E., Sorowka, A., Vogel, J. D., and Wänke, H. (1994). ALH84001: alien or progenitor of the SNC family? *Meteoritics*, **28**, 478–479.

[306] Jakosky, B. M. and Haberle, R. M. (1992). The seasonal behavior of water on Mars. In *Mars*, ed. H. H. Kieffer, B. M. Jakosky, C. W. Snyder, and M. S. Matthews. Tucson, AZ: University of Arizona Press, pp, 969–1016.

[307] Jakosky, B. M. and Jones. J. H. (1997). The history of martian volatiles. *Reviews of*

Geophysics, **35**, 1–16.
[308] Jakosky, B. M. and Phillips, R. J. (2001). Mars' volatile and climate history. *Nature*, **412**, 237–244.
[309] Jakosky, B. M., Henderson, B. G., and Mellon, M. T. (1993). The Mars water cycle at other epochs: recent history of the polar caps and layered terrain. *Icarus*, **102**, 286–297.
[310] Jakosky, B. M., Pepin, R. O., Johnson, R. E., and Fox, J. L. (1994). Mars atmospheric loss and isotopic fractionation by solar-wind -induced sputtering and photochemical escape. *Icarus*, **111**, 271–288.
[311] Jakosky, B. M., Mellon, M. T., Kieffer, H. H., *et al.* (2000). The thermal inertia of Mars from the Mars Global Surveyor Thermal Emission Spectrometer. *Journal of Geophysical Research*, **105**, 9643–9652.
[312] Jakosky, B. M., Nealson, K. H., Bakermans. C., *et al.* (2003). Subfreezing activity of microorganisms and the potential habitability of Mars' polar regions. *Astrobiology*, **3**, 343–350.
[313] Jakosky, B. M., Mellon, M. T., Varnes, E. S., *et al.* (2005). Mars low-latitude neutron distribution: possible remnant near-surface water ice and a mechanism for its recent emplacement. *Icarus*, **175**, 58–67.
[314] James, P. B. and Cantor, B. A. (2002). Atmospheric monitoring of Mars by the Mars Orbiter Camera on Mars Global Surveyor. *Advances in Space Research*, **29**, 121–129.
[315] James, P. B., Kieffer, H. H., and Paige, D. A. (1992). The seasonal cycle of carbon dioxide on Mars. In *Mars*, ed. H. H. Kieffer, B. M. Jakosky, C. W. Snyder, and M. S. Matthews. Tucson, AZ: University of Arizona Press, pp. 934–968.
[316] James, P. B., Bell, J. F., Clancy, R. T., *et al.* (1996). Global imaging of Mars by Hubble Space Telescope during the 1995 opposition. *Journal of Geophysical Research*, **101**, 18883-18890.
[317] James, P. B., Hansen, G. B., and Titus, T. N. (2005). The carbon dioxide cycle. *Advances in Space Research*, **35**. 14–20.
[318] Johnston, D. H., McGetchin, T. R., and Toksöz, M. N. (1974), The thermal state and internal structure of Mars. *Journal of Geophysical Research*, **79**, 3959–3971.
[319] Joshi,M. M., Lewis, S. R., Read, P. L., and Catling, D. C. (1995). Western boundary currents in the martian atmosphere: numerical simulations and observational evidence. *Journal of Geophysical Research*, **100**, 5485–5500.
[320] Joshi, M. M., Haberle, R. M., Barnes, J. R., Murphy, J. R., and Schaeffer, J. (1997). Low-level jets in the NASA Ames Mars general circulation model. *Journal of Geophysical Research*, **102**, 6511–6523.
[321] Kahn, R. A., Martin, T. Z., Zurek, R. W., and Lee, S. W. (1992). The martian dust cycle. In *Mars*, ed. H. H. Kieffer, B. M. Jakosky, C. W. Snyder, and M. S. Matthews. Tucson, AZ: University of Arizona Press, pp. 1017–1053.
[322] Kahre, M. A., Murphy, J. R., and Haberle, R. M. (2006). Modeling the martian dust cycle and surface dust reservoirs with the NASA Ames general circulation model. *Journal of Geophysical Research*, **111**, E06008, doi: 10.1029/2005JE002588.
[323] Kargel, J. S. and Strom, R. G. (1992). Ancient glaciation on Mars. *Geology*, **20**, 3–7.
[324] Kargel, J. S., Baker, V. R., Begét, J. E., *at al.* (1995). Evidence of continental glaciation in the martian northern plains. *Journal of Geophysical Research*, **100**, 5351–5368.
[325] Karlsson, H. R., Clayton, R. N., Gibson, E. K., and Mayeda, T. K. (1992). Water in SNC meteorites: evidence for a martian hydrosphere. *Science*, **255**, 1409–1411.

[326] Kass, D. M., Schofield, J. T., Michaels, T. I., et al. (2003). Analysis of atmospheric mesoscale models for entry, descent, and landing. *Journal of Geophysical Research*, **108**, 8090, doi: 10.1029/2003JE002065.

[327] Kasting, J. F. (1991). CO_2 condensation and the climate of early Mars. *Icarus*, **94**, 1–13.

[328] Keszthelyi, L., McEwen, A. S., and Thordarson, T. (2000). Terrestrial analogs and thermal models for martian flood lavas. *Journal of Geophysical Research*, **105**, 15027–25049.

[329] Kiefer, W. S. (2003). Melting in the martian mantlw: shergottite formation and implications for present-day mantle convection on Mars. *Meteoritics and Planetary Science*, **39**, 1815–1832.

[330] Kieffer, H. H. and Titus, T. N. (2001). TES mapping of Mars' north seasonal cap. *Icarus*, **154**, 162–180.

[331] Kieffer, H. H., Jakosky, B. M., and Snyder, C. W. (1992). The planet Mars: from antiquity to the present. In *Mars*. ed. H. H. Kieffer, B. M. Jakosky, C. W. Snyder, and M. S. Matthews. Tucson, AZ: University of Arizona Press, pp. 1–33.

[332] Kieffer, H. H., Titus, T. N., Mullins, K. F., and Christensen, P. R. (2000). Mars south polar spring and summer behavior observed by TES: seasonal cap evolution controlled by frost grain. *Journal of Geophysical Research*, **105**, 9653–9699.

[333] Kieffer, H. H., Christensen, P. R., and Titus, T. N. (2006). CO_2 jets formed by sublimation beneath translucent slab ice in Mars' seasonal south polar ice cap. *Nature*, **442**, 793–796.

[334] Klein, H. P. (1977). The Viking biological investigation: general aspects. *Journal of Geophysical Research*, **82**, 4677–4680.

[335] Klein, H. P. (1998). The search for life on Mars: what we learned from Viking. *Journal of Geophysical Research*, **103**, 28463–28466.

[336] Kleine, T., Münker, C., Mezger, K., and Palme, H. (2002). Rapid accretion and early core formation on asteroids and the terrestrial planets from Hf-W chronometry. *Nature*, **418**, 952–955.

[337] Kletetschka, G., Connerney, J. E. P., Ness, N. F., and Acuña, M. H. (2004). Pressure effects on martian crustal magnetization near large impact basins. *Meteoritics and Planetary Science*, **39**, 1839–1848.

[338] Klingelhöfer, G., Morris, R. V., Bernhardt, B., et al. (2003). Athena MIMOS II Mössbauer spectrometer investigation. *Journal of Geophysical Research*, **108**, 8067, doi: 10.1029/ 2003JE002138.

[339] Klingelhöfer, G., Morris, R. V., Bernhardt, B., et al. (2004). Jarosite and hematite at Meridiani Planum from Opportunity's Mössbauer spectrometer. *Science*, **306**, 1740–1745.

[340] Knoll, A. H., Carr, M., Clark, B., et al. (2005). An astrobiological perspective on Meridiani Planum. *Earth and Planetary Science Letters*, **240**, 179–189.

[341] Kokubo, E. and Ida, S. (1998). Oligarchic growth of protoplanets. *Icarus*, **131**, 171–178.

[342] Kokubo, E., Canup, R. M., and Ida, S. (2000). Lunar accretion from an impact-generated disk. In *Origin of the Earth and Moon*, ed. R. M. Canup and K. Righter. Tucson, AZ: University of Arizona Press, pp. 145–163.

[343] Kolb, E. J. and Tanaka, K. L. (2001). Geologic history of the polar regions of Mars based on Mars Global Surveyor data. 2. Amazonian Period. *Icarus*, **153**, 22–39.

[344] Kortenkamp, S. J., Kokubo, E., and Weidenschilling, S. J. (2000). Formation of

planetary embryos. In *Origin of the Earth and Moon*, ed. R. M. Canup and K. Righter. Tucson, AZ: University of Arizona Press, pp. 85–100.

[345] Kossacki, K. J., Markiewicz, W. J., and Smith, M. D. (2003). Surface temperature of martian regolith with polygonal features: influence of the subsurface water ice. *Planetary and Space Science*, **51**, 569–580.

[346] Krasnopolsky, V. (2000). On the deuterium abundance on Mars and some related problems. *Icarus*, **148**, 597–602.

[347] Krasnopolsky, V. A. (2006). Some problems related to the origin of methane on Mars. *Icarus*, **180**, 359–367.

[348] Krasnopolsky, V. A., Maillard, J. P., and Owen, T. C. (2004). Detection of methane in the martian atmosphere: evidence for life? *Icarus*, **172**, 537–547.

[349] Krauss, C. E., Horányi, M., and Robertson, S. (2006). Modeling the formation of electrostatic discharges on Mars. *Journal of Geophysical Research*, **111**, E02001, doi: 10.1029/2004JE002313.

[350] Kreslavsky, M. A. and Head, J. W. (2000). Kilometer-scale roughness of Mars' surface: results from MOLA data analysis. *Journal of Geophysical Research*, **105**, 26695–26712.

[351] Kress, M. E. and McKay, C. P. (2004). Formation of methane in comet impacts: implications for Earth, Mars, and Titan. *Icarus*, **168**, 475–483.

[352] Kring, D. A. and Cohen, B. A. (2002). Cataclysmic bombardment throughout the inner solar system 3.9–4.0 Ga. *Journal of Geophysical Research*, **107**, 5009, doi: 10.1029/2001JE001529.

[353] Kuiper, G. P., Whitaker, E. A., Strom, R. G., Fountain, J. W., and Larson, S. M. (1967). *Consolidated Lunar Atlas*. Tucson, AZ: Lunar and Planetary Laboratory, University of Arizona.

[354] Kuzmin, R. O., Zabalueva, E. V., Mitrofanov, I. G., et al. (2004). Regions of potential existence of free water (ice) in the near-surface martian ground: results from the Mars Odyssey High-Energy Neutron Detector (HEND). *Solar System Research*, **38**, 1–11.

[355] Lamb, M. P., Howard, A. D., Johnson, J., et al. (2006). Can springs cut canyons into rock? *Journal of Geophysical Research*, **111**, E07002, doi: 10.1029/2005JE002663.

[356] Lanagan, P. D., McEwen, A. S., Keszthelyi, L. P., and Thordarson, T. (2001). Rootless cones on Mars indicating the presence of shallow equatorial ground ice in recent times. *Geophysical Research Letters*, **28**, 2365–2368.

[357] Langevin, Y., Poulet, F., Bibring, J. -P., and Gondet, B. (2005a). Sulfates in the north polar region of Mars detected by OMEGA/Mars Express. *Science*, **307**, 1584–1586.

[358] Langevin, Y., Poulet, F., Bibring, J. -P., et al. (2005b). Summer evolution of the north polar cap of Mars as observed by OMEGA/Mars Express. *Science*, **307**, 1581–1584.

[359] Langlais, B., Purucker, M. E., and Mandea, M. (2004). Crustal magnetic field of Mars. *Journal of Geophysical Research*, **109**, E02008, doi: 10.1029/2003JE002048.

[360] Laskar, J. and Robutel, P. (1993). The chaotic obliquity of the planets. *Nature*, **361**, 608–612.

[361] Laskar, J., Levrard, B., and Mustard, J. F. (2002). Orbital forcing of the martian polar layered deposits. *Nature*, **419**, 375–377.

[362] Laskar, J., Correia, A. C. M., Gastineau, M., et al. (2004). Long term evolution and chaotic diffusion of the insolation quantities of Mars. *Icarus*, **170**, 343–364.

[363] Lebonnois, S., Quémerais, E., Montmessin, F., et al. (2006). Vertical distribution of ozone on Mars as measured by SPICAM/Mars Express using stellar occultations.

Journal of Geophysical Research, **111**, E09S05, doi: 10.1029/2005JE002643.
[364] Lee, D. -C. and Halliday, A. N. (1997). Core formation on Mars and differentiated asteroids. *Nature*, **388**. 854–857.
[365] Lemoine, F. G., Smith, D. E., Rowlands, D. D., *et al.* (2001). An improved solution of the gravity field of Mars (GMM-2B) from Mars Global Surveyor. *Journal of Geophysical Research*, **106**, 23359–23376.
[366] Lenardic, A., Nimmo, F., and Moresi, L. (2004). Growth of the hemispheric dichotomy and the cessation of plate tectonics on Mars. *Journal of Geophysical Research*, **109**, E02003, doi: 10.1029/2003JE002172.
[367] Leovy, C. (2001). Weather and climate on Mars. *Nature*, **412**, 245–249.
[368] Leshin, L. A. (2000). Insights into martian water reservoirs form analyses of martian meteorite QUE94201. *Geophysical Research Letters*, **27**, 2017–2020.
[369] Lewis, K. W. and Aharonson, O. (2006). Stratigraphic analysis of the distributary fan in Eberswalde crater using stereo imagery. *Journal of Geophysical Research*, **111**, E06001, doi: 10.1029/2005JE002558.
[370] Lewis, S. R., Collins, M., and Read, P. L. (1997). Data assimilation with a martian atmospheric GCM: an example using thermal data. *Advances in Space Research*, **19**, 1267–1270.
[371] Lillis, R. J., Mitchell, D. L., Lin, R. P., Connerney, J. E. P., and Acuña, M. H. (2004). Mapping crustal magnetic fields at Mars using electron reflectometry. *Geophysical Research Letters*, **31**, L15702, doi: 10.1029/2004GL020189.
[372] Lissauer, J. J., Dones, l., and Ohtsuki, K. (2000). Origin and evolution of terrestrial planet rotation. In *Origin of the Earth and Moon*, ed. R. M. Canup and K. Righter. Tucson, AZ: University of Arizona Press, pp. 101–112.
[373] Lodders, K. (1998). A survey of shergottite, nakhlite, and Chassigny meteorites whole-rock compositions. *Meteoritics and Planetary Science*, Suppl., **33**, A183–A190.
[374] Lognonné, P. (2005). Planetary seismology. *Annual Reviews of Earth and Planetary Science*, **33**, 571–604.
[375] Longhi, J. and Pan, V. (1989). The parent magmas of the SNC meteorites. In *Proceedings of the 19th Lunar and Planetary Science Conference*. Cambridge, UK: Cambridge University Press, pp. 451–464.
[376] Longhi, J., Knittle, E., Holloway, J. R., and Wänke, H. (1992). The bulk composition, mineralogy, and internal structure of Mars. In *Mars*, ed. H. H. Kieffer, B. M. Jakosky, C. W. Snyder, and M. S. Matthews. Tucson, AZ: University of Arizona Press, pp. 184–208.
[377] Lucchitta, B. K. (1984). Ice and debris in the fretted terrain, Mars. *Journal of Geophysical Research*, **89**, B409–B418.
[378] Lucchitta, B. K. (2001). Antarctic ice streams and outflow channels on Mars. *Geophysical Research Letters*, **28**, 403–406.
[379] Lucchitta, B. K., McEwen, A. S., Clow, G. D., *et al.* (1992). The canyon system of Mars. In *Mars*, ed. H. H. Kieffer, B. M. Jakosky, C. W. Snyder, and M. S. Matthews. Tucson, AZ: University of Arizona Press, pp. 453–492.
[380] Lunine, J. I., Chambers, J., Morbidelli, A., and Leshin, L. A. (2003). The origin of water on Mars. *Icarus*, **165**, 1–8.
[381] Lyons, J. R., Manning, C., and Nimmo, F. (2005). Formation of methane on Mars by fluid-rock interaction in the crust. *Geophysical Research Letters*, **32**, L13201, doi: 10.1029/2004GL022161.

[382] Madsen, M. B., Hviid, S. F., Gunnlaugsson, H. P., et al. (1999). The magnetic properties experiments on Mars Pathfinder. *Journal of Geophysical Research*, **104**, 8761–8779.

[383] Malin, M. C. and Carr, M. H. (1999). Groundwater formation of martian valleys. *Nature*, **397**, 589–591.

[384] Malin, M. C. and Edgett, K. S. (1999). Oceans or seas in the martian northern lowlands: high resolution imaging tests of proposed coastlines. *Geophysical Research Letters*, **26**, 3049–3052.

[385] Malin, M. C. and Edgett, K. S. (2000a). Sedimentary rocks of early Mars. *Science*, **290**, 1927–1937.

[386] Malin, M. C. and Edgett, K. S. (2000b). Evidence for recent groundwater seepage and surface runoff on Mars. *Science*, **288**, 2330-2335.

[387] Malin, M. C. and Edgett, K. S. (2001). Mars Global Surveyor Mars Orbiter Camera: interpl-anetary cruise through primary mission. *Journal of Geophysical Research*, **106**, 23429–23570.

[388] Malin, M. C. and Edgett, K. S. (2003). Evidence for persistent flow and aqueous sedimentation on early Mars. *Science*, **302**, 1931–1934.

[389] Malin, M. C., Edgett, K. S., Poslolova, L. V., McColley, S. M., and Noe Dobrea, E. Z. (2006). Present-day impact cratering rate and contemporary gully activity on Mars. *Science*, **314**, 1573–1577.

[390] Mancinelli, R. L., Fahlen, T. F., Landheim, R. and Klovstad, M. R. (2004). Brines and evaporates: analogs for martian life. *Advances in Space Research*, **33**, 1244–1246.

[391] Mangold, N. (2005). High latitude patterned grounds on Mars: classification, distribution and climatic control. *Icarus*, **174**, 336–359.

[392] Mangold, N., Quantin, C., Ansan, V., Delacourt, C., and Allemand, P. (2004a). Evidence for precipitation on Mars from dendritic valleys on the Valles Marineris area. *Science*, **305**, 78–81.

[393] Mangold, N., Maurice, S., Feldman, W. C., Costard, F., and Forget, F. (2004b). Spatial relationships between patterned ground and ground ice detected by the Neutron Spectrometer on Mars. *Journal of Geophysical Research*, **109**, E08001, doi: 10.1029/2004JE002235.

[394] Mangus, S. and Larsen, W. (2004). *Lunar Receiving Laboratory Project History*, NASA/CR-2004-208938. Washington, DC: NASA.

[395] Mantas, G. P. and Hanson, W. B. (1979). Photoelectron fluxes in the martian ionosphere. *Journal of Geophysical Research*, **84**, 369–385.

[396] Mathew, K. J. and Marti, K. (2001). Early evolution of martian volatiles: nitrogen and noble gas components in ALH84001 and Chassigny. *Journal of Geophysical Research*, **106**, 1401–1422.

[397] Max, M. D. and Clifford, S. M. (2000). The state, potential distribution, and biological implications of methane in the martian crust. *Journal of Geophysical Research*, **105**, 4165–4171.

[398] Max, M. D. and Clifford. S. M. (2001). Initiation of martian outflow channels: related to the dissociation of gas hydrate? *Geophysical Research Letters*, **28**, 1787–1790.

[399] McEwen, A. S. and Bierhaus, E. B. (2006). The importance of secondary cratering to age constraints on planetary surfaces. *Annual Reviews of Earth and Planetary Science*, **34**, 535–567.

[400] McEwen, A. S., Malin, M. C., Carr, M. H., and Hartmann, W. K. (1999). Voluminous

volcanism on early Mars revealed in Valles Marineris. *Nature*, **397**, 584–586.

[401] McEwen, A. S., Preblich, B. S., Turtle, E. P., et al. (2005). The rayed crater Zunil and interpretations of small impact craters on Mars. *Icarus*, **176**, 351–381.

[402] McGill, G. E. (2000). Crustal history of north central Arabia Terra, Mars. *Journal of Geophysical Research*, **105**, 6945–6959.

[403] McGill, G. E. and Hills, L. S. (1992). Origin of giant martian polygons. *Journal of Geophysical Research*, **97**, 2633–2647.

[404] McGovern, P. J., Solomon, S. C., Head, J. W., et al. (2001). Extension and uplift at Alba Patera, Mars: insights from MOLA observations and loading models. *Journal of Geophysical Research*, **106**, 23769–23809.

[405] McGovern, P. J., Solomon, S. C., Smith, D. E., et al. (2002). Localized gravity/topography admittance and correlation spectra on Mars: implications for regional and global evolution. *Journal of Geophysical Research*, **107**, 5136, doi: 10.1029/2002JE001854.

[406] McGovern, P. J., Solomon, S. C., Smith, D. E., et al. (2004a). Correction to "Localized gravity/topography admittance and correlation spectra on Mars: implications for regional and global evolution". *Journal of Geophysical Research*, **109**, E07007, doi: 10.1029/2004JE00286.

[407] McGovern, P. J., Smith, J. R., Morgan, J. K., and Bulmer, M. H. (2004b). Olympus Mons aureole deposits: new evidence for a flank failure origin. *Journal of Geophysical Research*, **109**, E08008, doi: 10.1029/2004JE002258.

[408] McKay, D. S., Gibson, E. K., Thomas-Keprta, K. L., et al. (1996). Search for past life on Mars: possible relic biogenic activity in martian meteorite ALH84001. *Science*, **273**, 924–930.

[409] McSween, H. Y. (2002). The rocks of Mars. from far and near. *Meteoritics and Planetary Science*, **37**, 7–25.

[410] McSween, H. Y., and Harvey, R. P. (1993). Ouegassed water on Mars: Constraints from melt inclusions in SNC meteorites. *Science*, **259**, 1890–1892.

[411] McSween, H. Y., Murchie, S. L., Crisp, J. A., et al. (1999). Chemical, multispectral, and textural constraints on the composition and origin of rocks at the Mars. Pathfinder landing site. *Journal of Geophysical Research*, **104**, 8679–8715.

[412] McSween, H. Y., Grove, T. L., Lentz, R. C. F., et al. (2001). Geochemical evidence for magmatic water within Mars from pyroxenes in the Shergotty meteorite. *Nature*, **409**, 487–490.

[413] McSween, H. Y., Grove, T. L., and Wyatt, M. B. (2003). Constraints on the composition and petrogenesis of the martian crust. *Journal of Geophysical Research*, **108**, 5135, doi: 10.1029/2003JE002175.

[414] McSween, H. Y., Arvidson, R. E., Bell, J. F., et al. (2004). Basaltic rocks analyzed by the Spirit rover in Gusev Grater. *Science*, **305**, 842–845.

[415] McSween, H. Y., Wyatt, M. B., Gellert, R., et al. (2006). Characterization and petrologic interpretation of olivine-rich basalts at Gusev Crater, Mars. *Journal of Geophysical Research*, **111**, E02S10, doi: 10.1029/2005JE002477.

[416] Mège, D. and Masson, P. (1996). Amounts of crustal stretching in Valles Marineris, Mars. *Planetary and Space Science*, **44**, 749–782.

[417] Merier, R., Owen, T. C., Matthew, H. E., et al. (1998). A determination of the HDO/H_2O ratio in Comet C/1995 O1 (Hale-Bopp). *Science*, **279**, 842–844.

[418] Melln, M. T. and Jakosky, B. M. (1993). Geographic variations in the thermal and diffusive stability of ground ice on Mars. *Journal of Geophysical Research*, **98**, 3345-3364.

[419] Mellon, M. T. and Jakosky, B. M. (1995). The distribution and behavior of martian ground ice during past and present epochs. *Journal of Geophysical Research*, **100**, 11781-11799.

[420] Mellon, M. T., Jakosky, B. M., and Postawko, S. E. (1997). The persistence of equatorial ground ice on Mar. *Journal of Geophysical Research*, **102**, 19357-19369.

[421] Mellon, M. T., Jakosky, B. M., Kieffer, H. H., and Christensen, P. R. (2000). High-resolution thermal inertia mapping from the Mars Global Surveyor Thermal Emission Spectrometer. *Icarus*, **148**, 437-455.

[422] Mellon, M. T., Feldman, W. C., and Prettyman, T. H. (2004). The presence and stability of ground ice in the southern hemisphere of Mars. *Icarus*, **169**, 324-340.

[423] Melosh, H. J. (1984). Impact ejection, spallation, and the origin of meteorites. *Icarus*, **59**, 234-260.

[424] Melosh, H. J. (1989). *Impact Cratering: A Geologic Process*. New York: Oxford University Press.

[425] Melosh, H. J. and Vickery, A. M. (1989). Impact erosion of the primordial atmosphere of Mars. *Nature*, **338**, 487-489.

[426] Milkovich, S. M., Head, J. W., and Pratt, S. (2002). Meltback of Hesperian-aged ice-rich deposits near the south pole of Mars: evidence for drainage channels and lakes. *Jouran of Geophysical Research*, **107**, 5043, doi: 10.1029/2001JE001802.

[427] Ming, D. W., Mittlefehldt, D. W., Morris, R. V., et al. (2006). Geochemical and mineralogical indicators for aqueous processes in Columbia Hills of Gusev crater, Mars. *Journal of Geophysical Research*, **111**, E02S12, doi: 10.1029/2005JE002560.

[428] Mischna, M. A., Richardson, M. L., Wilson, R. J., and McCleese, D. J. (2003). On the orbital forcing of martian water and CO_2 cycles: a general circulation model study with simplified volatile schemes. *Journal of Geophysical Research*, **108**, 5062, doi: 10.1029/2003JE002051.

[429] Mitrofanov, I., Anfimov, D., Kozyrev, A., et al. (2002). Maps of subsurface hydrogen from the high energy neutron detector, Mars Odyssey. *Science*, **297**, 78-81.

[430] Mittlefehldt, D. W. (1994). ALH84001, a cumulate orthopyroxenite member of the martian meteorite clan. *Meteoritics*, **29**, 214-221.

[431] Montési, L. G. J. and Zuber, M. T. (2003). Clues to the lithospheric structure of Mars from wrinkle ridge sets and localization instability. *Journal of Geophysical Research*, **108**, 5048, doi: 10.1029/2002JE001974.

[432] Moore, H. J. and Jakosky, B. M. (1989). Viking landing sites, remote-sensing observations, and physical properties of martian surface materials. *Icarus*, **81**, 164-184.

[433] Moore, H. J., Bickler, D. B., Crisp, J. A., et al. (1999). Soil-like deposits observed by Sojourner, the Pathfinder rover. *Journal of Geophysical Research*, **104**, 8729-8746.

[434] Moore, J. M. and Howard, A. D. (2005). Large alluvial fans on Mars. *Journal of Geophysical Research*, **110**, E04005, doi: 10.1029/2004JE002352.

[435] Morbidelli, A., Chambers. J., Lunine, J. L., et al. (2000). Source regions and time scales for the delivery of water to Earth. *Meteoritics*, **35**, 1309-1320.

[436] Morris, R. V., Golden, D. C., Bell, J. F., et al. (2000). Mineralogy, composition, and alteration of Mars Pathfinder rocks and soils: evidence from multispectral, elemental,

[437] Morris, R. V., Klingelhöfer, G., Bernhardt, B., et al. (2004). Mineralogy at Gusev Crater from the Mössbauer spectrometer on the Spirit rover. *Science*, **305**, 833–836.
[438] Morris, R. V., Ming, D. W., Graff, T. G., et al. (2005). Hematite shperules in basaltic tephra altered under aqueous, acid-sulfate conditions on Mauna Kea volcano, Hawaii: possible clues for the occurrence of hematite-rich spherules in the Burns formation at Meridiani Planum Mars. *Earth and Planetary Science Letters*, **240**, 168–178.
[439] Morris, R. V., Klingelhöfer, G., Schröder, C., et al. (2006). Mössbauer mineralogy of rock, soil, and dust at Gusev Crater, Mars: spirit's journey through weakly altered olivine basalt on the plains and pervasively altered basalt in the Columbia Hills. *Journal of Geophysical Research*, **111**, E02S13, doi: 10.1029/2005JE002584.
[440] Mouginis-Mark, P. J. and Christensen, P. R. (2005). New observations of volcanic features on Mars from the THEMIS instrument. *Journal of Geophysical Research*, **110**, E08007, doi: 10.1029/2005JE002421.
[441] Mouginis-Mark, P. and Yoshioka, M. T. (1998). The long lava flows of Elysium Planitia, Mars. *Journal of Geophysical Research*, **103**, 19389–19400.
[442] Mouginis-Mark, P. J., Wilson, L., and Head, J. W. (1982). Explosive volcanism on Hecates Tholus, Mars: investigation of eruption conditions. *Journal of Geophysical Research*, **87**, 9890–9904.
[443] Mouginis-Mark, P. J., Wilson, L., and Zimbelman, J. R. (1988). Polygenic eruptions on Alba Patera, Mars: evidence of channel erosion on pyroclastic flows. *Bulletin of Volcanology*, **50**, 361–379.
[444] Mouginis-Mark, P. J., McCoy, T. J., Taylor, G. J., and Keil, K. (1992a). Martian parent craters for the SNC meteorites. *Journal of Geophysical Research*, **97**, 10213–10225.
[445] Mouginis-Mark, P. J., Wilson, L., and Zuber, M. T. (1992b). The physical volcanology of Mars. In *Mars*, ed. H. H. Kieffer, B. M. Jakosky, C. K. Snyder, and M. S. Matthews. Tucson, AZ: University of Arizona Press, pp. 424–452.
[446] Muheman, D. O., Grossman, A. W., and Butler, B. J. (1995). Radar investigation of Mars. Mercury, and Titan. *Annual Reviews of Earth and Planetary Science*, **23**, 337–374.
[447] Murchie, S. and Erard, S. (1996). Spectral properties and heterogeneity of Phobos from measurements by Phobos 2. *Icaurs*, **123**, 63–86.
[448] Murphy, J. R., Leovy, C. B., and Tillman, J. E. (1990). Observations of martian surface winds at the Viking Lander 1 site. *Journal of Geophysical Research*, **95**, 14555–14576.
[449] Murphy, J. R., Pollack, J. B., Haberle, R. M., et al., (1995). 3-dimensional numerical simulations of martian global dust storms. *Journal of Geophysical Research*, **100**, 26357–26376.
[450] Murray, B., Koutnik, M., Byrne, S., et al. (2001). Preliminary geological assessment of the northern edge of Ultimi Lobe, Mars south polar layered deposits. *Icarus*, **154**, 80–97.
[451] Murray, J. B., Muller, J. -P., Neukum, G., et al. (2005). Evidence from the Mars Express High Resolution Stereo Camera for a frozen sea close to Mars' equator. *Nature*, **434**, 352–356.
[452] Musselwhite, D. S., Swindle, T. D., and Lunine, J. I. (2001). Liquid CO_2 breakout and the formation of recent small gullies on Mars. *Geophysical Research Letters*. **28**, 1283–1285.
[453] Mustard, J. F. and Cooper, C. D. (2005). Joint analysis of ISM and TES spectra: the

utility of multiple wavelength regimes for martian surface studies. *Journal of Geophysical Research*, **110**, E05012, doi: 10.1029/2004JE002355.

[454] Mustard, J. F., Cooper, C. D., and Rifkin, M. K. (2001). Evidence for recent climate change on Mars from the identification of youthful near-surface ground ice. *Nature*, **412**, 411–414.

[455] Mustard, J. F., Poulet, F., Gendrin, A., *et al.* (2005). Olivine and pyroxene diversity in the crust of Mars. *Science*, **307**, 1594–1597.

[456] Mutch, T. A., Arvidson, R. E., Head, J. W., Jones, K. L., and Saunders, R. S. (1976). *The Geology of Mars*. Princeton, NJ: Princeton University Press.

[457] Neukum, G., Jaumann, R., Hoffmann, H., *et al.* (2004). Recent and episodic volcanic and glacial activity on Mars revealed by the High Resolution Stereo Camera. *Nature*, **432**, 971–979.

[458] Neumann, G. A., Zuber, M. T., Wieczorek, M. A., *et al.* (2004). Crustal structure of Mars from gravity and topography. *Journal of Geophysical Research*, **109**, E08002, doi: 10.1029/2004JE002262.

[459] Newman, C. E., Lewis, S. R., Read, P. L., and Forget, F. (2002a). Modeling the martian dust cycle. 1. Representations of dust transport processes. *Journal of Geophysical Research*, **107**, 5123, doi: 10.1029/2002JE001910.

[460] Newman, C. E., Lewis, S. R., Read, P. L., and Forget, F. (2002b). Modeling the martian dust cycle. 2. Multiannual radiatively active dust transport simulations. *Journal of Geophysical Research*, **107**, 5124, doi: 10.1029/2002JE001920.

[461] Newman, M. J. and Rood, R. T. (1977). Implications of solar evolution for the Earth's early atmosphere. *Science*, **198**, 1035–1037.

[462] Newsom, H. E., Hagerty, J. J., and Thorsos, I. E. (2001). Location and sampling of aqueous and hydrothermal deposits in martian impact craters. *Astrobiology*, **1**, 71–88.

[463] Nimmo, F. (2000). Dike intrusion as a possible cause of linear martian magnetic anomalies. *Geology*, **28**, 391–394.

[464] Nimmo, F. and Stevenson, D. J. (2000). Influence of early plate tectonics on the thermal evolution and magnetic field of Mars. *Journal of Geophysical Research*, **105**, 11969–11980.

[465] Noe Dobrea, E. Z., Bell, J. F., Wolff, M. J., and Gordon, K. D. (2003). H_2O-and OH-bearing minerals in the martian regolith: analysis of 1997 observations from HST/NICMOS. *Icarus*, **166**, 1–20.

[466] Norman, M. D. (1999). The composition and thickness of the crust of Mars estimated from REE and Nd isotopic compositions of martian meteorites. *Meteoritics and Planetary Science*, **34**, 439–449.

[467] Norman, M. D. (2002). Thickness and composition of the martian crust revisited: implications of an ultradepleted mantle with a Nd isotopic composition like that of QUE94201. *Lunar and Planetary Science XXXIII*, Abstract #1157 (CD-ROM). Houston, TX: Lu-nar and Planetary Institute.

[468] Novak, R. E., Mumma, M. J., DiSanti, M. A., Dello Russo, N., and Magee-Sauer, K. (2002). Mapping of ozone and water in the atmosphere of Mars near the 1997 aphelion. *Icarus*, **158**, 14–23.

[469] Nye, J. F., Durham, W. B., Schenk, P. M., and Moore, J. M. (2000). The instability of a south polar cap on Mars composed of carbon dioxide. *Icarus*, **144**, 449–455.

[470] Nyquist, L. E., Bogard, D. D., Shih, C. -Y., *et al.* (2001). Ages and geologic histories of

martian meteorites. *Space Science Reviews*, **96**, 105–164.
[471] Owen, T. and Bar-Nun, A. (1995). Comets, impacts, and atmospheres. *Icarus*, **116**, 215–226.
[472] Owen, T., Maillard, J. P., deBergh, C., and Lutz, B. L. (1988). Deuterium on Mars: the abundance of HDO and the value of D/H. *Science*, **240**, 1767–1770.
[473] Paige, D. A. (1992). The thermal stability of near-surface ground ice on Mars. *Nature*, **356**, 43–45.
[474] Paige, D. A. and Keegan, K. D. (1994). Thermal and albedo mapping of the polar regions of Mars using Viking thermal mapper observations. 2. South polar region. *Journal of Geophysical Research*, **99**, 25993–26013.
[475] Paige, D. A., Bachman, J. E., and Keegan, K. D. (1994). Thermal and albedo mapping of the polar regions of Mars using Viking thermal mapper observations. 1. North polar region. *Journal of Geophysical Research*, **99**, 25959–25991.
[476] Parker, T. J., Saunders, R. S., and Schneeberger, D. M. (1989). Transitional morphology in west Deuteronilus Mensae, Mars: implications for modification of the lowland/upland boundary. *Icarus*, **82**, 111–145.
[477] Parker, T. J., Gorsline, D. S., Saunders, R. S., Pieri, D. C., and Schneeberger, D. M. (1993). Coastal geomorphology of the martian northern plains. *Journal of Geophysical Research*, **98**, 11061–1107.
[478] Pathare, A. V., Paige, D. A., and Turtle, E. (2005). Viscous relaxation of craters within the martian south polar layered deposits. *Icarus*, **174**, 396–418.
[479] Pelkey, S. M., Jakosky, B. M., and Mellon, M. T. (2001). Thermal inertia of crater-related wind streaks on Mars. *Journal of Geophysical Research*, **106**, 23909–23920.
[480] Pepin, R. O. (1991). On the origin and early evolution of terrestrial planet atmospheres and meteoritic volatiles. *Icaurs*. **92**, 2–79.
[481] Perrier, S., Bertaux, J. L., Lefèvre, F., *et al.* (2006). Global distribution of total ozone on Mars from SPICAM/MEX UX measurements. *Journal of Geophysical Research*, **111**, E09S06, doi: 10.1029/2006JE002681.
[482] Perron, J. T., Dietrich, W. E., Howard, A. D., McKean, J. A., and Pettinga, J. R. (2003). Ice-driven creep on martian debris slopes. *Geophysical Research Letters*, **30**, 1747, doi: 10.1029/2003GL017603.
[483] Petit, J. -M., Morbidelli, A., and Chambers, J. (2001). The primordial excitation and clearing of the asteroid belt. *Icarus*, **153**, 338–347.
[484] Phillips, R. J. (1991). Expected rate of Marsquakes. In *Scientific Rationale and Requirements for a Global Seismic Network on Mars*, Technical Report 91–02. Houston, TX: Lunar and Planetary Institute, pp. 35–38.
[485] Phillips, R. J., Zuber, M. T., Solomon, S. C., *et al.* (2001). Ancient geodynamics and global-scale hydrology on Mars. *Science*, **291**, 2587–2591.
[486] Picardi, G., Plaut, J. J., Biccari, D., *et al.* (2005). Radar soundings of the subsurface of Mars. *Science*, **310**, 1925–1928.
[487] Pierazzo, E., Artemieva, N. A., and Ivanov, B. A. (2005). Starting conditions for hydrothermal systems underneath martian craters: Hydrocode modeling. In *Large Meteorite Impacts III*, Special Paper No. 384, ed. T. Kenkmann, F. Hörz, and A. Deutsch. Boulder, CO: Geological Society of America, pp. 443–457.
[488] Plescia, J. B. (1990). Recent flood lavas in the Elysium region of Mars. *Icarus*, **88**,

465–490.

[489] Plescia, J. B. (1994). Geology of the small Tharsis volcanoes: Jovis Tholus, Ulysses Patera, Biblis Patera, Mars. *Icarus*, **111**, 246–269.

[490] Plescia, J. B. (2000). Geology of the Uranius group volcanic constructs: Uranius Patera, Ceranunius Tholus, and Uranius Tholus. *Icarus*, **143**, 378–396.

[491] Plescia, J. B. (2003). Cerberus Fossae, Elysium, Mars: a source for lava and water. *Icarus*, **164**, 79–95.

[492] Pollack, J. B., Burns, J. A., and Tauber, M. E. (1979). Gas drag in primordial circumplanetary envelopes: a mechanism for satellite capture. *Icarus*, **37**, 587–611.

[493] Pollack, J. B., DastinG, J. F., Richardson, S. M., and Poliakoff, K. (1987). The case for a warm wet climate on early Mars. *Icarus*, **71**, 203–224.

[494] Pollack, J. B., Haberle, R. M., Schaeffer, J., and Lee, H. (1990). Simulations of the general circulation of the martian atmosphere. 1. Polar processes. *Journal of Geophysical Research*, **95**, 1447–1473.

[495] Pollack, J. B., Haberle, R. M., Murphy, J. R., Schaeffer, H., and Lee, H. (1993). Simulations of the general circulation of the martian atmosphere. 2. Seasonal pressure variations. *Journal of Geophysical Research*, **98**, 3149–3181.

[496] Poulet, F., Bibring, J. -P., Mustard, J. F., *et al.* (2005). Phyllosilicates on Mars and implications for early martian climate. *Nature*, **438**, 623–627.

[497] Pruis, M. J. and Tanaka, K. L. (1995). The martian northern plains did not result from plate tectonics. In *Lunar and Planetary Science XXXVI*. Houston, TX: Lunar and Planetary Institute, pp. 1147–1148.

[498] Putzig, N. E., Mellon, M. T., Kretke, K. A., and Arvidson, R. E. (2005). Global thermal inertia and surface properties of Mars from the MGS mapping mission. *Icarus*, **173**, 325–341.

[499] Quantin, C., Allemand, P., Mangold, N., and Delacourt, C. (2004). Ages of Valles Marineris (Mars) landslides and implications for canyon history. *Icarus*, **172**, 555–572.

[500] Race, M. S. (1996). Planetary protection, legal ambiguity and the decision making process for Mars sample return. *Advances in Space Research*, **18**, 345–350.

[501] Rafkin, S. C. R., Haberle, R. M., and Michaels, T. I. (2001). The Mars Regional Atmospheric Modeling System: model description and selected simulations. *Icarus*, **151**, 228–256.

[502] Read, P. L. and Lewis, S. R. (2004). *The Martian Climate Revisited*. Chichester, UK: Praxis Publishing.

[503] Reid, I. N., Sparks, W. B., Lubow, S., *et al.* (2006). Terrestrial models for extraterrestrial lift: methanogens and halophiles at martian temperatures. *International Journal of Astrobiology*, **5**, 89–97.

[504] Richardson, M. I. and Mischna, M. A. (2005). Long-term evolution of transient liquid water on Mars. *Journal of Geophysical Research*, **110**, E03003, doi: 10.1029/2004JE002367.

[505] Richardson, M. I. and Wilson, R. J. (2002). Investigation of the nature and stability of the martian seasonal water cycle with a general circulation model. *Journal of Geophysical Research*, **107**, 5031, doi: 10.1029/2001JE001536.

[506] Richardson, M. I., Wilson, R. J., and Rodin, V. (2002). Water ice clouds in the martian atmosphere: general circulation model experiments with a simple cloud scheme. *Journal of Geophysical Research*, **107**, 5064, doi: 10.1029/2001JE001804.

[507] Rieder, R., Wänke, H., Economou, T., and Turkevich, A. (1997a). Determination of the chemical composition of martian soil and rocks: the alpha proton X-ray spectrometer. *Journal of Geophysical Research*, **102**, 4027–4044.

[508] Rieder, R., Economou, T., Wänke, H., et al. (1997b). The chemical composition of martian soil and rocks returned by the mobile alpha proton X-ray spectrometer: preliminary results from the X-ray mode. *Science*, **278**, 1771–1774.

[509] Rieder, R., Gellert, R., Brückner, J., et al. (2003). The new Athena alpha particle X-ray spectrometer for the Mars Exploration Rovers. *Journal of Geophysical Research*, **108**, 8066, doi: 10.1029/2003JE002150.

[510] Rieder, R., Gellert, R., Anderson, R. C., et al. (2004). Chemistry of rocks and soils at Meridiani Planum from the alpha particle X-ray spectrometer. *Science*, **306**, 1746–1749.

[511] Righter, K., Hervig, R. J., and Kring, D. A. (1998). Accretion and core formation on Mars: molybdenum contents of melt inclusion glasses in three SNC meteorites. Geochimica et cosmochimica Acta, 62, 2167–2177.

[512] Rivkin, A. S., Binzel, R. P., Howell, E. S., Bus, S. I., and Grier, J. A. (2003). Spectroscopy and photometry of Mars Trojans. *Icarus*, **165**, 349–354.

[513] Robert, F. (2001). The origin of water on Earth. *Science*, **293**, 1056–1058.

[514] Robert, F., Gautier, D., and Dubrulle, B. (2000). The solar system D/H ratio: observations and theories. *Space Science Reviews*, **92**, 201–224.

[515] Robinson, M. S., Mouginis-Mark, P. J., Zimbelman, J. R., et al. (1993). Chronology, eruption duration, and atmospheric contribution of the martian volcano Apollinaris Patera. *Icarus*, **104**, 301–323.

[516] Rochette, P., Fillion, G., Ballou, R., et al. (2003). Hight pressure magnetic transition in pyrrhotite and impact demagnetization on Mars. *Geophysical Research Letters*. **30**, 1683, doi: 10.1029/2003GL017359.

[517] Roddy, D. J., Pepin, R. O., and Merrill, R. B. (1977). *Impact and Explosion Cratering: Planetary and Terrestrial Implications*. New York: Pergamon Press.

[518] Romanek, C. S., Grady, M. M., Wright, I. P., et al. (1994). Record of fluid-rock interactions on Mars from the meteorite ALH84001. *Nature*, **37**, 655–657.

[519] Rubie, D. C., Melosh, H. J., Reid, J. E., Liebske, C., and Righter, K. (2003). Mechanisms of metal-silicate equilibrium in the terrestrial magma ocean. *Earth and Planetary Science Letters*, **205**, 239–255.

[520] Rummel, J. D. and Meyer, M. A. (1996). A consensus approach to planetary protection requirements: recommendations for Mars Lander Missions. *Advances in Space Research*, **18**, 317–321.

[521] Rummel, J. D., Stabekis, P. D., DeVincenzi, D. L., and Barengoltz, J. B. (2002). COSPAR's planetary protection policy: a consolidated draft. *Advances in Space Research*, **30**, 1567–1571.

[522] Ryan, S., Dlugokencky, E. J., Tans, P. P., and Trudeau, M. E. (2006). Mauna Loa valcano is not a methane source: implications for Mars. *Geophysical Research Letters*, **33**, L12301, doi: 10.1029/2006GL026223.

[523] Sagan, C. and Chyba, C. (1997). The early faint sun paradox: organic shielding of ultraviolet-labile greenhouse gases. *Science*, **276**. 1217–1221.

[524] Schaber, G. G. (1982). Syrtis Major: a low-relief volcanic shield. *Journal of Geophysical Research*, **87**, 9852–966.

[525] Schneeberge, D. M. and Pieri, D. C. (1991). Geomorphology and stratigraphy of Alba

Patera, Mars. *Journal of Geophysical Research*, **98**, 1907–1930.

[526] Schofield, J. T., Barnes. J. R., Crisp, D., et al. (1997). The Mars Pathfinder Atmospheric Structure Investigation/Meteorology (ASI/MET) experiment. *Science*, **278**, 1752–1758.

[527] Scholl, H., Marzari, F., and Tricarico, P. (2005). Dynamics of Mars Trojans. *Icarus*, **175**, 397–408.

[528] Schorghofer, N. and Aharonson, O. (2005). Stability and exchange of subsurface ice on Mars. *Journal of Geophysical Research*, **110**, E05003, doi: 10.1029/2004JE002350.

[529] Schubert, G., Russell, G. T., and Moore, W. B. (2000). Timing of the martian dynamo. *Nature*, **408**, 666–667.

[530] Schuerger, A. C., Richards, J. T., Newcombe, D. A., and Venkateswaran, K. (2006). Rapid inactivation of seven *Bacillus* spp. under simulated Mars UV irradiation. *Icarus*, **181**, 52–62.

[531] Schultz, P. H. (1992). Atmospheric effects on ejecta emplacement. *Journal of Geophysical Research*, **97**, 11623–11662.

[532] Schultz, P. H. and Lutz-Garihan, A. B. (1981). Grazing impacts on Mars: a record on lost satellites. *Journal of Geophysical Research*, **87**, A84–A96.

[533] Schultz, R. A. (1998). Multiple-process origin of Valles Marineris basins and troughs, Mars. *Planetary and Space Science*, **46**, 827–834.

[534] Schultz, R. A. (2000). Localization of bedding plane slip and backthrust faults above blind thrust faults: keys to wrinkle ridge structure. *Journal of Geophysical Research*, **105**, 12035–12052.

[535] Scott, D. H. and Tanaka, K. L. (1982). Ignimbrites of Amazonis Planitia region of Mars. *Journal of Geophysical Research*, **87**, 1179–1190.

[536] Scott, E. R. D. (1999). Origin of carbonate-magnetite-sulfide assemblages in martian meteorite ALH84001. *Journal of Geophysical Research*, **104**, 3803–3813.

[537] Scott, E. R. D. and Fuller, M. (2004). A possible source for the martian crustal magnetic field. *Earth and Planetary Science Letters*, **220**, 83–90.

[538] Sears, D. W. G. and Kral, T. A. (1998). Martian "microfossils" in lunar meteorites? *Meteoritics and Planetary Science*, **33**, 791–794.

[539] Segura, T. L., Toon, O. B., Colaprete, A., and Zahnle, K. (2002). Environmental effects of large impacts on Mars. *Science*, **298**, 1977–1980.

[540] Seu, R., Biccari, D., Orosei, R., et al. (2004). SHARAD: the MRO 2005 shallow radar. *Planetary and Space Science*, **52**, 157–166.

[541] Shih, C. -Y., Nyquist, L. E., Bogard, D. D., et al. (1982). Chronology and petrogenesis of young achondrites, Shergotty, Zagami, and ALH770054: late magmatism on a geologically active planet. *Geochimica et Cosmochimica Acta*, **46**, 2323–2344.

[542] Shih, C. -Y., Nyquist, L. E., and Wiesmann, H. (1999). Samarium-neodymium and rubidium-strontium systematics of nakhlite Governador Valadares. *Meteoritics*, **34**, 647–655.

[543] Shoemaker, E. M. (1963). Impact mechanics at Meteor Crater, Arizona. In *The Moon, Meteorites, and Comets*, ed. B. M. Middlehurst and G. P. Kuiper. Chicago, IL: University of Chicago Press, PP. 301–336.

[544] Shoemaker, E. M. and Chao, E. C. T. (1962). New evidence for the impact origin of the Ries Basin, Bavaria, Germany. *Journal of Geophysical Research*, **66**, 3371–3378.

[545] Siebert, N. M. and Kargel, J. S. (2001). Small-scale martian polygonal terrain: implications for liquid surface water. *Geophysical Research Letters*, **28**, 899–902.

[546] Simonelli, D. P., Wisz, M., Switala, A., et al. (1998). Photometric properties of Phobos surface materials from Viking images. *Icarus*, **131**, 52–77.

[547] Simpson, R. A., Harmon, J. K., Zisk, S. H., Thompson, T. W., and Muhleman, D. O. (1992). Radar determinations of Mars surface properties. In *Mars*, ed. H. H. Kieffer, B. M. Jakosky, C. W. Snyder, and M. S. Matthews. Tucson, AZ: University of Arizona Press, pp. 652–685.

[548] Singer, R. B. (1985). Spectroscopic observation of Mars. *Advances in Space Research*, **5**, 59–68.

[549] Sizemore, H. G. and Mellon, M. T. (2006). Effects of soil heterogeneity on martian ground-ice stability and orbital estimates of ice table depth. *Icarus*, **185**, 358–369.

[550] Sleep, N. H. (1994). Martian plate tectonics. *Journal of Geophysical Research*, **99**, 5639–5655.

[551] Smith, D. E., Zuber, M. T., Solomon, S. C., et al. (1999). The global topography of Mars and implications for surface evolution. *Science*, **284**, 1495–1503.

[552] Smith, D. E., Zuber, M. T., Frey, H. V., et al. (2001a). Mars Orbiter Laser Altimeter: experiment summary after the first year of global mapping of Mars. *Journal of Geophysical Research*, **106**, 23689–23722.

[553] Smith, D. E., Zuber, M. T., and Neumann, G. A. (2001b). Seasonal variations of snow depth on Mars. *Science*, **294**, 2141–2146.

[554] Smith, M. D., Pearl, J. C., Conrath, B. J., and Christensen, P. R. (2000). Mars Global Surveyor Thermal Emission Spectrometer (TES) observations of dust opacity during aerobraking and science phasing. *Journal of Geophysical Research*, **105**, 9539–9552.

[555] Smith, P. H. and the Phoenix Science Team (2004). The Phoenix mission to Mars. In *Lunar and Planetary Science XXXV*, Abstract #2050. Houston, TX: Lunar and Planetary Institute.

[556] Smith, P. H., Bell, J. F., Bridges, N. T., et al. (1997). Results from the Mars Pathfinder Camera. *Science*, **278**, 1758–1765.

[557] Snyder Hale, A., Bass, D. S., and Tamppari, L. K. (2005). Monitoring the perennial martian northern polar cap with MGS MOC. *Icarus*, **174**, 502–512.

[558] Soare, R. J., Burr, D. M., and Tseung, J. M. W. B. (2005). Possible pingos and a periglacial landscape in northwest Utopia Planitia. *Icarus*, **174**, 373–382.

[559] Soderblom, L. A. (1992). The composition and mineralogy of the martian surface from spectroscopic observations: 0.3 μm to 50 μm. In *Mars*, ed. H. H. Kieffer, B. M. Jakosky, C. W. Snyder, and M. S. Matthews. Tucson, AZ: University of Arizona Press, pp. 557–593.

[560] Soderblom, L. A., Anderson, R. C., Arvidson, R. E., et al. (2004). Soils of Eagle Crater and Meridiani Planum at the Opportunity rover landing site. *Science*, **306**, 1723–1726.

[561] Soffen, G. A. (1977). The Viking Project. *Journal of Geophysical Research*, **82**, 3959–3970.

[562] Sohl, F. and Spohn, T. (1997). The structure of Mars: implications from SNC meteorites. *Journal of Geophysical Research*, **102**, 1613–1635.

[563] Solomatov, V. S. (2000). Fiuid dynamics of a terrestrial magma ocean. In *Origin of the Earth and Moon*, ed. R. M. Canup and K. Righter. Tucson, AZ: University of Arizona Press, pp. 323–338.

[564] Solomon, S. C. (1979). Formation, history, and energetics of cores in the terrestrial planets. *Earth and Planetary Science Letters*, **19**, 168–182.

[565]　Solomon, S. C. and Head, J. W. (1981). The importance of heterogenous lithospheric thickness and volcanic construction. *Journal of Geophysical Research*, **82**, 9755–9774.

[566]　Solomon, S. C., Aharonson, O., Aurnou, J. M., *et al.* (2005). New perspectives on ancient Mar. *Science*, **307**, 1214–1220.

[567]　Soukhovitskaya, V. and Manga, M. (2006). Martian landslides in Valles Marineris: wet or dry? *Icarus*, **180**, 348–352.

[568]　Space Studies Board (1977). *Post-Viking Biological Investigations of Mars*. Washington, DC: National Academy of Sciences.

[569]　Sprende, K. F. and Baker, L. L. (2000). Magnetization, paleomagnetic poles, and polar wander on Mars. *Icarus*, **147**, 26–34.

[570]　Squyres, S. W. and Carr, M. H. (1986). Geomorphic evidence for the distribution of ground ice on Mars. *Science*, **231**, 249–252.

[571]　Squyres, S. W. and Kasting, J. F. (1994). Early Mars: how warm and how wet? *Science*, **265**, 744–749.

[572]　Squyres, S. W., Arvidson, R. E., Bell, J. F., *et al.* (2004a). The Spirit rover's Athena science investigation at Gusev Crater, Mars. *Science*, **305**, 794–799.

[573]　Squyres, S. W., Arvidson, R. E., Bell, J. F., *et al.* (2004b). The Opportunity rover's Athena science investigation at Meridiani Planum, Mars. *Science*, **306**, 1698–1703.

[574]　Squyres, S. W., Grotzinger, J. P., Arvidson, R. E., *et al.* (2004c). In situ evidence for an ancient aqueous environment at Meridiani Planum, Mars. *Science*, **306**, 1709–1714.

[575]　Squyres, S. W., Arvidson, R. E., Blaney, D. L., *et al.* (2006). Rocks of the Columbia Hills. *Journal of Geophysical Research*, **111**, E02S11, doi: 10.1029/2005JE002562.

[576]　Stevenson, D. J. (2001). Mars' core and magnetism. *Nature*, **412**, 214–219.

[577]　Stevenson, D. J. (2003). Planetary magnetic fields. *Earth and Planetary Science Letters*, **208**, 1–11.

[578]　Stewart, S. T. and Nimmo, F. (2002). Surface runoff features on Mars: testing the carbon dioxide formation hypothesis. *Journal of Geophysical Research*, **107**, 5069,doi: 10.1029/2000JE001465.

[579]　Stewart, S. T., O'Keefe, J. D., and Ahrens, T. J. (2001). The relationship between rampart crater morphologies and the amount of subsurface ice. In *Lunar and Planetary Science XXXII*, Abstract #2092. Houston, TX: Lunar and Planetary Institute.

[580]　Stöffler, D. and Ryder, G. (2001). Stratigraphy and isotope ages of lunar geologic units: chro-nological standard for the inner solar system. *Space Science Reviews*, **96**, 9–54.

[581]　Strom, R. G., Croft, S. K., and Barlow, N. G. (1992). The martian impact cratering record. In *Mars*, ed, H. H. Kieffer, B. M. Jakosky, C. W. Snyder, and M. S. Matthews. Tucson, AZ: University of Arizona Press, pp, 383–423.

[582]　Strom, R. G., Malhotra, R., Ito, T., Yoshida, F., and Kring, D. A. (2005). The origin of planetary impactors in the inner solar system. *Science*, **309**, 1847–1850.

[583]　Sullivan, R., Thomas, P., Veverka, J., Malin, M., and Edgett, K. S. (2001). Mass movement slope streaks imaged by the Mars Orbiter Camera. *Journal of Geophysical Research*, **106**, 23607–23633.

[584]　Sullivan, R., Bandfield, D., Bell, J. F., *et al.* (2005). Aeolian processes at the Mars Exploration Rover Meridiani Planum landing site. *Nature*, **436**, 58–61.

[585]　Swindle, T. D. and Jones. J. H. (1997). The xenon isotopic composition of the primordial martian atmosphere: contributions from solar and fission components. *Journal of Geophysical Research*, **102**. 1671–167.

[586] Tabuchnik, K. S. and Evans. N. W. (1999). Cartography for martian Trojans. *Astrophysical Journal*, **517**, L63–L66.

[587] Tanaka, K. L. and Kolb, E. J. (2001). Geologic history of the polar regions of Mars based on Mars Global Surveyor Data. 1. Noachian and Hesperian periods. *Icarus*, **154**, 3–21.

[588] Tanaka, K. L., Scott, D. H., and Greeley, R. (1992). Global stratigraphy. In *Mars*, ed, H. H. Kieffer, B. M. Jakosky, C. W. Snyder, and M. S. Matthews, Tucson, AZ: University of Arizona Press, pp. 345–382.

[589] Taylor, G. J., Martel, L. M. V., and Boynton, W. V. (2006). Mapping Mars geochemically. In *Lunar and Planetary Science XXXVII*, Abstract #1981. Houston, TX: Lunar and Planetary Institute.

[590] Tera, F., Papanastassiou, D. A., and Wasserburg, G. J. (1974). Isotopic evidence for a terminal lunar cataclysm. *Earth and Planetary Science Letters*, **22**, 1–21.

[591] Terasaki, H., Forst, D. J., Rubie, D. C., and Langenhorst, F. (2005). The effect of oxygen and sulphur on the dihedral angle between Fe-O-S melt and silicate minerals at high pressure: implications for martian core formation. *Earth and Planetary Science Letters*, **232**, 379–392.

[592] Thomas, P., Veverka, J., Bell, J., Lunine, J., and Cruikshank, D. (1992a). Satellites of Mars: geologic history. In *Mars*, ed. H. H. Kieffer, B. M. Jakosky, C. W. Snyder, and M.S. Matthews. Tucson, AZ: University of Arizona Press, pp.1257–1282.

[593] Thomas, P., Squyres, S., Herkenhoff, K., Howard, A., and Murray, B. (1992b). Polar deposits of Mars. In *Mars*, ed. H. H. Kieffer, B.M. Jakosky, C.W. Snyder, and M. S. Matthews. Tucson, AZ: University of Arizona Press, pp. 767–795.

[594] Thomas, P. C., Veverka, J., Sullivan, R., *et al*. (2000a). Phobos: regolith and ejecta blocks investigated with Mars Orbiter Camera images. *Journal of Geophysical Research*, **105**, 15091–15106.

[595] Thomas, P.C., Malin, M. C., Edgett, K.S., *et al*. (2000b). North–south geological differences between the residual polar caps on Mars. *Nature*, **404**, 161–164.

[596] Thomas, P. C., Gierasch, P., Sullivan, R., *et al*. (2003). Mesoscale linear streaks on Mars: environments of dust entrainment. *Icarus*, **162**, 242–258.

[597] Thomas, P. C., Malin, M.C., James, P.B., *et al*. (2005). South polar residual cap of Mars: features, stratigraphy, and changes. *Icarus*, **174**, 535–559.

[598] Thomas-Keprta, K.L., Bazylinski, D.A., Kirschvink, J.L., *et al*. (2000). Elongated prismatic magnetite crystals in ALH84001 carbonate globules: potential martian magentofossils. *Geochimica et Cosmochimica Acta*, **64**, 4049–4081.

[599] Thomson, B.J. and Head, J.W. (2001). Utopia basin, Mars: characterization of topography and morphology and assessment of the origin and evolution of basin internal structures. *Journal of Geophysical Research*, **106**, 23209–23230.

[600] Titus, T. N., Kieffer, H. H., Mullins, K. F., and Christensen, P.R. (2001). TES premapping data: slab ice and snow flurries in the martian north polar night. *Journal of Geophysical Research*, **106**, 23181–23196.

[601] Titus, T. N., Kieffer, H. H., and Christensen, P. R. (2003). Exposed water ice discovered near the south pole of Mars. *Science*, **299**, 1048–1050.

[602] Toigo, A. D. and Richardson, M.I. (2002). A mesoscale model for the martian atmosphere. *Journal of Geophysical Research*, **107**, 5049, doi: 10.1029/ 2001JE001489.

[603] Toigo, A. D. and Richardson, M.I. (2003). Meteorology of proposed Mars Exploration Rover landing sites. *Journal of Geophysical Research*, **108**, 8092, doi: 10.1029/2003

JE002064.

[604] Toigo, A. D., Richardson, M.I., Ewald, S. P., and Gierasch, P. J. (2003). Numerical simulations of martian dust devils. *Journal of Geophysical Research*, **108**, 5047, doi: 10.1029/2002JE002002.

[605] Toksöz, M.N. and Hsui, A. T. (1978). Thermal history and evolution of Mars. *Icarus*, **34**, 537–547.

[606] Tonks, W.B. and Melosh, H.J. (1990). The physics of crystal settling and suspension in a turbulent magma ocean. In *Origin of the Earth*, ed. H. E. Newsom and J.H. Jones. New York: Oxford University Press, pp.151–174.

[607] Tornabene, L. L., Moersch, J. E., McSween, H. Y., *et al.* (2006). Identification of large (2–10 km) rayed craters on Mars in THEMIS thermal infrared images: implciations for possible martian meteorite source regions. *Journal of Geophysical Research*, **111**, E10006, doi: 10.1029/2005JE002600.

[608] Touma, J. and Wisdom, J. (1993). The chaotic obliquity of Mars. *Science*, **259**, 1294–1296.

[609] Treiman, A.H. (1995). S ≠ NC: multiple source areas for martian meteorites. *Journal of Geophysical Research*, **100**, 5329–5340.

[610] Treiman, A.H., Barrett, R.A., and Gooding, J. L. (1993). Preterrestrial aqueous alteration of the Lafayette (SNC) meteorite. *Meteoritics*, **28**, 86–97.

[611] Treiman, A. H., Fuks, K.H., and Murchie, S. (1995). Diagenetic layers in the upper walls of Valles Marineris, Mars: evidence for drastic climate change since the mid- Hesperian. *Journal of Geophysical Research*, **100**, 26339–26344.

[612] Trofimov, V. I., Victorov, A., and Ivanov, M. (1996). Selection of sterilization methods for planetary return missions. *Advances in Space Research*, **18**, 333–337.

[613] Turcotte, D. L. and Schubert, G. (2002). *Geodynamics*, 2nd edn. Cambridge, UK: Cambridge University Press.

[614] Turtle, E.P. and Melosh, H. J. (1997). Stress and flexural modeling of the martian lithospheric response to Alba Patera. *Icarus*, **126**, 197–211.

[615] Tyler, D., Barnes, J. R., and Haberle, R.M. (2002). Simulation of surface meteorology at the Pathfinder and VL1 sites using a Mars mesoscale model. *Journal of Geophysical Research*, **107**, 5018, doi: 10.1029/2001JE001618.

[616] Vago, J. L., Gardini, B., Baglioni, P., *et al.* (2006). ExoMars: ESA's mission to search for signs of life on the Red Planet. In *Lunar and Planetary Science XXXVII*, Abstract #1871. Houston, TX: Lunar and Planetary Institute.

[617] van Gasselt, S., Reiss, D., Thorpe, A. K., and Neukum, G. (2005). Seasonal variations of polygonal thermal contraction crack patterns in a south polar trough, Mars. *Journal of Geophysical Research*, **110**, E08002, doi: 10.1029/2004JE002385.

[618] van Thienen, P., Vlaar, N.J., and van den Berg, A. P. (2004). Plate tectonics on the terrestrial planets. *Physics of the Earth and Planetary Interiors*, **142**, 61–74.

[619] Varnes, E. S., Jakosky, B.M., and McCollom, T. M. (2003). Biological potential of martian hydrothermal systems. *Astrobiology*, **3**, 407–414.

[620] Vasavada, A.R. and the MSL Science Team (2006). NASA's 2009 Mars Science Laboratory: an update. In *Lunar and Planetary Science XXXVII*, Abstract #1940. Houston, TX: Lunar and Planetary Institute.

[621] Vasavada, A.R., Williams, J.-P., Paige, D. A., *et al.* (2000). Surface properties of Mars' polar layered deposits and polar landing sites. *Journal of Geophysical Research*, **105**,

6961–6969.
[622] Wallace, P. and Carmichael, I.S. E. (1992). Sulfur in basaltic magmas. *Geochimica et Cosmochimica Acta*, **56**, 1863–1874.
[623] Wang, H. and Ingersoll, A.P. (2002). Martian clouds observed by Mars Global Surveyor Mars Orbiter Camera. *Journal of Geophysical Research*, **107**, 5078, doi: 10.1029/2001JE001815.
[624] Wang, H., Zurek, R.W., and Richardson, M. I. (2005). Relationship between frontal dust storms and transient eddy activity in the northern hemisphere of Mars as observed by Mars Global Surveyor. *Journal of Geophysical Research*, **110**, E07005, doi: 10.1029/2005JE002423.
[625] Wänke, H. (1981). Constitution of terrestrial planets. *Philosophical Transactions of the Royal Society of London A*, **303**, 287–302.
[626] Ward, A.W. (1979). Yardangs on Mars: evidence of recent wind erosion. *Journal of Geophysical Research*, **84**, 8147–8166.
[627] Ward, W.R. (1992). Long-term orbital and spin dynamics of Mars. In *Mars*, ed. H.H. Kieffer, B. M. Jakosky, C.W. Snyder, and M. S. Matthews. Tucson, AZ: University of Arizona Press, pp. 298–320.
[628] Ward, W. R. (2000). On planetesimal formation: the role of collective particle behavior. In *Origin of the Earth and Moon*, ed. R.M. Canup and K. Righter. Tucson, AZ: University of Arizona Press, pp. 75–84.
[629] Warren, P. H. (1998). Petrologic evidence for low-temperature, possibly flood-evaporitic origin of carbonates in the ALH 84001 meteorite. *Journal of Geophysical Research*, **103**, 16759–16773.
[630] Watson, L.L., Hutcheon, I.D., Epstein, S., and Stolper, E. M. (1994). Water on Mars: clues from deuterium/hydrogen and water contents of hydrous phases in SNC meteorites. *Science*, **265**, 86–90.
[631] Watters, T. R. (2003). Thrust faults along the dichotomy boundary in the eastern hemisphere of Mars. *Journal of Geophysical Research*, **108**, 5054, doi: 10.1029/2002JE001934.
[632] Watters, T. R. (2004). Elastic dislocation modeling of wrinkle ridges on Mars. *Icarus*, **171**, 284–294.
[633] Watters, T. R., Leuschen, C. J., Plaut, J. J., et al. (2006). MARSIS radar sounder evidence of buried basins in the northern lowlands of Mars. *Nature*, **444**, 905–908.
[634] Weidenschilling, S. J. and Cuzzi, J.N. (1993). Formation of planetesimals in the solar nebula. In *Protostars and Planets III*, ed. E.H. Levy and J.I. Lunine. Tucson, AZ: University of Arizona Press, pp. 1031–1060.
[635] Wentworth, S.J., Gibson, E. K., Velbel, M. A., and McKay, D. S. (2005). Antarctic dry valleys and indigenous weathering in Mars meteorites: implications for water and life on Mars. *Icarus*, **174**, 383–395.
[636] Werner, S. C., van Gasselt, S., and Neukum, G. (2003). Continual geological activity in Athabasca Valles, Mars. *Journal of Geophysical Research*, **108**, 8081, doi: 10.1029/2002JE002020.
[637] Werner, S. C., Ivanov, B.A., and Neukum, G. (2006). Mars: secondary cratering-implications for age determination. In *Workshop on Surface Ages and Histories: Issues in Planetary Chronology*, Contribution No. 1320. Houston, TX: Lunar and Planetary Institute. pp. 55–56.

[638] Wetherill, G. W. (1990). Formation of the Earth. *Annual Reviews of Earth and Planetary Science*, **18**, 205–256.

[639] Wetherill, G.W. and Inaba, S. (2000). Planetary accumulation with a continuous supply of planetismals. *Space Science Reviews*, **92**, 311–320.

[640] Whelley, P. L. and Greeley, R. (2006). Latitudinal dependency in dust devil activity on Mars. *Journal of Geophysical Research*, **111**, E10003, doi: 10.1029/2006JE002677.

[641] Whitmire, D.P., Doyle, L. R., Reynolds, R. T., and Matese, J. J. (1995). A slightly more massive young Sun as an explanation for warm temperatures on early Mars. *Journal of Geophysical Research*, **100**, 5457–5464.

[642] Wieczorek, M. A. and Zuber, M. T. (2004). Thickness of the martian crust: improved constraints from geoid-to-topography ratios. *Journal of Geophysical Research*, **109**, E01009, doi: 10.1029/2003JE002153.

[643] Wilhelms, D.E. and Squyres, S. W. (1984). The martian hemispheric dichotomy may be due to a giant impact. *Nature*, **309**, 138–140.

[644] Williams, J.-P. and Nimmo, F. (2004). Thermal evolution of the martian core: implications for an early dynamo. *Geology*, **32**, 97–100.

[645] Williams, J.-P, Paige, D. A., and Manning, C. E. (2003). Layering in the wall rock of Valles Marineris: intrusive and extrusive magmatism. *Geophysical Research Letters*, **30**, 1623, doi: 10.1029/2003GL017662.

[646] Wilson, L. and Head, J. W. (1994). Mars: review and analysis of volcanic eruption theory and relationships to observed landforms. *Review of Geophysics*, **32**, 221–263.

[647] Wilson, L. and Head, J.W. (2002). Tharsis-radial graben systems as the surface manifestation of plume-related dike intrusion complexes: models and implications. *Journal of Geophysical Research*, **107**, 5057, doi: 10.1029/2001JE001593.

[648] Wilson, R. J. (1997). A general circulation model simulation of the martian polar warming. *Geophysical Research Letters*, **24**, 123–126.

[649] Wilson, R. J., Banfield, D., Conrath, B.J., and Smith, M. D. (2002). Traveling waves in the northern hemisphere of Mars. *Geophysical Research Letters*, **29**, 1684, doi: 10.1029/2002GL014866.

[650] Wise, D.U., Golombek, M.P., and McGill, G.E. (1979). Tectonic evolution of Mars. *Journal of Geophysical Research*, **84**, 7934–7939.

[651] Wood, C.A. and Ashwal, L.D. (1981). SNC Meteorites: igneous rocks from Mars. In *Proceedings of the 12th Lunar and Planetary Science Conference*. New York: Pergamon Press, pp. 1359–1375.

[652] Wood, C. A., Head, J. W., and Cintala, M. J. (1978). Interior morphology of fresh martian craters: the effects of target characteristics. In *Proceedings of the 9th Lunar and Planetary Science Conference*. New York: Pergamon Press, pp. 3691–3709.

[653] Wyatt, M.B. and McSween, H. Y. (2002). Spectral evidence for weathered basalt as an alternative to andesite in the northern lowlands of Mars. *Nature*, **417**, 263–266.

[654] Yen, A. S., Gellert, R., Schröder, C., *et al.* (2005). An integrated view of the chemistry and mineralogy of martian soils. *Nature*, **436**, 49–54.

[655] Yoder, C. F., Konopliv, A. S., Yuan, D.N., Standish, E. M., and Folkner, W.M. (2003). Fluid core size of Mars from detection of the solar tide. *Science*, **300**, 299–303.

[656] Youdin, A.N. and Shu, F. H. (2002). Planetismal formation by gravitational instability. *Astrophysical Journal*, **580**, 494–505.

[657] Yung, Y.L., Nair, H., and Gerstell, M.F. (1997). CO_2 greenhouse in the early martian

atmosphere: SO$_2$ inhibits condensation. *Icarus*, **130**, 222–224.

[658] Zhai, Y., Cummer, S. A., and Farrell, W.M. (2006). Quasi-electrostatic field analysis and simulation of martian and terrestrial dust. *Journal of Geophysical Research*, **111**, E06016, doi: 10.1029/2005JE002618.

[659] Zharkov, V. N. (1996). The internal structure of Mars: a key to understanding the origin of terrestrial planets. *Solar System Research*, **30**, 456–465.

[660] Zolotov, M.Y. and Shock, E. L. (2000). An abiotic origin for hydrocarbons in the Allan Hills 84001 martian meteorite through cooling of magmatic and impact-generated gases. *Meteoritics and Planetary Science*, **35**, 629–638.

[661] Zuber, M. T. (2001). The crust and mantle of Mars. *Nature*, **412**, 220–227.

[662] Zuber, M. T., Smith, D. E., Solomon, S. C., et al. (1998). Observations of the north polar region of Mars from the Mars Orbiter Laser Altimeter. *Science*, **282**, 2053–2060.

[663] Zuber, M. T., Solomon, S. C., Phillips, R.J., et al. (2000). Internal structure and early thermal evolution of Mars from Mars Global Surveyor topography and gravity. *Science*, **287**, 1788–1793.

[664] Zurek, R. and Martin, L. (1993). Interannual variability of planet-encircling dust storms on Mars. *Journal of Geophysical Research*, **98**, 3247–3259.

附录　早期探测计划

关于火星早期探测任务的综述可以在第一章中找到，也可在由卡弗尔等编著的《火星》一书中第一章"飞行器探测火星"找到相关内容。

海盗号火星探测计划
海盗号火星探测计划的研究结果在《地球物理学研究期刊》的四个特刊上发表。
82 卷　1977 年 9 月
84 卷　1979 年 12 月
87 卷　1982 年 11 月
95 卷　1990 年 8 月

火星探路者任务
"火星探路者" 90 天在火星表面探测的报告发表在 1997 年《科学》的特刊上。Science, Vol. 278, 5 December, 1997.
火星探路者的探测结果发表在《地球物理学研究期刊》的第 104 卷的 1999 年 4 月期和第 105 卷的 2000 年 1 月期。

火星全球勘察者探测任务
火星全球勘察者探测器在火星轨道运行 90 天探测报告发表在 1998 年第 279 卷《科学》期刊上。
《地球物理学研究期刊》的第 106 卷 10 月期有专门章节发表火星全球勘察者的初步探测结果。

火星奥德赛探测计划
火星奥德赛的初步报告发表在《科学》第 297 卷 2002 年 7 月期和第 300 卷 2003 年 6 月期。
火星奥德赛探测计划的早期探测结果发表在《空间科学评论》第 110 卷 2004 年 1 月期上。

火星快车探测计划
详细叙述火星快车上的科学实验专著是：《火星快车：科学载荷》，安德鲁-威尔逊编辑，欧洲空间局出版社 2004 年出版。
火星快车上矿物、水、冰川及其活动观测台(OMEGA)的初期探测结果发表在《科学》第 307 卷 2005 年 3 月期上。
火星快车上行星傅里叶谱仪(PFS)的初期探测结果发表在《行星与空间科学》第 53 卷 2005 年 8 月期上。

火星探测巡视器任务
勇气号火星巡视器90天探测报告发表在《科学》第305卷2004年8月期上；
机遇号火星巡视器90天探测报告发表在《科学》第306卷2004年12月期上。

火星探测任务网络地址：
美国火星探测任务的相关信息可以在NASA喷气动力实验室（JPL/NASA）的火星探测项目网址上找到：mars.jpl.nasa.gov/
火星96: www.iki.rssi.ru/mars96/mars96hp.html
火星快车: www.esa.int/SPECIALS/Mars.Express/index.html
生命火星(ExoMars): www.esa.int/SPECIAL/Aurora/SEM1NVZKQAD.0.html
日本"希望"火星探测计划(Nozomi):
nssdc.gsfc.nasa.gov/nmc/tmp/1998-041A.html

PREFACE TO CHINESE EDITION OF MARS: AN INTRODUCTION TO ITS INTERIOR, SURFACE, AND ATMOSPHERE

Our understanding of Mars continues to advance at a rapid pace. S ince *Mars: An Introduction to its Interior, Surface, and Atmosphere* was published in early 2008, the Mars Reconnaissance Orbiter has finalized its orbit and is returning excel lent new data about the planet's surface geology, mineralogy, subsurface structure, and atmosphere. The Phoenix Mars mission successfully landed in the Martian arctic and confirreed the presence of water ice (and several other interesting compounds and minerals) in the Martian soil at this location. The Mars Exploration Rovers continue to operate and provide insights into the history of liquid water on the Martian surface. Instruments on the Mars Express and Mars Odyssey orbiters carry on their programs of providing compositional, geomorphic, interior, atmospheric, and subsurface data about our neighboring world. Although the originallY scheduled launch dates have slipped. Mars Science Lander (recently renamed "Curiosity") and ExoMars proceed toward launch, and MAVEN has been selected as the 2013 Mars Scout mission to investigate the evolution of the Martian atmosphere. Russia returns to Mars exploration with the Phobos-Grunt mission to collect and return soil samples from Phobos. And now China is becoming a member of the Mars exploration club with the Yinghuo-1 Mars orbiter which will be launched with Phobos-Grunt. Mars exploration is truly becoming an international endeavor!

Each mission contributes a piece to our expanding knowledge about the characteristics and evolution of Mars and its moons. Early missions provided information about the composition and density of the Martian atmosphere. the geologic diversity of the planet's surface, and the appearance and physical characteristics of Mars'two small moons. Recent missions have provided more details about the planet's interior, surface, and atmosphere and are providing information about longer-term temporal variations. Data from orbit and the surface are allowing us to develop a better understanding of the mineralogic evolution of Mars. in addition to its geologic and atmospheric histories. MARSIS and SHARAD are beginning to reveal the structural complexities of the Martian subsurface. Two maior areas remain to be explored on Mars: interior structure from surface geophysical investigations and return of surface materials allowing detailed analysis of the composition and formation ages of these samples. If Phobos-Grunt is successful. it Will provide our first returned sampies of a surface in the Mars system and help us better understand the origin and evolution of the Martian moons. We look forward to eventually returning samples from various locations on the surface of Mars to obtain better insights into the complexity of the planet. Currently our only samples from the planet are the Martian meteorites, which recent analysis suggests are not representative of the planet as a whole.

I reiterate my assertion in the book that it is an exciting time to be a Mars scientist. Our view of Mars continues to evolve as detailed information streams in. I hope the information in this book demonstrates the current state of understanding (and questions) about our neighboring world and will be useful to Chinese scientists as your COUntry begins its own program of Mars exploration,

Nadine G. Barlow
Flagstaff, Arizona USA
July 2009